"十三五"国家重点图书出版规划项目

传统食品加工技术与装备系列

中式非发酵豆制品 加工技术与装备

◎ 张振山　编著

中国农业科学技术出版社

图书在版编目（CIP）数据

中式非发酵豆制品加工技术与装备／张振山编著．—北京：中国农业科学技术出版社，2018.12

ISBN 978-7-5116-2900-5

Ⅰ．①中…　Ⅱ．①张…　Ⅲ．①豆制品加工　Ⅳ．①TS214.2

中国版本图书馆 CIP 数据核字（2016）第 306350 号

责任编辑	崔改泵　于建慧
责任校对	马广洋

出 版 者	中国农业科学技术出版社
	北京市中关村南大街 12 号　邮编：100081
电　　话	（010）82109194（编辑室）　（010）82109702（发行部）
	（010）82109709（读者服务部）
传　　真	（010）82106650
网　　址	http://www.castp.cn
经 销 者	各地新华书店
印 刷 者	北京富泰印刷有限责任公司
开　　本	710mm×1 000mm　1/16
印　　张	19
字　　数	310 千字
版　　次	2018 年 12 月第 1 版　2019 年 1 月第 2 次印刷
定　　价	60.00 元

前　　言

大豆食品，中华美食，菽乳精华，惠泽人间。

中国是大豆的故乡，也是大豆食品的发源地，大豆食品养育了中华民族，它为中华民族的繁衍生息做出了巨大的贡献。它的传承和传播，也为人类健康提供了不可多得的佳品。

民族的优秀食品，就是世界的优秀食品。把中华民族的优秀传统大豆食品传承和发展，使它在科技高速发展的进程中，发挥其独特的魅力，是本民族的责任，更是每一个专业工作者的责任。本书编著者从事中式非发酵豆制品加工工作四十余年，经过不断学习和实践，对豆制品有了比较深入的了解，也对行业产生浓厚的兴趣和感情，愿把自己的工作体会和认知，介绍给读者，共同传承和发展中华民族的优秀大豆食品。

本书以大豆制品为主，系统地介绍了中式非发酵豆制品加工的相关内容，从我国豆制品的发展历程、大豆及豆制品的营养价值、生产豆制品所需的原料和辅料，到各种产品的生产工艺与具体操作方法；同时，详细地介绍了生产所需要的专用设备；并且根据长期的实践经验，介绍了豆制品生产工厂建设及各项配套要求。书中文字力求通俗易懂，内容紧密结合生产实践，以"实用"为主旨。

本书对指导豆制品工厂的生产具有较高的实用价值，对从事中式豆制品生产的操作人员和技术人员提高专业水平具有比较系统的指导作用。本书也为研究豆制品的专家学者提供了真实、全面的豆制品生产参考资料。本书从一个侧面记录了新中国成立以后 60 多年豆制品发展状况和专业水平，将来也可以作为我国豆制品发展过程的历史资料。作者更想借助本书的编写，与业内专家做一次深入的专业交流，希望能为豆制品的发展做一份贡献。由于知识水平所限，书中疏漏和错误在所难免，衷心期待读者批评指正。

编著者

2018 年 6 月

目　　录

第一章　概　述

第一节　中式豆制品的历史沿革

大豆原产于中国，传遍世界。历史悠久、博大精深、绚烂多彩的大豆文化，堪称人类文明史上的不朽篇章。将大豆做成各种美味佳肴，为人类生存、健康提供丰富的营养，是中华民族对人类的突出贡献。

中国远在商代的甲骨文中就有大豆的记载，考古学家在山西侯马发现商代大豆化石，说明大豆的栽培历史至少有 5 000 年。

近几年来，我国约年产大豆 1 500 万 t，每年从国外进口大豆超过 9 000 万 t。2017 年，我国大豆消费量超过 1.1 亿 t，位居世界首位。国内大豆消费中用作压榨用途的占比达 83%，食用消耗占比为 14%，饲用占比为 2%。

我国豆类的食用消费量一直在稳步增长，以大豆、绿豆、豌豆、小豆等豆类为原料进行食品加工的范围在不断扩大。

一、中式豆制品生产的历史

把大豆加工成豆腐是中国的发明，据记载，中国自西汉时期发明豆腐的制作之法，已有 2 000 多年的生产历史，传承至今，并传播于世界。

五代时期谢绰《宋拾遗录》记载，"豆腐之术三代前后未闻。此物至汉代淮南王亦始传其术于世"。西汉王朝在江淮地区建有淮南国，刘安曾为王 42 年。刘安是汉高祖刘邦之孙，刘安好读书鼓琴，善为文辞，才思敏捷。曾招宾客方术之士集体编写《淮南鸿烈》，也叫《淮南子》，所记颇丰。因此，唐代大史学家刘知己曾评论说："《淮南子》牢笼天地，博极古今"。据传：刘安的母亲喜食大豆，他曾让下人把大豆磨碎，煮后加上些盐，增加味道，无意中发现了凝集现象，去其清水而成后来的豆腐，从此便有了加工豆腐之术。

我国考古学家发现，在河南密县打虎亭 1 号汉墓画像中，有豆腐作坊图，上画小型水磨和浸豆、烧煮等制造豆腐的基本过程。因此，豆腐制作技术始于汉代是毋庸置疑的。

历代学士留下许多赞美豆腐的佳句，唐诗中"旋乾磨上流琼液，煮月铛中滚雪花"。生动形象地描述了豆腐的加工。南宋学者朱熹所作八首素食诗，其中一首云："种豆豆苗稀，力竭心已腐。早知淮南术，安坐获泉布"（注：世传豆腐本为淮南王术）。诗中描述了种豆辛苦而收成不好，早知道和掌握制作豆腐的技术，就可以更为容易地取得利益。

元代学者王桢在《农书》中说："大豆为济世之谷……可做豆腐、酱料。"说明当时大豆不仅可以做豆腐，而且可以做酱料，即发酵性大豆食品。

元代郑允端的"种豆南山下，霜风老荚鲜。磨砻流玉乳，蒸煮洁清泉。色比土酥净，香逾石髓坚。味之有余美，五食勿与传。"简单的诗句全面地描述了大豆从种植到加工食用的美妙过程。

明代诗人苏秉衡诗曰："传得淮南求最佳，皮肤褪尽见精华，一轮磨上流琼液，百沸汤中滚雪花。"生动描述制作豆腐的情景。

明代伟大的药物学家和博物学家李时珍在《本草纲目·谷部》中关于豆腐的制法做了更详细的记载："豆腐之法，始于淮南王刘安。凡黑豆、黄豆及白豆、泥豆、豌豆、绿豆之类。皆可为之。造法：水浸、砣碎、滤去滓、煎成。以盐卤汁或山矾汁或酸浆、醋淀，就釜收之；又有人缸内以石膏末收者。大抵得咸、苦、酸、辛之物，皆可收敛尔。其上面凝结者，揭取晾干，名曰豆腐皮，入馔甚佳也，气味甘咸寒。"

从《本草纲目》记载中，可以看到古人当时不仅用大豆做豆腐，而且已知制作豆腐皮，就是现在的腐竹或腐皮。不仅掌握了大豆的加工技术，而且掌握了多种豆类的加工技术。同时，对制作豆腐所用的凝固剂，已经发现了多种，除盐卤、石膏，还有山矾汁、酸浆、醋淀。

清代诗人李调元诗曰："近来腐价高于肉，只想贫人不救饥。"足见大豆、豆腐已是关系民生的基本食品，深深植根于百姓生活。

清代江苏巡抚梁章钜所作《归田琐记》中说，"豆腐……相传为淮南王刘安所造""今四海九州，至边外绝域，无不有此"。这一记载说明豆腐广为流传的程度。

在中国古代，豆腐又称"福黎"，取造福黎民之意。中国传统的豆腐品种不断增多，已经成为人类食苑中的大家族，人们对豆腐情有独钟。

在我国，豆制品生产虽然历史悠久，但产品单一（以豆腐为主），生产方式及生产工具一直比较落后，家庭作坊式生产、手工操作延续相当长时间。生产者以此为生，历朝历代统治者从没有重视这一行业，北洋军阀和国民党政府统治时期，更是市场萧条、民生凋敝，生产力水平极其低下，豆腐生产业"不闻有何发展，亦不闻有何衰落"。

二、中式豆制品在现代的生产与发展

豆制品加工行业的真正发展是新中国成立以后，在产品品种、生产技术、加工装备等方面都出现了阶段性的飞跃。

1950 年，为加强对豆制食品私营作坊的管理，不少城市成立了豆制食品业同业公会，逐步引导私营业主走上互助合作的道路，并研究改进生产加工技术及经营方式，使豆制品生产出现了较为繁荣的景象。

1956 年豆制品行业实行公私合营，对众多生产作坊进行调整合并，建立了具有一定生产规模和能力的专业加工厂，从此改变了设备简陋、技术落后的小作坊式生产，生产力得到快速发展。到 20 世纪 60 年代，制作豆腐、豆制品的磨制设备由人推、驴拉的平磨改进为电动平磨，而后改为电动立磨；用于过滤豆浆的手摇包、手扒罗，改为滚筒挤浆机或电动圆筛；用于压制豆腐、豆制品的大石头或木杠，改为电动压榨或电动液压压榨；用于煮沸豆浆的明火灶，改为使用锅炉蒸汽煮浆。生产过程逐步实现了半机械化生产，豆制品生产效率大幅提高，产品品种快速增加，当时市场上见到的豆制品有上百种，形成豆腐类、豆片类、豆干类、腐竹类、豆芽菜类等几大类。这一阶段可以说是豆制品业的第一次飞跃发展。

20 世纪 60 年代中期开始的"文化大革命"，在某种程度上影响了豆制品行业的发展，生产处于半停顿状态，生产技术止步不前。"文化大革命"结束后，各行各业都得到恢复和发展，豆制品行业迎来了第二次飞跃。生产企业进行了大规模更新改造，从厂房、卫生条件到生产机械都焕然一新。豆制品生产已经成为食品工业的重要组成部分。

党的十一届三中全会后，中国不断深入的改革开放，使豆制品行业迎来了第三次飞跃。市场经济替代了计划经济，国营企业一统天下、"皇帝女儿不愁嫁"的状态发生巨变，生产企业多种经济成分并存，同类产品在市场上竞争激烈。产品创新、工艺创新、设备创新成为潮流，行业进入高速发展阶段。传统的豆腐生产实现了机械化、标准化、工业化；各类豆腐、豆制品实现包装化；产品储存、运输、销售实现冷链化。传统的豆制品，如豆腐等，不再单纯是加工菜肴的原料，而是为人们提供营养、健康、方便的美味佳品和健康食品。市场出现大豆新型食品，如速溶豆浆粉、大豆冰激凌、酸豆奶、豆奶、仿肉素食品等；新型原料，如组织蛋白、膨化蛋白、分离蛋白等；保健食品和功能食品，如大豆异黄酮、大豆皂苷、大豆磷脂、大豆低聚糖、大豆多肽化合物、大豆膳食纤维等。大豆食品出现了从未有过的繁荣景象，大豆食品生产专用设备的制造也达到一定的规模。

回顾豆制品的发展历程，从西汉时期发明豆腐到普遍食用豆腐，从中华大地传播到海外，从手工作坊到工业化生产，真可谓岁月漫长。无论风云变幻、朝代更迭，或是战火纷飞、天灾人祸，它都以独有的魅力传播、发展，成为人们生活不可或缺的营养食品。

随着社会的进步和科技的高速发展，人们不断探索豆类和豆制品的营养与功能性成分，运用科学数据解释了它长盛不衰的缘由，同时，也不断开拓豆制品的医用和保健用途。大豆及豆制品中的蛋白质及多种营养成分是优质的营养，其保健功能已被当今世界所公认，营养学家预测大豆食品加工业是21世纪的朝阳产业。

第二节　国内外中式豆制品发展概况

随着科学技术的飞速发展，世界各国对大豆及大豆食品营养特性的认识不断丰富，对大豆的开发和利用更加广泛，以大豆为原料的新型食品、保健品不断问世，然而，传统的中式豆制品仍然独具魅力、长盛不衰。

一、国内中式豆制品发展现状与趋势

（一）我国中式豆制品发展现状

中国是世界大豆种植、加工、消费大国，又是豆腐的发源地。在中国

的每一个地区、每个村镇，几乎都有制作豆腐的工厂或作坊。豆腐及豆制品是我国人民生活中不可或缺的食品。2018 年中商产业研究院发布的《2018 年中国豆制品行业市场前景研究报告》显示，围绕传统豆制品，经过创新发展目前已有豆制品 1 000 余种。预计 2022 年，我国豆制品销售额将达 1 100 亿元。

中式豆制品主要有两大类：一类是发酵性制品，如腐乳、酱油、黄酱、豆豉等；另一类是非发酵性制品，如豆腐、豆干、腐竹、豆浆等。近 30 年，市场上又出现了不少新型豆制品，如各种豆粉、大豆面条、蛋白素肉、植物蛋白饮料等。可以说，我国中式豆制品在传承中不断发展，粗略统计产品品种达五六百种之多，是世界豆制品产量最高、品种最丰富的国家。从事中式豆制品加工的行业，已成为具有相当规模的产业。

我国从事中式豆制品加工的生产企业类型主要有四大类。第一类：规模化、工业化的生产企业，主要集中在大中城市，全国近 150 家；第二类：半机械化生产的中小企业，主要分布在中小城镇；第三类：作坊式小型半机械化生产或传统手工生产企业，这类企业大多分布在乡村或是工矿企业、国有单位，包括部分大型餐饮业的自加工；第四类：城市内超市、集贸市场现场制作与销售的摊点。不同类型的企业，有不同生产方式，适应着不同地区的市场需求，适应着不同的消费层次和消费水平。但是，不论哪种类型的企业，都面临着新的挑战。中式豆制品生产采用的工艺多是湿法生产，耗水量大，废水、废渣排放量大，与我国经济整体发展"循环经济，绿色经济"的方向不相符合，与节能减排的国策不相适应。所以，环境保护所要求的减少污染物排放以及节能、节水是对整个行业的重大挑战。

目前，我国中式豆制品生产的技术水平发展不平衡，呈枣核形，既有机械化、工业化生产水平高的大型企业，也有半机械化、半手工生产企业，甚至还有纯手工作坊。处在中间状态的是大部分企业。如何在生产、储存、运输、销售等过程中，确保食品的安全，为广大消费者提供安全放心的豆制品，是对传统豆制品行业的又一个重大挑战。

改革开放 40 年来，尽管中式豆制品生产发生了非常大的变化，大型生产企业实现生产机械化、产品包装化、管理现代化，产品质量和食品安全有可靠的保障。整体来看，目前，我国豆制品行业不断升级，行业景气度日益提升，新产品持续增加，安全质量逐步提高。

（二）我国中式豆制品发展的趋势

传统豆制品如果不能适应新的市场需求，就谈不上发展，企业如果不能迎接新的挑战，就无法生存，其根本的出路在创新。

1. 工艺创新

目前的湿法生产，高耗水、高排污，不能达到环保、节能要求。要改变现状，首先要在生产工艺上改革和创新，改变湿法生产工艺或局部改变生产工艺，无法改变的部分，要在废渣、废水的综合利用上找出路。豆渣非常有价值，但是现在豆渣直接喂猪、喂牛等，豆渣有效价值没有充分发挥，而且难以储存，运输困难，污染环境，这种现象今后不允许长期存在。

今后，中式豆制品应该是干法或半干法生产，用豆渣生产粗纤维食品，或是生产高档的饲料。

2. 产品创新

面对当今的市场需求，中式豆制品的传统食用方式也应该有大的改变。市场需要营养、卫生、方便的产品，所以产品必须实现包装化、冷链化，以确保食品安全。

在我国已有不少企业以大豆为原料生产大豆组织蛋白、膨化蛋白、蛋白粉。但对于这些新型原料的开发利用非常薄弱，生产中式豆制品应努力选择新原料，生产各种具有传统风味的豆制品，这将是一条新的产品发展趋势。应该有更多的科研院所与企业结合，研究和开发出既有传统风味又有现代特色的产品，给具有几千年历史的中式豆制品赋予新的内涵。

3. 设备创新

中式豆制品生产从手工到半机械化再到完全机械化生产，生产专用设备有很多创新。20世纪80年代，我国从日本引进过豆腐机械，现在我国生产的豆腐和豆制品机械出口日本、美国、法国等国家。谈起来确实让业内专业人士振奋，但面对豆制品行业的各项新挑战，要满足工艺创新、产品创新的新需要，仍然离不开设备的创新。设备创新的重点在适应工艺需要、节能、降耗。另外，中国的传统豆制品品种非常丰富，没有任何国家可以比拟，但是除豆腐之外，目前豆制品生产还有很大一部分是手工操作，如何实现豆制品的全面机械化生产，需要在设备上研究创新。而且这些设备的创新，没有可借鉴的国外经验，虽然面临的困难大，但前景广阔，大有用武之地。

4. 大、小企业同步发展

面对我国中式豆制品生产规模不同的各类企业，要创造出共同发展的格局，就需要大中型企业规模化、机械化、标准化生产，提高其工业化生产水平，为消费者提供销售量大的普通豆制品。而中小型企业走特色发展的道路，根据不同消费群体的特殊需要和人们饮食习惯特点，生产特色产品。这样才能规避同类产品市场上的激烈竞争，走大、中、小企业共赢的经营之路。

在大中城市，应逐步减弱甚至取消现有的集贸市场和超市的现场加工（除边远村镇外）。因为这些场所不适于生产豆制品，而且生产后的"三废"不便单独处理，造成了环境污染。当然，行业发展的调整，既需要企业努力，也需要政府宏观调整、监管治理，使延续了2 000多年的中式豆制品生产获得健康、有序的发展。

二、国外中式豆制品发展概况

21世纪全球掀起大豆蛋白热，原来对亚洲一些国家的豆腐、豆制品从不问津的国家也开始尝试着食用豆腐和豆制品，那些从小习惯了高蛋白、高脂肪食品的欧洲人、美国人，对清淡无味的豆腐很难接受，他们也想方设法把豆腐抹上果酱、加上奶酪一起吃，以获取豆腐的营养。1999年美国食品药品管理局（FDA）批准对大豆蛋白的健康声称（Health Claim）"每日25g大豆蛋白，作为低饱和脂肪与胆固醇膳食的一部分，可减少心脏病的危险"。由此，欧美国家掀起了加工与食用大豆食品的热潮。美国大豆食品加工以豆奶、豆浆、营养棒为主体，以大豆蛋白粉为食品配料，添加到面包、饼干、肉制品中，以提高面制品中的蛋白质含量及替代肉制品中的动物性产品份额，减少肥胖带来的诸多不健康因素。

欧洲以大豆蛋白粉作为食品配料广泛应用于肉制品和面制品中；同时，以豆浆、豆奶作为牛奶的替代品，已经成为越来越多的消费群体推崇的低胆固醇健康饮品。

在国外凡是有华人的地方就有豆腐生产，有豆腐餐馆，有豆腐菜肴。从世界大豆食品发展情况看，大豆食品以东方国家为多，大豆新型功能食品是以美国和欧洲一些国家较为先进。中式豆制品生产量大的亚洲国家，除我国外，日本是人均食用豆腐量较多的国家。在日本，豆腐品种丰富，各种豆浆、豆奶销量很大。日本的豆腐生产机械化水平也比较高，同时，日本对新型大豆食品的研究也处于世界先进水平。但近些年，由于日本经济的不景气，有些生产豆腐的工厂和生产豆腐机械的工厂倒闭，在某种程度上影响了日本豆制品的深入发展。

20 世纪 80 年代，韩国豆腐业得以快速发展，豆腐机械化的生产水平逐步赶超日本。韩国较先进的豆腐生产工厂其机械化程度很高，并且已摆脱了豆腐生产过程中的型箱和豆包布等传统设备。这是豆腐生产机械化的一个飞跃。

有些东南亚国家，例如泰国、马来西亚、印度尼西亚等，近些年中式豆制品生产也在快速发展。新建了不少豆腐、腐竹生产工厂，豆制品生产已经逐步进入工业化生产的阶段，这将使中式豆制品在这些国家有更大的发展。

世界上生产豆制品的国家都在研究如何使豆制品适合本国饮食习惯，符合健康饮食和新时代生活方式，这无疑将推动豆制品向着深度和广度快速发展。

第三节　大豆及豆制品的营养价值

在介绍大豆及豆制品营养价值之前，有必要了解人体所需要的营养物质，然后把大豆营养物质与人体所需要的量进行比较，大豆的营养价值便一目了然。

一、人体所需要的营养物质

膳食营养是人的基本营养源，也是人体健康的保证。人体所必需的营养物质，最基本单位称为营养素。根据目前的认识，人体至少需要 42 种必需的营养素，缺一不可，少一种就会对人的健康产生影响，严重缺乏就会导致疾病，甚至死亡。

人体所需要的 42 种必需的营养素大致可分为以下几类。

（一）必需氨基酸

人体蛋白质由 20 种氨基酸构成，其中 9 种不能在体内合成，必须从食物中获得，故称为必需氨基酸。另外 11 种可以在体内合成，称为非必需氨基酸。必需和非必需这两大类氨基酸可以排列为亿万种组合，形成生物界的无数种蛋白质，构成生命的基础。

（二）必需脂肪酸

脂肪是另一类重要的营养物质，包括液态的油、固态的脂和含有其他分子团的类脂。构成脂肪的基本单位是脂肪酸。人体可以合成多种脂肪酸，或由氨基酸转变而来，或由糖转变而来，但有两种脂肪酸在体内不能合成，那就是 α-亚麻酸和亚油酸，故二者称为必需脂肪酸。

（三）糖类（或称碳水化合物类）

糖类是供给能量的主体。它包括单糖、双糖和多糖。谷类、薯类含的主要是多糖，即淀粉。蔗糖是双糖，乳类含的乳糖和大麦芽所产生的麦芽糖也是双糖。单糖包括葡萄糖、果糖、半乳糖等。各种糖最终分解为葡萄糖才能被机体吸收和利用。体内可由蛋白质和脂肪转变为糖，故不需储备很多葡萄糖或其前体糖原。由于蛋白质与脂肪还有许多重要的生理功能，所以必须由食物供给足够的糖以满足能量消耗的需要，以免由于糖类不足而过多损耗体内的蛋白质与脂肪。

（四）矿物质

矿物质占人体总重量的 6% 左右，其中主要是钙与磷，二者构成人体的骨骼、牙齿等组织。钙与磷又是神经活动、核酸和能量代谢不可缺少的物质，同样在调节人体各种代谢过程中不可缺少的元素还包括：钾、钠、镁、氯、硫等。

（五）必需微量元素

微量元素也属矿物质，不过其需要量相对较少，常以微克或毫克计，且有特殊的功能，故另列一类。必需微量元素是指人体所必需的元素，这种元素的摄入量减少到一定的限值后，总会导致一种重要生理功能的损伤；或是该元素为体内生物活性物质有机结构的必需组成部分。

（六）维生素

这类物质在人体每天的需要量是以毫克或微克计，是体内代谢过程不可缺少的物质，很多存在于代谢必需的酶或辅酶中并起到核心作用。任何一种维生素缺乏都可以引发疾病，轻者引起生理功能下降，重者可致死。

（七）水

除上述必需营养物质外，构成人体60%的是水。水是一切代谢过程的载体，对生命活动有重要作用。

二、大豆主要成分及对人的营养作用

（一）大豆主要成分

大豆及豆制品到底有什么营养，我们首先看大豆的主要成分，大豆的主要成分是蛋白质和脂肪。依大豆的品种、产地、栽培条件的不同，其蛋白质的含量略有不同。大豆蛋白质含量约为40%，脂肪约为18%，碳水化合物约为25%，粗纤维和灰分各为4%。我国部分地区某批次大豆样品主要成分含量和热量见表1-1。

表1-1　我国一些地区某批次大豆样品（100g）主要成分含量

地区	水分/g	蛋白质/g	脂肪/g	碳水化合物/g	热量/kJ	粗纤维/g	灰分/g
北京	10.2	36.3	18.4	25.3	1 724.6	4.8	5.0
东北	8.9	38.0	22.0	22.41	1 799.9	4.5	4.2
陕西	10.0	39.2	17.1	23.9	1 707.8	5.2	4.2
江苏	8.7	40.5	20.2	21.0	1 791.6	4.6	5.0
湖南	10.0	37.8	17.1	24.6	1 691.1	5.0	5.4
四川	12.0	36.6	18.2	24.5	1 703.6	4.6	4.4

1. 大豆蛋白质

大豆中蛋白质的含量高达36%~40%，大豆蛋白质又分为大豆球蛋白、伴大豆球蛋白、清蛋白、豆清蛋白，前二者属于酸沉淀蛋白（大豆蛋白质可用等电点特性在pH值4~5酸法沉淀析出），后两者属于乳清蛋白。大豆球蛋白是大豆中的主要蛋白质，占大豆蛋白质的84.25%，大豆球蛋白的氨基酸成分相当全面。

大豆蛋白质含量非常高，而且所含有的蛋白质中人体"必需氨基酸"含量充足，组分齐全，属于"优质蛋白质"。

2. 大豆脂肪

大豆含有相当比例的脂肪，大豆脂肪的含量在18%~20%，经过加工可以绝大部分转移到豆制品中，大豆油脂中亚油酸（主要的必需脂肪酸）比例比较大，大豆脂肪在人体内的消化率高达97.5%，不含胆固醇，不但有益于人体神经、血管、大脑的发育，而且还可预防心血管、肥胖病等常见病发生，因此它是优质食用植物油。大豆脂肪可在分解酶的作用下水解成脂肪酸和甘油。大豆脂肪的特点是以不饱和脂肪酸为主，如油酸、亚油酸、亚麻酸等，约占总脂肪酸量的60%，有阻止胆固醇在血管中沉积的功效。大豆脂肪酸一般组成见表1-2。

表1-2 大豆脂肪酸一般组成 （单位：%）

成分	油酸	亚油酸	亚麻酸	棕榈酸	硬脂酸	花生酸	不皂化物质
含量	32~35	51~57	2~10	2.4~6.8	4.4~7.3	0.4~1	0.2~0.5

3. 碳水化合物

大豆中碳水化合物含量约为25%，其组成比较复杂，主要由蔗糖、棉子糖、水苏糖以及阿拉伯糖和半乳糖等多糖构成。这些碳水化合物，除蔗糖外都难以被人体消化，但有些糖类物质在人体肠道内能被菌类利用而产生气体。

4. 无机物

大豆中的无机物元素多为钾、钠、钙、镁、磷、硫、氯、铁、铜、锰、锌、铝等，它们的总含量一般为4.5%~5.0%，这些物质对人体骨骼、肌肉的发育和代谢有益。

5. 磷酸脂类

大豆中的大部分磷酸脂类是植酸钙镁。大豆有机磷中磷脂（卵磷脂和脑磷脂）含量相当多。它是脂肪酸甘油酯和磷以及胺类物质的结合体，其含量为大豆油的1.8%~3.2%。另外，磷脂具有乳化作用。

6. 维生素

大豆中含有多种维生素，含量为：胡萝卜素0.12~0.41mg/100g，维生素

B$_1$ 0.38 ~ 0.7mg/100g，维生素 B$_2$ 0.15 ~ 0.24mg/100g，维生素 PP（烟酸）0.2~2.1mg/100g，维生素 B$_6$ 0.6 ~ 1.2mg/100g，维生素 B$_3$（泛酸）1.2 ~ 2.1mg/100g，维生素 C 21mg/100g，肌醇 229mg/100g。

7. 胰朊酶阻碍因子

大豆中含有胰朊酶阻碍因子，其分子量为 21 500，氨基酸残基数量是 194，N-末端是天门冬氨酸残基的链状蛋白质，其毒性能引起胰脏肥大，但在湿热环境中易被破坏。

8. 异黄酮

大豆中发现两种异黄酮，它们的含量为：异黄酮苷 0.007%，染料木苷 0.15%。异黄酮对湿热稳定并或多或少具有抗氧化能力。

9. 凝血素

大豆中含有凝血素，其分子量为 89 000~105 000，具有凝固红细胞的作用，但通过人体内的消化作用，蛋白质分解酶作用或湿热作用都可使其活性丧失，即使部分残留物进入肠道，也不被吸收。

10. 皂苷

脱脂大豆中含 0.6%的皂苷，已被发现有 5 个配基，皂苷中可分离出半乳糖、葡萄糖、鼠李糖、木糖、阿拉伯糖、葡萄糖酸等。皂苷对湿热表现稳定。

11. 酶

大豆中含有淀粉酶、蛋白酶、脂肪酸氢化酶、脲酶等，这些酶遇热易被破坏。

12. 有机酸

大豆中含有醋酸、延胡索酸、酮戊二酸、琥珀酸、焦性谷氨酸、乙醇酸、柠檬酸，其中柠檬酸含量最高。

13. 呈味成分

大豆具有特殊的气味，而其呈味成分较为复杂，它是由脂肪酸、脂肪醇、挥发性氨等产生的。

（二）大豆营养成分与人体需要量对比

了解了大豆的成分后，我们再把人体必需的营养量与大豆的成分作对比，就可以看出大豆中含有的成分几乎都是人体必需的有效成分，见表1-3。

表 1-3　大豆成分与人体的需要量

项目	大豆成分/%	人体需要量/（mg/d）
蛋白质	40	91
异黄酮	0.05~0.07	40
低聚糖	7~10	10 000~20 000
皂苷	0.08~0.10	30~50
膳食纤维	20	25~35
各种维生素	见前文	149.4
微量元素	4~4.5	
磷脂	1.5~3	
脂肪（大豆油）	18~20	350
核酸	0.1~0.2	400

（三）大豆与其他食品的营养成分对照

我们把大豆蛋白质与各种食品的蛋白质含量作对比，就更能看出大豆的优势，见表 1-4、表 1-5。

表 1-4　大豆与各种主要食品蛋白质含量对照　　　　（单位：g/100g）

食物种类	食物中的蛋白质含量	食物种类	食物中的蛋白质含量
大豆	36~40	羊肉	12
带鱼	18.1	牛肉	21
黄花鱼	16.7	鸡蛋	14.8
瘦猪肉	16	大米	8.4

从表 1-5 可以看出大豆中含有人体必需的氨基酸，医学上一致认为，大豆蛋白质是健脑、美容、润肤、强体的最佳营养素。

大豆中含有多种矿物质：钙、磷、镁、钾、铁、锌、硒，其含量比大米、面粉高 2~4 倍，可有效地补充人体必需的矿物质。

表 1-5　大豆与其他食品各种氨基酸含量比较　　　　（单位：%）

食物	亮氨酸	苏氨酸	异亮氨酸	蛋氨酸	苯丙氨酸	色氨酸	缬氨酸	赖氨酸
大豆	9.4	4.2	4.2	1.0	4.7	1.2	4.7	6.0
牛肉	7.7	4.9	4.0	2.7	3.7	1.2	5.5	7.6
鸡蛋	9.2	5.2	5.6	3.4	5.6	1.6	6.3	5.6
大米	9.1	4.0	3.5	2.1	4.9	1.6	5.7	4.0
面粉	7.1	3.1	3.2	1.5	4.8	1.1	4.1	3.5

大豆中含有的多种维生素，都是人体所需要的。近年来，大豆的研究和深加工发展迅速。提纯的大豆低聚糖、大豆异黄酮、大豆皂苷，对人体有极高的保健及疾病防治复合性功能。

三、大豆加工成豆制品的作用

大豆中存在抗营养物质和有害成分，消除这些抗营养因子，要依靠对大豆进行加工，改变其不良因素，使营养物质能更好地被人体吸收利用，而且提高其营养价值。由于大豆蛋白质特有的乳化性、浸水性、黏着性、发泡性、吸油性等功能，在豆制品加工中可巧妙地利用这些特性，加工出色、香、味、形独特的精美食品，既容易被人们接受，更容易被人体吸收利用，而且还提高了大豆的营养价值。

（一）大豆加工消除或抑制有害物质

1. 胰蛋白酶抑制因子

一般认为，大豆中至少存在 5 种胰蛋白酶抑制剂，但至今只有 2 种被分离提纯出来，并得到较详细的研究。1947 年、1961 年 Kuaitz 与 Bowman-Birk 分别提纯了两种胰蛋白酶抑制剂，它们在大豆中的含量分别为 1.4% 和 0.6%。后来人们用他们的姓氏分别命名了这两种胰蛋白酶抑制剂。即 Kuaitz 抑制剂和 Bowman-Birk 抑制剂。

胰蛋白酶抑制剂的毒性是可以引起人的胰脏肥大。在豆制品加工的蒸汽加热过程中即失去活性，胰蛋白酶抑制剂活动减弱的程度与加热条件有关，即与加热的温度、时间、含水量和颗粒大小等因素有直接关系。只要在加工中掌握好以上条件，就能消除这一有害因素。

2. 凝血素

凝血素是一种能使动物血液中红细胞凝聚的物质。大豆中至少有 4 种蛋白质，它们能引起动物的红细胞凝聚成块。大豆中的主要凝血素已被分离，其中，最重要的一种经鉴定为含有 4.5% 的甘露糖和 1% 的氨基葡萄糖的蛋白质，分子量为 110 000，含有两条多肽链。大豆中的凝血素，受热很快失去活性，所以在豆制品加工过程中，经过加热，凝血素就不会有什么不良影响。

3. 致甲状腺肿胀因子

这种物质虽然不影响人体的成长，但研究表明它能使人体甲状腺素的合成受到阻碍，在豆制品加工过程中加入微量的碘化钾可消除这种影响，并在加热过程中能使这种物质消失一部分。

4. 肠胃胀气因子

食用大豆后发生肠胃胀气的现象早已被人们关注。有关研究表明，这是由于大豆含有棉子糖和水苏糖所造成的。一般降解上述多糖可采用霉菌酶。但大豆制作成豆制品后食用，人就不产生胀气现象。

（二）提高蛋白质消化率

大豆加工成各种食品的另一个作用就是提高大豆蛋白质消化率。大豆的组织比其他豆类都坚硬，单是把整豆简单加热其消化率不高。传统的豆制品加工，大豆经过浸泡、磨制、分离、煮沸等众多工序，蛋白质发生变性，同时去除不易消化物质，从而提高了人体对大豆蛋白质的消化率。不同大豆制品的蛋白消化率见表1-6。

表1-6 不同大豆制品的蛋白消化率

品名	消化率/%	品名	消化率/%
煮豆	65.3	熟豆浆	84.9
炒豆	65.3	其他豆制品	93.6
豆腐	92.7	豆腐渣	78.7

（三）调整膳食结构，增加大豆蛋白质摄取量

为了让人们多食用高营养的大豆，就要把大豆加工成各种食品，方便人们的食用。同时以大豆为原料加工成各种色、香、味、形的美食，提高人们食欲，达到调整膳食结构、增加蛋白质摄取量的目的。

目前，我国人均蛋白质日摄取量低于世界人均蛋白质供给量。1994年世界人均蛋白质供给量为70.8g，而我国只有67.4g，美国为112.9g。为了改善我国人民的营养状况，1996年国家制定了"大豆行动计划"大力发展大豆产业，提高人民的营养水平，进一步推动了豆制品生产的工业化水平及促进品种多样化。同时新型的大豆蛋白食品、保健品发展迅速，使大豆及豆制品为人类的健康做出了更大的贡献。

四、豆制品对人体的功能作用

大豆属低胆固醇食物，制成豆制品还具有功能肽、异黄酮、低聚糖、皂

苷、卵磷脂等生理活性成分，而且味美、价廉。因此，现在美国人也把豆腐当成流行的保健食品。经发酵的腐乳、豆豉，其蛋白质可分解为功能性多肽成分，从异黄酮转化为生物活性更大的苷元。因此，它们不仅是调味品，更是功能性食品。

（一）大豆多肽化合物

大豆多肽化合物是大豆蛋白质经酸或酶水解并经分离精制可得到的以分子质量低于 1 000 为主的低分子肽，其氨基酸组成几乎与大豆蛋白完全一样，必需氨基酸含量高。大豆多肽具有多种生物学功能。

1. 降血压、血脂及胆固醇的作用

大豆多肽能抑制血管紧张素（ACE）的活性，因而能防止血管末梢收缩，达到降低血压的作用。与大豆蛋白质相同，大豆多肽同样具有降低血脂与胆固醇的作用，而且效果更佳。

2. 易吸收、低过敏原性

大豆多肽的吸收速度和吸收率与各种蛋白质及氨基酸混合物相比都是最高的，而且在多肽中以大豆多肽的吸收率最高。食物过敏可由多种蛋白引起，大豆蛋白也有可能导致典型的过敏反应，而大豆多肽消除或降低了这种蛋白过敏原。

3. 增强运动员的体能

在从事体力消耗较大的运动之前和运动中，适当的补充大豆多肽，可以减轻或延缓由运动引发的生理方面的影响，达到抗疲劳的效果。

4. 促进矿物质的吸收

多肽分子可与钙、锌、铜、镁、铁等离子形成聚合物，保证了离子的可溶状态，因而有利于机体的吸收。

此外，大豆多肽还有促进发酵作用，促进脂肪分解，具有抗氧化等功能。大豆多肽是一种重要的保健食品。在我国传统的发酵豆制品如腐乳、豆豉等食品中都富含活性很高的功能性大豆多肽。目前，在腐乳中大豆多肽的降胆固醇和降血压以及抗氧化等功能都已由研究证实。

（二）大豆异黄酮

大豆异黄酮属黄酮类化合物，主要有染料木酮（genistein）、黄豆苷原（daidzin）及其相应的苷——染料木酮苷（genistin）和黄豆苷（daidzin），游

离的苷元更容易被人体吸收。大豆异黄酮在人体内具有微弱的雌激素活性，具有广泛的生物活性，对人体的生理病可产生广泛的影响。

1. 缓解更年期综合征

大豆异黄酮可以缓解妇女更年期因雌激素分泌量的急剧下降而引起的妇女更年期综合征。欧洲妇女更年期潮热的发病率高达 70%~80%，而经常食用大豆及其制品的中国内地仅有 18%，新加坡 14%。澳大利亚的科学家研究发现更年期妇女如果每天食用 45g 大豆粉，其更年期综合征就会降低 40%。

2. 抗癌作用

亚洲国家（如中国和日本）的乳腺癌、前列腺癌和结肠癌的发病率低于西方国家，其可能原因之一就是亚洲国家的膳食中大豆及其制品的摄入量较高。大豆异黄酮对癌症，尤其对乳腺癌和前列腺癌有积极的预防和治疗作用。日本居民每日膳食中大约食用大豆 70g，而且，研究表明，由于日本居民传统膳食结构中每日的早、晚餐均食用大豆制品，大豆异黄酮的摄入量约为 40mg/d，对于预防癌症很有效。

3. 抗衰老及氧化

人体中的活性氧和自由基是引发衰老、癌变和细胞损伤的重要原因。大豆异黄酮可更有效地清除、抑制各种自由基（活性氧等），可有效减轻人机体的衰老。此外，大豆异黄酮还对老年妇女因雌激素分泌不足导致的骨质疏松，具有防护作用。而在以大豆及其制品为传统食品的中国、日本的冠心病的发病率远远低于西方国家，而大豆中抗心血管疾病的活性成分为大豆异黄酮。

在植物界，大豆是唯一含有异黄酮且含量在营养学上有重要意义的食物资源。所以大豆和豆制品是异黄酮的一个重要的、天然的饮食来源。表 1-7 显示的是大豆及大豆食品中异黄酮的含量。在发酵的大豆制品如豆酱、腐乳等发酵制品中，异黄酮主要以苷元的形式存在。苷元占发酵制品异黄酮总量的 40%以上，有的甚至达到 100%（表 1-8），这是由于微生物的分解使得糖苷转化为苷元。因此，发酵豆制食品中大豆异黄酮比未发酵豆制品有更高的生物利用率。

表 1-7　大豆及其加工产品中的总异黄酮含量　　（单位：mg/100g）

大豆及其产品	异黄酮含量	大豆食品	异黄酮含量
中国大豆	50~700	豆腐	53.1
美国大豆	120~420	天培	86.5
豆粉	201.4	豆酱	64.7
分离蛋白	60~100	腐乳	43
浓缩蛋白	7.3	速溶饮料	160~200
组织化蛋白	229.5		

表 1-8　豆制品中不同异黄酮类型的含量　　（单位：µg/g）

品种	来源	苷元		苷	
		大豆黄素	染料木酮	黄豆苷	染料木酮苷
豆腐	亚洲	77	51	591	121.5
豆奶	亚洲	141	98	1 337	1 680
酱油	亚洲	54	36		
腐乳	新加坡	250.5	287.6		
豆酱	亚洲	516	745	54	64
豆豉	亚洲	298	434	103	296

（三）大豆低聚糖

大豆低聚糖是大豆中所含的低分子可溶性糖类，主要成分为水苏糖、棉子糖。大豆低聚糖耐高温、耐酸，经口摄入人体后不被消化吸收，因此被称为难消化糖。

大豆低聚糖具有多种生理功能，可促进肠道内双歧杆菌的生长增殖，改善肠内菌群的结构，抑制病原菌，抑制肠内腐败产物的生成，因而可以进一步的防止便秘和腹泻，也可保护肝脏、增强免疫力。

豆制品在加工过程中保留了一定的大豆低聚糖。而发酵大豆制品中含有的低聚糖类，既有天然存在的低聚糖如棉子糖族低聚糖，又有发酵过程中产生的几种低聚糖。

（四）大豆皂苷

大豆皂苷是存在于大豆及其制品中的一类具有较强生物活性的物质。过去认为，大豆皂苷具有苦涩味和溶血作用，是抗营养因子。但最近的研究表明，大豆皂苷有较多的对人体有益的生理功能。

◎大豆皂苷具有调解脂质代谢、降脂减肥的作用，它可以降低血中胆固醇和甘油三酯的含量。

◎能抑制肿瘤细胞的生长，增强机体免疫力。

◎能抗病毒，对各种病毒的感染和细胞生物活性有抑制作用。

◎能抗凝血、抗血栓，并具抗糖尿病的作用。

◎大豆皂苷是强氧化剂、抗自由基，能增加超氧化物歧化酶的含量。

另外，大豆皂苷对人类还有一项重要的综合性功能，具有延缓细胞衰老过程、延长生命的作用。大豆食品中大豆皂苷的含量见表1-9。

表1-9 不同大豆制品中大豆皂苷的含量 （单位：%）

大豆食品名称	大豆皂苷含量	大豆食品名称	大豆皂苷含量
臭豆腐	0.57	干豆腐	0.75
内酯豆腐	0.82	腐乳	1.94
豆芽	0.22	广味腐乳	2.10
豆腐	1.25	腐竹	0.91

（五）大豆膳食纤维

大豆膳食纤维是大豆中的不溶性碳水化合物，主要成分是非淀粉多糖类，包括纤维素、半纤维素、果胶等。大豆膳食纤维对人体有很多重要的生理功能，主要包括以下方面。

1. 降低血浆胆固醇水平

从而预防高血压、高血脂、心脏病和动脉硬化，减少冠心病和脑血管等疾病的发生率。

2. 改善血糖生成反应

大豆膳食纤维可通过在肠内形成的网状结构，阻碍葡萄糖的扩散，使葡萄糖的吸收减慢，最终起到防治糖尿病的作用。

3. 改善大肠功能

大豆膳食纤维可影响大肠功能。其作用包括缩短食物在大肠中的通过时间，增加粪便量及排便次数，稀释大肠内容物以及为正常存在于大肠内的菌群提供可发酵的底物。

（六）大豆磷脂

磷脂是一类含有磷酸的类脂物质的总称。大豆中含有 1.1%～3.2% 的磷脂，主要是卵磷脂、脑磷脂。大豆磷脂是公认安全的、人体每日允许摄入量无限制的天然物质。世界卫生组织专门委员会报告，每人每日摄入 22～83g 大豆磷脂，可增加营养效价的总和、降低血中胆固醇而无任何副作用。大豆磷脂的生理保健功效主要包括以下几个方面。

◎卵磷脂能有效提高脑机能，使思维能力和智力维持较高水平。

◎可保护肝脏免受酒精、香烟、药物、病毒及有毒物质的伤害，可维持正常肝功能。

◎卵磷脂能降低血清胆固醇水平，并能溶解残留在血管壁上的胆固醇，从而起到预防心脑血管疾病的功效。

◎抗机体衰老的作用。卵磷脂是构成细胞不可缺少的成分之一，经常食用卵磷脂能有效地增强细胞的功能，提高细胞的代谢能力。

现在人们已经公认豆制品不仅是最好的营养佳品，而且是最优秀的保健食品和功能食品。我国中医学讲"医食同宗，药食同源"，凡欲治病，先以食疗，食疗不愈，后乃用药。大豆及豆制品早就被我国中医学用作预防和治疗疾病的疗方。因此，豆制品发展前景广阔，逐步由传统食品发展为保健食品、功能食品。

中国食品工业发展纲要指出，中国未来膳食结构中应当选择动物性食物和豆类食物并重的模式，优质蛋白质的选择应当以植物蛋白质为主。在全国范围内继续实施"大豆行动计划""学生营养计划""大豆振兴计划""农业科技跨越计划"和"大豆发展计划"。

大豆食品的开发方向为：将大豆食品强化、补充维生素和微量元素辅料，研发豆米、豆麦等复合制品与风味食品；采用盒、膜及可食性材料保鲜包装，做成即食食品，与主食和副食结合，成为快餐与配餐食品。

第四节　中式豆制品分类

在我国以大豆为原料加工的食品种类繁多，并且还有各种新食品面市，无论是从政府管理,还是从行业研究和发展,都需要对产品进行分类。对于食品的分类,一般有两种方法,即按生产工艺特点分类,或按产品特点分类。

一、中式豆制品一级分类

在我国习惯把具有传统历史的大豆食品,统称为传统豆制品或中式豆制品。把当代采用新工艺方法生产的大豆食品或功能食品,称为大豆新型食品。这种统称可以作为大豆食品的一级分类。

二、中式豆制品二级分类

中式豆制品按工艺特点可分为两类:发酵性豆制品和非发酵豆制品。发酵性豆制品,如腐乳、豆豉、纳豆、酱油、黄酱等。非发酵豆制品,如豆腐、豆干、豆片、豆浆、腐竹等,据不完全统计,非发酵豆制品全国有 400~500 种之多。

三、中式非发酵豆制品三级分类

中式非发酵豆制品三级分类,即按工艺特点和产品特点综合进行分类,大致可分为以下 7 类。

1. 豆腐类

北豆腐(老豆腐)、南豆腐(嫩豆腐)、充填豆腐(内酯豆腐)、豆腐脑(豆花)、冻豆腐、脱水豆腐等。

2. 豆腐干类

大白干、手包干、模型干、豆腐干白坯等。

3. 豆腐片类

千张、百页(干豆腐、豆腐片)、豆腐丝、素鸡、豆腐片白坯等。

4. 豆浆类

鲜豆浆、豆奶等。

5. 腐竹类

腐竹、油皮(豆腐衣)等。

6. 芽菜类

黄豆芽、黄豆嘴、绿豆芽等。

7. 豆粉类

全脂豆粉、脱脂豆粉等。

四、中式非发酵豆制品四级分类

在中式豆制品生产中，生产的豆腐干、豆腐片，有些可以直接作为成品，但绝大部分还要通过再加工，制作成为色、香、味、形不同的成品。在行业上称为再加工产品，也可以称为衍生产品，这类产品最多。为了便于加工、储存、运输、销售的管理，把这些产品根据加工工艺特点或加工手段分为炸制品、卤制品、炒制品、熏制品（烤制品）。

第二章　中式豆制品加工原料和辅料

第一节　原　料

一、大豆的基本知识

我国大豆种植历史悠久，大约始于母系社会的神农时代。我国被称为大豆王国和大豆的故乡。我国大豆种植地域广泛，除青藏高原外全国均有栽培，但主要产区在松辽平原、黄淮平原。

（一）大豆种类及标准

大豆为一年生草本植物，各地因气候和栽培条件不同，品种也不同。因大豆为自花授粉作物，农户可留种，南方有些大豆产区的品种可达上千种，品种极其繁杂。随着育种技术的发展，大豆的新品种不断产生，出现了许多高产、稳产的新品种，使产量、质量不断提升。

1. 大豆的种类

（1）按大豆用途分类，可分为食用大豆、饲料用大豆。

（2）按播种季节分类，可分为春大豆、夏大豆、秋大豆、冬大豆。

（3）按大豆色泽分类，可分为黄大豆、青大豆、褐大豆、黑大豆、双色大豆。

（4）按颗粒大小分类，可分为小粒种、中粒种、大粒种、特大粒种。

（5）按成熟早晚分类，可分为极早熟类型、早熟类型、中早熟类型、中熟类型、中迟熟类型、迟熟类型、极迟熟类型。

2. 大豆质量标准

大豆质量标准有国家标准、行业标准（专业标准）、企业标准。一般征购、销售、调拨、储存、加工、出口的商品大豆均执行国家标准。行业标准或专业标准为专门行业或各省（区、市）所规定的标准。企业标准为各企业自定的有特殊要求的标准。

（1）色泽标准。根据大豆种皮的颜色，国家标准将大豆分为 4 类，见表2-1。黄豆中混有异色粒的限度为≤3%，其中混有黑色大豆的限度为≤1%。

表2-1　大豆分类

种类特点	名称	种皮特点	子叶颜色
第一类	黄豆	黄色	黄色
第二类	青豆	青色	青皮青仁 青皮黄仁
第三类	黑豆	黑色	黑皮青仁 黑皮黄仁
第四类	杂色豆	褐色、茶色、赤色、猪眼豆、猫眼豆	杂色

注：①青豆和黑豆中混有异色粒的限度为≤5%，其中含有饲料豆的限度为≤1%。②各类大豆中混有异色粒超20%的为杂色大豆，杂色大豆中含饲料豆的限度为≤2%，超过这一比率则按杂质计算

（2）大豆的等级标准。根据大豆含杂率程度划分为 5 个等级，见表2-2。

表2-2　大豆质量指标（GB 1352—2009）

等级	完成粒率/%	损伤粒率/%		杂质含量/%	水分含量/%	色泽、气味
		合计	其中：热损伤粒			
1	≥95.0	≤1.0	≤0.2			
2	≥90.0	≤2.0	≤0.2			
3	≥85.0	≤3.0	≤0.5	≤1.0	≤13.0	正常
4	≥80.0	≤5.0	≤1.0			
5	≥75.0	≤8.0	≤3.0			

（二）大豆结构

1. 大豆的籽粒结构

大豆的籽粒由种皮、胚和子叶三部分构成。

（1）种皮。种皮为籽粒的最外部，由胚珠的内外珠被和珠心发育而成。种皮上有一个明显的脐，为珠柄与籽粒相连接处的残迹。脐上方有一个凹陷小点，称为会点，为珠柄维管束与种脉相连接处的残迹。脐下方有一个小孔，

称为珠孔，是胚的幼根萌发处，也称"发芽孔"。珠孔向下端有一个明显的幼茎透射处。另外，还有脐结处，它与荚相连。

大豆种皮对于整个大豆籽粒起保护作用。大豆种皮从外向内有五层形状不同的细胞组织结构。包括：①栅状细胞组织；②圆柱状细胞组织；③海绵状组织；④糊粉层；⑤胚乳残余物。种皮占整个大豆籽粒重约8%，除糊粉层和胚乳残余物中含少量营养成分外，其他部分基本上不含营养成分，故在加工中可除掉。种皮的透水性状优劣直接影响泡豆时间及泡豆质量。

（2）子叶。子叶又称豆瓣，约占整个大豆籽粒重量的90%。子叶的内部由长条状薄壁细胞构成。其中营养成分有蛋白质、脂肪、碳水化合物、矿物质和维生素等。

大豆蛋白质主要分布于小颗粒的蛋白体中，约占蛋白体的90%。蛋白体颗粒径长3~8μm，主要存在于子叶皮下层内的薄壁细胞中。大豆脂肪主要分布于子叶的薄壁细胞中，呈球形小油滴，径长为0.2~0.5μm，均匀地分布在蛋白体颗粒之间。糖分和淀粉混置于蛋白体颗粒与小油滴之间，糖分呈溶解状态，淀粉呈小颗粒状态。

（3）胚。胚是由芽、茎、根三部分构成，约占整个大豆籽粒重量的2%。胚是具有活性的幼小植物体，外界条件适宜时萌发。大豆籽粒形状与结构如图2-1所示。

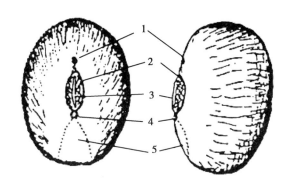

图2-1　大豆籽粒示意图

1. 会点；2. 脐；3. 脐结处；4. 珠孔；5. 幼茎透射处

2. 大豆籽粒中营养成分分布

大豆的一般成分主要是指蛋白质和脂肪。因为这两种成分占整个大豆营养成分的60%以上。由于大豆的品种、产地、栽培条件等有所不同，就一般情况讲，大豆蛋白质约为40%、脂肪20%、碳水化合物20%、水分10%、粗纤维5%、灰分5%。各种物质分布在大豆籽粒的三大部分：种皮、胚和子叶中。大豆籽粒的营养成分含量见表2-3。

表2-3 大豆籽粒及其组成部分的主要成分含量（干基）   （单位：%）

成分名称	大豆籽粒	种皮	胚	子叶
粗蛋白质	30~45	8.84	40.76	42.81
粗脂肪	16~24	1.02	11.41	22.83
碳水化合物（包括粗纤维）	20~39	85.88	43.41	29.37
灰分	4.5~5	4.26	4.42	4.99

（三）脱脂大豆

脱脂大豆是大豆提取油脂后的产物，主要有豆饼和豆粕。从蛋白质热变性程度与用途大致可分为三类：即高变性脱脂大豆；中变性脱脂大豆；低变性脱脂大豆。

高变性脱脂大豆主要用于做饲料。为了提高饲料的有效率，进行110~120℃、10~15min的蒸汽加热处理，这样水溶性蛋白质降到全蛋白质的30%以下。

中变性脱脂大豆主要用作酿造原料，做酱类和酱油等。为了使原料在处理时较为容易，应用压扁大豆，而不用粉末及细粒豆。

低变性脱脂大豆，多数是用连续提取装置、脱溶剂装置及脱臭装置制成的，全过程都是在60℃以下低温处理，而且脱去种皮。因此，蛋白质具有与不加热时相同的性状，可以制作豆制食品和其他食品。

现在我国生产脱脂大豆有两种方法，一种是压榨法，一种是浸出法。前者产生豆饼，后者产生豆粕。

1. 豆饼

豆饼是采用压榨法提取油脂后得到的产物。由于压榨时的温度不同又分为冷榨豆饼和热榨豆饼。

将生大豆软化轧片后直接进入榨油机在60℃以下温度的状态下压榨，榨油之后的豆饼叫冷榨豆饼。

为了提高出油率，将大豆预先轧成片，加热蒸炒，使大豆细胞组织破坏，降低油脂的黏度，在110℃以上的温度压榨出来的豆饼叫热榨豆饼。冷榨豆饼和热榨豆饼的主要成分见表2-4。

表2-4　冷榨豆饼和热榨豆饼主要成分　　　　（单位：%）

种类	水分	粗蛋白质	粗脂肪	碳水化合物	灰分
冷榨豆饼	12	44~47	6~7	18~21	5~6
热榨豆饼	11	45~48	3~4.5	18~21	5.5~6.5

从表2-4可以看出，除粗脂肪含量差别较大外，热榨豆饼与冷榨豆饼的主要成分含量差别不大。但由于热榨豆饼加工时受热温度高及受热时间长，使蛋白质发生热变性，变性后的蛋白质变成不溶性蛋白质，不溶于水、食盐及碱液。随着温度上升，不溶性蛋白逐渐增加。因此，热榨豆饼不能做豆制品，可以做酱油和酱类。冷榨豆饼由于榨油过程中温度较低，所以蛋白质变性很小，冷榨豆饼可以用来做豆腐和豆制品。

2. 豆粕

豆粕是大豆用浸出法提取油脂后的产物。先经适当的加热处理，调节水分至11.5%~14%后再经轧坯机压扁，然后加入有机溶剂，浸出油脂。

豆粕一般为片状颗粒，豆粕中脂肪含量低，水分较少，蛋白质含量较高，因而适于做酱油，也可以做豆制品。豆粕的成分见表2-5。

表2-5　豆粕主要成分　　　　（单位：%）

成分	水分	粗蛋白	粗脂肪	碳水化合物	灰分
含量	7~12	46~51	0.5~1.5	19~22	4~6

豆粕的质量因所用溶剂不同而各异。如采用沸点较高的石油醚等制取，所得到的豆粕的蛋白质变性比其他溶剂大，这是因为挥发油含有高沸点物质，在除去溶剂时须采用较高温度，从而使蛋白质变性大，这样的豆粕就不适于做豆腐。

二、生产豆制品对原料大豆的基本要求

豆制品生产的主要原料是大豆，但大豆品种众多，在我国高达上千种，有些品种不适于作为豆制品的原料。由于豆制品的质量要求不断提高，对于

生产原料的选择也更加严格。一般对于收购大豆国家有比较明确的标准，豆制品生产原料的选择一般参照国家标准，但也有行业的特殊要求。

（一）对大豆种皮颜色的选择

大豆由于品种不同，栽培地区不同，其种皮有多种颜色，前面介绍过黄色、黄白色、黑色、青色、褐色5种主要颜色。豆制品生产原料以黄色、黄白色大豆为最好，其他各色大豆一般不作为豆制品生产原料，因为种皮的颜色会直接影响到产品的颜色，改变了豆腐洁白细嫩或豆制品淡黄的基本色泽。当然市场上也有追求特色而使用其他颜色的大豆生产豆制品，但其产量极小。

（二）对大豆成分含量的选择

豆制品生产过程中，从原料中提取的主要是蛋白质，其次是脂肪。选择原料要看其蛋白质（粗蛋白）的含量高低，同时要进一步检测其可溶性蛋白质的比率，有些品种虽然蛋白质（粗蛋白）含量不低，但可溶性蛋白质比率低，这样的品种也不适于制作豆制品，因为豆制品生产多为湿法生产，不能溶于水的蛋白质会随豆渣跑掉。目前，工业化生产豆制品选择蛋白质（粗蛋白）含量≥34%，可溶性蛋白质的含量≥24%的大豆。

对于脂肪成分一般要求不严格，但选用脱脂豆饼、豆粕制作的豆制品的质量就与选用大豆直接生产的豆制品完全不一样了。虽然脱脂大豆含蛋白质比率高，但含脂肪很低，制作出的产品无光泽、无弹力、口感差、颜色发黑。豆制品生产虽然对脂肪成分没有过高的要求，但脂肪对于产品质量作用很大，因而脱脂豆饼、豆粕不适于制作某些豆制品。

（三）对大豆混合率和含杂率的选择

国际上对大豆的混合率规定：黄豆中混有异色粒限度为≤3%，其中混有黑色大豆≤1%，如果超过这一比率即是杂色大豆，制作豆制品一般不选择杂色大豆。

含杂率是国标划分大豆等级的重要指标之一。根据含杂率等各项指标，国标把大豆共分六级，从特级到五级。生产豆制品一般选择一至三级。三级含杂率≤2%。另外，大豆不完善粒超标，不能作为豆制品生产原料。不完善粒包括：未熟粒、虫蚀粒、破损粒、霉变粒、病斑粒、生芽涨大粒、冻粒。不完善粒一般是通过外观检查，能够直接发现的，出现以上严重超标的不完善粒，就不能作为豆制品生产原料使用。

（四）　对大豆水分含量的选择

从大豆储藏的角度，国标规定了其水分含量应在 13% 以下。因大豆本身是在不停地进行生理活动，它是一个有生命的有机体。大豆籽粒中存在各种酶，水分高于 13% 时，酶活性增强，会催化大豆籽粒发生较强呼吸作用，出现酶活反应，使其营养物质损失或转化。

在豆制品生产中，大豆不宜长时间储存，一般在工厂内存放 5~7d。所以对于水分的要求有所放宽，在 15% 以下。各地收购大豆时国标规定东北华北大豆水分≤13%，其他地区≤14%，在收购季节大豆的水分一般超过这一比率，如果长时间储存还需要进一步降低水分。如果在收购过程中遇到雨淋、水泡，一般粮食部门要求：在 60~70℃ 的条件下烘干，以降低水分，防止霉变。但这种烘干豆不能用于加工某些豆制品，因为烘干过程中发生蛋白质部分变性，如果用于豆制品生产将影响产品质量和蛋白质提取率。

三、原料的储存保管

豆制品生产原料，从国有粮库进货，各方面指标都比较有保证，因为粮库有较为完善的进出保管制度和良好的设备设施。但进货渠道日益多样化，有的甚至从农户手中直接购买。豆制品生产企业内的原料储存保管就成为一个重要的环节。在此着重介绍企业内原料大豆的储存保管知识。

（一）　储存条件

生产企业原料一般不需要长时间的储存，储存量也是根据生产规模的大小、进货的难易程度、资金周转等多方面因素来确定。多数企业周期存量为 7~15d 的生产使用量。这样企业就必须有库房储存原料。

1. 库房

大豆原料库房要干燥、通风、宽敞，并且备有调节温度与湿度的设备及测定仪器。同时库房要便于卸料，并与生产车间距离最近。

2. 码垛

目前，以袋装原料的形式进料比较多，袋装大豆码垛必须隔墙、离地，注意通风，防止粮堆中心温度升高，引起大豆的水蒸气转移，使局部湿度不断增高，使大豆变质。为了创造良好的储存通风条件并且遵循原料的"先进先出"原则，码垛一定要划分区域，一批原料为一个大区域，大区域中又分为几个小垛堆，小垛堆之间留通道。每小垛的高度一般为 8 包原料的高度。每垛挂牌标明进货日期、数量、品种，严格遵循原料的"先进先出"原则，尽量减少库内原料的储存时间。

3. 防鼠、防虫

防鼠：原料库房要设置防鼠设施，库门口要设置防鼠挡板，库内设置鼠夹。目前，还有比较先进的电子驱鼠器等。灭鼠最好不使用鼠药，非用不可时，一定要选用对原料不产生毒害作用的产品，同时，要进行严格的管理，不可马虎大意，以免酿成食品安全事故。

防虫：主要是采取周边环境的灭虫措施。通过调节大豆的温湿度和储存时间，就可以有效地防止大豆生虫，最好不使用任何药物防虫。

4. 入库前对原料破碎程度的检查

大豆从产地运到工厂，经过多次搬运装卸，很容易产生破碎或脱皮现象，这给储存管理带来一定的难度。所以每批大豆除了做各项指标检验外，还必须注意其破碎程度。完好的大豆籽粒比较好储存，完好籽粒的外皮在一定程度上可以保护籽粒不受害虫和真菌的侵蚀。如果大豆破碎严重则应尽快使用，如果必须储存就要筛除不完善粒后再储存。

（二）储存过程中的控制和保管

影响合格品质大豆储存的主要因素为水分、温度和湿度。

1. 水分

水分可以说是影响大豆储存的最主要因素，这里说的水分是大豆自身的含水量。水分高于 13% 的大豆是不能长时间储存的，如果要储存就要通过晾晒或烘干降低水分，以减少由于籽粒呼吸、霉菌侵蚀、自身发热所引起变质的风险。

大豆的水分与安全储存期见表 2-6。

表 2-6　不同水分的大豆的安全储存期

水分/%	加工用安全储存期	种植用安全储存期	水分/%	加工用安全储存期	种植用安全储存期
10~11	4 年	1 年	13~14	6~9 月	发芽不良
10~12.5	1~3 年	6 个月	14~15	6 月	发芽不良

2. 湿度

大豆是吸湿物质，当其周围的空气湿度大时就会吸收水分，反之会失去水分。其吸水率和失水率与其储存的方式有直接关系，大豆用麻袋装比散装方式吸水或失水速度慢，袋装储存具有自行通风降温的特性。所以，豆制品加工企业存放大豆多采用室内袋装储存。在储存过程中要注意环境的湿度，在湿度高的季节，要定时倒垛，加大通风以防止垛内局部湿度过高而霉变。

3. 温度

温度是影响大豆储存的另一个非常重要的因素，整颗大豆中，真菌的生长繁殖和大豆自身的化学变化（如氧化）都随着温度的升高而加快。

昆虫生长和繁殖的最佳温度在27~35℃，低于16℃则不适于昆虫的生长。在60℃以上，大多数昆虫在10min内就会被杀死。

温度也影响霉菌的生长。大豆水分在14%~14.3%时，在温度为5~8℃的环境中可以储存2年以上而不会霉变。但在30℃时，几个星期内就会被霉菌侵蚀，6个月就会被严重损害。

所以在高温季节，储存大豆必须控制储存期，确定最短的储存期限，并采取前面讲过的方法倒垛，既可降湿又可降温，还可以采取机械通风设备，加大库内的通风排气。

第二节　水

一、水

水是无色、无味透明的液体，通过化学分析得知它含有钙盐和镁盐，一般钙盐以 CaO（氧化钙）表示，镁盐以 MgO（氧化镁）表示。钙盐和镁盐含量较多的水叫硬水，含量少的叫软水。硬度是表示水中含有钙离子和镁离子的单位数量。我国将水的硬度分为五等，见表2-7。

表2-7　我国水的硬度划分

硬度/（mEq/L）	硬度	水质
0~1.5	4°以下	很软的水
1.5~3.0	4°~8°	软水

（续表）

硬度/（mEq/L）	硬度	水质
3.0~6.0	8°~16°	稍软水
6.0~11.0	16°~30°	硬水
11以上	30°以上	很硬的水

注：我国现行饮水标准规定总硬度不得超过25°

二、水对豆制品加工的影响

大豆在浸泡、磨碎和过滤的过程中需大量用水，各类豆制品中的含水量分别为40%~90%，水质的好坏直接关系到大豆蛋白质的溶解、提取和产品的质量、卫生，因此生产中使用的水必须符合食用标准，凡是可以作为饮用的水，如自来水、井水或清洁的溪水等，都适用于生产，只是不同硬度的水对豆腐、豆制品的质地、弹性有较大影响，同时对蛋白质提取率、产品出品率有一定的影响。不同水用于制作豆腐的出品率比较见表2-8。

表2-8　不同水用于制作豆腐的出品率　　　　　　（单位：%）

水质	豆浆中含蛋白质	出品率
软水	3.71	45.0
纯水	3.65	47.5
井水	3.40	30.0
含钙300mg/kg硬水	2.49	26.5
含镁300mg/kg硬水	2.00	21.5

过去行业对质量好的豆腐感官评价是洁白细嫩、柔软有劲。能否做出好的豆腐并且有较高的出率，主要原因之一是有好的水，都说淮南八公山的豆腐做得好，有利条件是淮南八公山水质好。我国有些地区做出的豆腐剖面像砖头，主要是水质不好。从表2-8可以看出，纯水最好，但是成本太高不适用于生产。要根据当地资源情况，尽量选择硬度较低的水制作豆制品。

第三节　辅　料

一、豆制品制作辅料的种类及选择

在豆制品制作中由于加工工艺的需要和食品味道、色泽需要，除原料外还需要加入辅料，这些辅料称为食品添加剂。食品添加剂的种类很多，可分为天然食品添加剂和化学合成食品添加剂。天然食品添加剂是以动植物或微生物的代谢产物等为原料，经提取所得的天然物质。化学合成食品添加剂是通过化学手段，使元素或化合物发生合成反应所得的物质。在一定范围内使用一定量的添加剂对人体无害，但过量使用，不但对产品质量本身有影响，也引起各种形式的毒性表现。为保证食品卫生质量，保证人民身体健康，防止食物中有害因素对人体的影响及危害，我国政府采取了一系列食品安全管理措施，制定了有关食品添加剂的法规，对食品添加剂的使用和生产有严格的规定，在使用中必须掌握以下原则。

◎必须是经过规定的毒理学鉴定程序证明，在使用限量范围内对人体无害，不应含有害杂质，不应对食品的营养成分有破坏作用和在人体代谢形成有害产物。

◎在达到一定的工艺操作后，在以后的加工、烹调过程中消灭或破坏，避免摄入人体。

◎在选择食品添加剂时应有严格的质量标准，不得含有有害杂质，不能超过允许的限量。

◎使用后不应影响食品质量、风味，不应对食品的营养成分有破坏作用。

随着食品工业和化学工业的发展，食品添加剂更趋于天然物质，并向营养强化的方向发展，正确选择和适量使用是根本要求。在豆制品生产中，正确选择和适量使用添加剂是确保食品安全无害且产品色、香、味、形态、组织结构等方面优良的重要因素。

(一) 凝固剂种类及选择

大豆蛋白质与凝固剂作用可使蛋白质凝聚成形，因此，在豆制品生产过程中，凝固剂是必不可少的添加剂。凝固剂品种很多，基本上可以分为两大类，即钙盐类和酸类，这些凝固剂主要是镁、钙的二价盐。氯化镁（$MgCl_2$）、氯化钙（$CaCl_2 \cdot 2H_2O$）、硫酸钙（$CaSO_4 \cdot 2H_2O$）、碳酸钙（$CaCO_3$）、醋酸钙 [（$CH_3COO)_2Ca \cdot H_2O$]、乳酸钙 [（$CH_3CHOHCOO)_2Ca \cdot 5H_2O$]、葡萄糖酸-δ-内酯（$C_6H_{10}O_6$）等都能作为大豆蛋白质的凝固剂。目前国内用于豆制品生产的凝固剂主要是氯化镁、硫酸钙和葡萄糖酸内酯。氯化镁的用量为大豆重量的 2%~3%，过量会使豆腐味苦，豆腐质地变硬。在实际生产中将盐卤稀释至 20~22°Bé 过滤后使用。硫酸钙的用量为大豆重量的 2%~2.5%，过量会使豆腐发涩，不足则降低凝固率。石膏在使用前应粉碎至一定细度后加水不断搅拌，使其成为均匀的悬浮液才能使用。葡萄糖酸-δ-内酯做凝固剂，主要适用于袋、盒装充填豆腐，该种凝固剂有利于机械化生产。近几年不断有新的凝固剂面世，而且有不少生产企业把盐卤、石膏、内酯按不同比例混合，目的是取各自的优点，提高豆腐质量和出品率。

1. 盐卤

盐卤是海水制盐后的产品，主要成分是氯化镁，含量约为 29%。盐卤内还含有硫酸镁、氯化钠、溴化钾等，有苦味，所以俗称为苦卤。原卤的浓度一般为 25~28°Bé。使用时应根据大豆的性质和产品品种进行适当的稀释配制。新大豆可以用 20°Bé 左右的盐卤，陈大豆所用的盐卤浓度要低一点，否则会影响产品质量。盐卤的使用量为大豆的 2%~3%。氯化镁对豆浆蛋白质的凝固作用快，但使用时难度大、适用幅度也狭窄，不宜制作嫩豆腐。用盐卤制老豆腐及其他制品具有独特的风味，但用量要适当，用量过大有苦味。

我国 20 世纪 50 年代使用固体卤块，色泽呈红褐色，长方形块，其中氯化镁占比超过苦卤，它的含量占卤块的 46%，氯化物含量 20% 左右，硫酸镁含量不超过 3%，水分 30% 左右，卤块含杂质比较多，稀释后必须经过沉淀，除去杂质及泡沫，取上清液使用。目前，生产单位已经将盐卤提纯，制作出盐卤片、盐卤粉，使用单位可以直接稀释使用。

近几年出现了油化盐卤，呈液体状，更加有利于机械化生产线制作豆腐。

2. 石膏

石膏主要成分是硫酸钙。使用石膏做凝固剂，凝固作用比盐卤慢，适用幅度宽，制作老、嫩豆腐都可以，也适用于不同浓度的豆浆。

石膏凝固剂制作的方法：将石膏（$CaSO_4 \cdot 2H_2O$）块放入灶膛两侧，避火烘烤 15h 左右，以手剥即开，剖面呈根根丝状，手碾成粉为好。生石膏的处理宜用火烤，不宜用火烧，烤透就行。不宜烘烤过熟（也称过火），因为过火则失效。将熟石膏（$CaSO_4 \cdot 1/2H_2O$）碾制成粉后，按 1：1.5 加入清水，用器具研之，再加入 40℃ 温水 5 份，搅拌成悬浮液，让其沉淀弃去残渣后使用。石膏用量约为大豆重量的 2.5%。

凝固剂用量过多或过少，都会影响产品质量与出品率。凝固剂用量过多（俗称"过头浆"或称"点杀浆"），使蛋白质收缩过度，豆腐粗老，不保水，制成豆腐坯无弹性，发硬易碎，出品率也低。凝固剂用量过少，蛋白质凝聚不完全，使豆浆中的蛋白质形不成网状组织，得不到豆腐凝块，影响蛋白质凝固的收率。因此，硫酸钙及氯化镁的使用量都应有一个最佳的范围。硫酸钙用量与蛋白质凝固的关系见表 2-9。

表 2-9　硫酸钙用量与蛋白质凝固的关系

熟石膏用量/%	凝固结果
5	其硬度达到最大值
4	豆腐的保水性及弹性均良好
3	豆腐的保水性及弹性均良好
2	豆腐仍相当嫩
1	蛋白质不凝固

从表 2-9 看出，硫酸钙的用量应控制在 2%～4%。

3. 葡萄糖酸-δ-内酯

葡萄糖酸-δ-内酯（Glucono-Delta-Lactone）是一种酸性凝固剂，它的特性是易溶于水，有甜味，由于本身不是凝固剂，要溶于豆浆中转变成葡萄糖酸后，才会对豆浆中的蛋白质发生酸凝固，低温时凝固很慢，在温度高时，速度较快。由于内酯的特性，所以在生产上可以在 30℃ 以下豆浆中，先加入葡萄糖酸-δ-内酯，再装入包装袋或盒内加热，使豆浆凝固成豆腐，加热温度要达到 90℃ 以上，才能使葡萄糖酸-δ-内酯与豆浆充分凝固，加工过程既可以起到灭菌、延长豆腐保存期的作用，还可以使豆腐形态完整、结构细腻。使用葡萄糖酸-δ-内酯作为凝固剂，适合大规模机械化连续生产，是目前豆腐制作中发展较快的产品。

（二）消泡剂种类及选择

大豆蛋白质在水中是胶体溶液，制作豆制品时在滤浆和煮浆工序中，当机械振动或液体流动时，混入空气形成泡沫，且不易消失，影响操作和产品质量。为此需要添加消泡剂减少泡沫，消泡的方法和消泡剂种类很多，常用的消泡剂有以下6种。

1. 油角

油角是榨油工业的下脚料，可直接用来消泡，但效果不理想。经过酸败的油角比纯油角效果好，由于油角含微生物和工业碱等化合物，酸败的油角暴露在空气中，酸解及过酸化合物的含量高，在食品卫生上不理想。

2. 植物油加石灰

石灰过筛成粉状，一般将植物油加热到150~160℃后，倒入石灰粉，搅拌均匀即可，也可直接通过蒸汽煮沸，成为黄色膏状物。使用时，取一定量的膏状物，对入沸水或用热黄浆水稀释后，滴加在磨糊或豆浆中消泡。

3. 酸化油

酸化油也称氧化油，使脂肪酸氧化后酸性增加，其主要有效成分是磷酸。磷酸是一种乳化剂，有消泡作用。

4. 乳化硅油

硅有机树脂分两种类型，即油剂型和乳剂型，在豆制品的生产中适用水溶解性能好的乳型剂，乳化硅油外观为乳白色液体，其表面张力小，对水的接触面大，对水面展开系数大，消泡能力强，不溶于水，也不溶于动植物油。作为消泡剂，不但有消泡作用，还有抑制作用，它不但可以消除已形成的泡沫，而且可以防止泡沫的形成，具有一定的稳定性，经120℃、30min消毒灭菌，仍保持消泡性能，对豆浆的pH值或凝固反应影响不大，适用于豆制品加工。

5. 甘油脂肪酸酯

甘油脂肪酸酯是由甘油一酯、甘油二酯及微量的甘油三酯组成，以硬脂酸与甘油所成的单脂最好，含单脂90%以上为精制品，甘油脂肪酸酯分为蒸馏品和未蒸馏品两种，蒸馏品的纯度在90%以上，未蒸馏品的纯度在40%~50%，蒸馏品无异味、异臭，几乎不溶于水，溶于油，属于表面活性剂，使用时均匀地加入磨糊中，一并加热可起到消泡作用。

6. 葡萄糖脂肪酸酯

复合食用消泡剂（也称泡敌），是一种乳白色颗粒状粉剂，其含成分为单硬脂酸、甘油酯、轻质碳酸钙、磷脂，用法简便，只需将颗粒搅入泡沫中，即可使冷、热浆中的泡沫迅速消除，由于易于保存且卫生是目前行业中较佳的消泡剂。

消泡剂是一种酸性物质，使用过量会对豆浆起酸化作用，影响其风味，经加热会使豆腐水分增加、硬度下降、弹性差，因此在使用过程中，只要能使泡沫消失即可。

二、豆制品制作调味料种类及选择

（一）食盐

食盐是制作豆制品不可缺少的辅料之一，它既能起到调味作用，又能在生产过程及成品储存中起到防腐作用。食盐主要成分是氯化钠（NaCl），还含有其他物质。根据食盐的来源不同，可大致分为四种。

1. 海盐

海盐是用海水提制而成的。采用太阳晒、火力、风力、结冰等方法，蒸发浓缩后取得食盐结晶。因含有杂质，所以称为粗盐。其化学成分见表 2-10。

表 2-10　海盐化学成分

化学成分	含量/%	化学成分	含量/%
氯化钠（NaCl）	68.0~92.0	硫酸根（SO_4^{2-}）	1.0~1.4
氯化钙（$CaCl_2$）	0.2~0.4	水溶物	0.4~1.0
氯化镁（$MgCl_2$）	0.5~1.0	水分	5.0~10.0

2. 池盐

池盐是从盐湖中提取制成的，主产于内蒙古自治区、甘肃省、青海省等地。

3. 岩盐

岩盐是埋藏在地下的食盐结晶层，其含硫酸钠杂质较多，主要产于青海、新疆等地。

4. 井盐

井盐系地下水中溶解有岩盐，一般采用蒸熬法制取，主要产于四川、云南、山西等地，其化学组成见表2-11。

表2-11　井盐化学成分

化学成分	含量/%
氯化钠（NaCl）	94.0~97.0
氯化钾（KCl）	0.3~2.3
氯化镁（$MgCl_2$）	0.5~0.9
氯化钙（$CaCl_2$）	0.3~1.2
硫酸钙（$CaSO_4$）	1.2~1.6

纯食盐的相对密度是2.101（25℃）。纯食盐的溶解度见表2-12。

表2-12　纯食盐的溶解度

温度/℃	溶解度/（g/100ml）	温度/℃	溶解度/（g/100ml）
0	30.97	30	36.70
20	35.89	100	39.40

（二）食糖

豆制品生产使用的食糖，主要成分是蔗糖，蔗糖除本身具有甜味外，水解后生成的葡萄糖和果糖也可显甜味。甜味是大多数消费者喜欢的一种食味。食糖是微生物的营养源之一，对微生物的培养具有重要的作用。

1. 蔗糖

蔗糖广泛分布于植物界，常存在于植物的根、茎、叶、花、果实和种子内，是天然的甜味剂。它属于碳水化合物中的双糖，由一分子葡萄糖和一分子果糖构成，是食品工业中最重要的甜味物质。它除赋予食品甜味外，还是重要的营养素，可供给人体能量。

2. 葡萄糖

葡萄糖主要由淀粉水解而来，还可来自蔗糖、乳糖等的水解。它是机体吸收、利用最好的单糖。机体各器官都能利用它作为燃料和制备许多其他重要的化合物，如核糖核酸、脱氧核糖核酸中的核糖和脱氧核糖、糖酯和非必需氨基酸等。有些器官实际上完全依靠葡萄糖供给所需的能量，如大脑每日需 100~120g 葡萄糖。此外，肾髓质、肺组织和红细胞等也必须依靠葡萄糖供能。机体血糖（血中的葡萄糖）浓度保持相对恒定（正常为 80~120mg/100ml 血）对于保证上述组织能源的供应具有重要意义。

3. 果糖

蜂蜜和许多水果中含有果糖，工业上制成的高果糖浆已用于食品工业生产。机体的果糖主要由肠道的二糖酶将蔗糖分解为葡萄糖和果糖而来。吸收时部分果糖被肠黏膜细胞转变成葡萄糖和乳酸。肝脏是实际利用果糖唯一的器官，它可将果糖迅速转化，所以在整个循环血液中果糖的含量很低。果糖的代谢可不受胰岛素制约，故糖尿病人可食用果糖。

果糖的甜度很高，是通常糖类中最甜的物质。若以蔗糖的甜度为 100，葡萄糖的甜度为 74，果糖的甜度达到 173。因而果糖是食品工业中重要的甜味物质。近年来，食品工业纷纷利用异构化酶将葡萄糖转化为果糖，制成不同规格的果糖糖浆（高果糖浆或异构糖）予以应用。

（三）食用油

食用油在豆制品制作工艺中，主要用于豆制品炸制、炒制加工工序。所用食用油有普通食用植物油、高级烹调油和色拉油、煎炸油、调和油。

1. 普通食用植物油

在豆制品生产中，常用的有大豆油、菜籽油、花生油、葵花籽油等。在使用时，必须符合国家的质量标准和安全卫生的要求，保障产品质量和消费者的健康。

（1）大豆油。大豆油是我国最主要的食用油脂之一，其色泽较深，有特殊的豆腥味，热稳定性较差。从营养价值看，大豆油中含棕榈酸 7%~10%，硬脂酸 2%~5%，花生酸 1%~3%，油酸 22%~30%，亚油酸 50%~60%，亚麻油酸 5%~9%。大豆油含有丰富的亚油酸，有显著的降低血清胆固醇含量、预防心血管疾病的功效，大豆中还含有多量的维生素 E、维生素 D 以及丰富的卵磷脂，对人体健康均非常有益。

（2）菜籽油。菜籽油亦称菜油，也是我国最主要的食用油脂之一，精炼后的菜籽油呈清亮好看的淡黄色或青黄色，其气味芬芳，滋味纯正。普通品种油菜生产的菜籽油中含花生酸 0.4%~1.0%，油酸 14%~19%，亚油酸 12%

~24%，芥酸31%~55%，亚麻酸1%~10%。不过普通菜籽油中缺少亚油酸等人体必需脂肪酸，所以营养价值比一般植物油低。另外，普通菜籽油中含有大量芥酸和芥子苷等物质，一般认为这些物质对人体的生长发育不利。因此，在食用普通品种时常与富含亚油酸的优良食用油配合使用，使其营养价值得以提高。目前国内推出的"双低油菜"芥酸含量在3%以下，而油酸含量可达6%，是最健康的食用油之一。湖北、江苏、浙江等地已主要种植双低油菜，已改变了人们对菜籽油的认识。

（3）花生油。花生油淡黄透明，色泽清亮，气味芬芳，有浓厚的特殊香味。花生油含不饱和脂肪酸80%以上（其中含油酸41.2%、亚油酸37.6%）。在夏季为透明体，在冬季则变得稠厚而不透明，这是因为花生油中含有19.9%的软脂酸、硬脂酸和花生酸等高分子饱和脂肪酸的缘故。

花生油易于人体消化吸收，在食品工业上用途广泛。据有关资料介绍，使用花生油，可降低人体内胆固醇的含量。因其含有维生素E、磷脂、胆碱等多种对人体有益的物质，经常食用有助于预防动脉硬化和冠心病，还可改善人脑的记忆力，延缓脑功能衰退。

（4）芝麻油。芝麻油的风味柔和可口，具有特殊香味，是一种不需要精炼就能直接食用的、不含对人体有害成分的植物油，也是人们最喜爱的调味油。它有普通芝麻油和小磨香油，它们都是以芝麻为原料所制取的油品。从芝麻中提取出的油脂，无论是芝麻油还是小磨香油，其脂肪酸大体含油酸35.0%~49.4%，亚油酸37.7%~48.4%，花生酸0.4%~1.2%。它含有约43%的油酸和43%的亚油酸，营养价值较高。人体的消化吸收率达98%。由于天然抗氧化剂的作用，比一般油脂耐贮藏。用水代法制取的小磨香油有浓郁的香味，更具有特色。

（5）葵花籽油。葵花籽油是一种优质食用油，色浅，风味柔和，含有较多的不饱和脂肪酸，易被人体吸收。葵花籽油中脂肪酸的构成受气候条件的影响，寒冷地区生产的葵花籽油含油酸15%左右，亚油酸70%左右；温暖地区生产的葵花籽油含油酸65%左右，亚油酸20%左右。葵花籽油的人体消化率96.5%，它含有丰富的亚油酸，有显著降低胆固醇、防止血管硬化和预防冠心病的作用。但由于葵花籽油仅含有较少的天然抗氧化剂，并且存有微量的含氧酸，在贮藏时很不稳定，故宜现用现买，以确保食品加工时的质量。

2. 高级烹调油和色拉油

在豆制品加工中，经常用到高级烹调油和色拉油，所使用的有高级大豆烹调油和色拉油、高级花生烹调油和色拉油、高级菜籽烹调油和色拉油、高级葵花籽烹调油和色拉油等。各种高级烹调油和色拉油除具备其本身特性外，还应具备以下高级食用油性质：色较淡，滋味和气味良好；酸价低（都要求在 0.6 以下）；稳定性好。贮藏过程中不易变质，煎炸时，温度 190~200℃ 时不易氧化或劣变。此外，色拉油还有其特殊性质；色拉油在 0℃ 下、5.5h 仍能保持透明。长期在 5~8℃ 时不失流动性。

我国的高级烹调油和色拉油都是脱臭型。其他国家的同类产品绝大部分也是脱臭型，只有橄榄油例外。橄榄油具有其特有的橄榄油香味和色泽（绿或黄绿），其天然的香味和滋味被认为是重要的优点，价格相对较高。

高级烹调油和色拉油具有的性质有些不同。由于精炼技术的发展以及产品竞争，高级烹调油的品质与色拉油相差越来越小，外观上较难区别，只有通过仪器检验加以区别，其最主要的差异是耐寒性（用冷冻试验来衡量）。在低温下，色拉油能保持清亮透明，高级烹调油就可能有浑浊出现。此外，色拉油的色泽更淡，酸价也更低些。

3. 煎炸油

豆制品在煎炸时，油脂始终处于高温下且与空气接触，因此，需要具有一定性质特点的专用油脂。棕榈油是一种天然的煎炸油。它具有风味好、稳定性高、烟点高等特点。

煎炸油的卫生要求很高，一旦变质，即会产生直接危害人体健康的物质，甚至是有毒的致癌物质。因此，使用煎炸油的食品企业一定要按规定与要求使用。

4. 调和油

调和油是两种或两种以上的优质食用油脂经科学调配成的一种高级食用油。调和油的品种很多，根据我国人民的食用习惯和市场需求，分为煎炸调和油、风味调和油、营养调和油等。

（四）调味品

在众多调味品中，酱油、黄豆酱、食醋是使用最广泛的调味品，日常生活中开门七件事缺不了酱油和食醋。酱油和食醋是一类成分复杂、功能多样的酿造调味品。它们的主要原料来自粮食及副产品，具有较高的营养价值。在自然界中游离状态的氨基酸共有 22 种，酱油和食醋均含有 18 种，在酱油中富含人体自身不能合成的必需氨基酸。酱油蛋白的氨基酸含量比一般谷物高出一倍，酱油中还含有多种维生素和矿物质。食醋除含有多种氨基酸外，食醋中的全糖包括葡萄糖、麦芽糖、蔗糖和果糖。食醋不仅有酸味，还有鲜香味，是人们非常喜爱的调味品。

1. 酱油

酱油是发酵调味品的代表物，咸香鲜美，红褐色，不浑浊。它的主要原料有大豆、脱脂豆饼（豆粕）、小麦、食盐及水，通过微生物发酵制成基本调味品。通过检测酱油中"可溶性无盐固形物、全氮、氨基酸态氮"三项指标划分酱油等级。酱油按其三项指标含量分为四级，即特级、一级、二级、三级。制作豆制品一般选择二级或三级酱油。现在市场上也有配制酱油，它是以酿造酱油为主体与酸水解植物蛋白调味液及食品添加剂等配制而成的酱油，其三项指标比酿造酱油都低，所以食品加工时选择配制酱油的比较少。

2. 黄豆酱（豆瓣酱、干酱、黄稀酱）

黄豆酱是用大豆、面粉、食盐和水利用米曲霉为菌种经过微生物发酵制成的。旧法制黄豆酱是采用老曲发酵，成熟时间需要半年以上。豆制品加工调味使用黄稀酱比较普遍。

3. 甜面酱

甜面酱是使用面粉加入酵母菌发酵后蒸熟再破碎、制曲发酵等工序制成的。因其有甜香和红褐色，所以在食品加工中广泛使用。

4. 食醋

酿造食醋是采用含有淀粉、糖的粮食及粮食加工副产品如麸皮、稻壳等物料经过微生物发酵酿制而成的液体调味品。衡量食醋的质量指标有：总酸、不挥发酸和可溶性无盐固形物三项指标。市场上的配制食醋，是以酿造食醋为主料与冰醋酸、食品添加剂等混合配制而成的。

在豆制品加工调味中使用食醋调味的产品相对比较少。

5. 复合调味品

复合调味品的出现是在以酱油为代表的基本调味品工业发展到一定阶段后产生的，同时也是食品工业逐步达到标准化生产所需要的。

复合调味品的生产，是通过对各种调味品的科学分析实验及使用经验，按照每类食品调味的需要，事先把所需要的多种调味品进行复合加工，生产出液态或固态的复合调味品，直接提供给食品加工企业或消费者，省掉了食品加工配料、调味的复杂过程，使生产某种食品味道一致而且味道最佳，便于食品标准化生产。使用复合调味品生产食品是食品加工的发展趋势之一，也是调味品生产发展到较高水平的象征，它将为更多食品加工门类调味提供更加优质、方便、快捷、标准的调味品。

（五）香辛料

香辛料种类很多，使用最广的有胡椒、花椒、八角、小茴香、五香粉、咖喱料等。使用香辛料主要是利用香辛料中所含的芳香油和刺激性辛辣成分，起着抑制和矫正食物的不良气味、提高食品风味的作用，并能增进食欲、促进消化，还具有防腐杀菌和抗氧化的作用。

1. 胡椒

胡椒，有黑胡椒、白胡椒以及胡椒粉。黑胡椒是连果皮、果肉和种子混在一起，经充分晒干的胡椒。辛辣味较白胡椒浓。白胡椒是除去果皮、果肉后剩下的白色种子，质量较黑胡椒好。

2. 花椒

花椒主要成分为柠檬烯、枯醇等。另外，还有形成花椒麻辣味的花椒油素成分。

大花椒：又称油椒。果实香味浓，果皮成熟时呈红色，果柄短，果皮厚。干花椒为酱红色。

豆椒：又称白椒。果实香味较淡，果皮成熟时呈淡红色，果柄长，果皮较薄。干花椒为暗红色。

大红袍：又称六月椒。果粒较大，果皮红色，成熟较早。干椒为红色。

狗椒：又称止花椒。果实香味浓且带腥味，果皮红色而薄。干花椒为淡红色。

3. 八角茴香

简称"八角"，也称"大茴香""大料"。含有较多的芳香油和糖分，而且具有浓香和甜味。其芳香油的主要成分为茴香脑。另外，还含有左旋水芹烯、黄樟油素、柠檬烯等。

4. 桂皮

桂皮含有较多的芳香油，其主要成分为桂皮醛、桂酸甲酯、丁香酚，其中桂皮醛是调味的重要成分，它能使桂皮具有特殊的香气和收敛性的辛辣味，并微有甜味。

5. 小茴香

小茴香是一种长椭圆形的果实，含有丰富的芳香油，主要成分为茴香酮、茴香脑、甲基黑椒酚、茴香醛等，具有特殊的芳香和微甜味。

6. 肉豆蔻

肉豆蔻具有浓烈的特殊香气，略带甜苦味，有一定的抗氧作用。含精油5%~15%，主要成分为蒎烯和莰烯（约为80%）、二戊烯（约8%）、肉豆蔻醚（约4%）等。

7. 丁香

丁香也称"丁子香"。具有浓郁的丁香香气，并有烧灼感、辛辣味，兼有抗氧化、防霉作用。丁香含精油17%~23%，其中70%~90%为丁香酚，其余有丁香烯、石竹烯、乙酸龙脑酯、甲基戊基酮等。

8. 小豆蔻

小豆蔻种子有浓郁的柔和香气，略有辣味，浓时有苦味。它含精油2%~8%，主要成分有乙酸松油酯、芳樟醇、柠檬烯、桉叶油素等。

9. 肉桂

肉桂又称"中国肉桂"。具有强烈香气，味甜中略苦。它含精油1%~2.5%，主要成分有肉桂醛（占89%~95%）、甲基丁香酚、肉桂醇、乙酸肉桂酯、肉桂酸、2-甲氧基乙酸肉桂酯等。

10. 姜黄

姜黄为多年生草本植物，地下有圆柱状根状茎和纺锤状块根，黄色，有香气。可从根茎中提取精油，称"内油"。其中含有姜黄酮、姜黄醇、水芹烯等芳香物质。

11. 五加

五加的根皮与茎皮称"五加皮"。春季可采其嫩叶做蔬菜，有特殊的香味。

12. 辣椒

辣椒也称"番椒""海椒""大椒"，古称"辣茄"。成熟果中富含维生素 C，胡萝卜素的含量也较高。其辣味系含辣椒素的挥发油（含 0.02% ~ 0.14%）所致，种子中的含量比皮中为多，子房的隔膜中尤多。

13. 姜

姜也称"生姜"。富含胡萝卜素，味辛，有刺激食欲、帮助消化、健胃、祛寒、发汗、止咳化痰、解毒、除腥、解膻等作用。

第三章 非发酵豆制品生产工艺

第一节 豆制品制作基本原理

一、大豆蛋白质成分与分级组分

豆制品制作主要侧重于蛋白质的提取与利用，豆制品的功能特性，主要是其蛋白质的性能所表现的。

大豆蛋白质实际上是蛋白质的混合物，其中包括不同种类的蛋白质，在加工处理过程中，往往由于工艺上的细微变动，而导致豆制品理化性能的改变。因此要了解豆制品的制作原理，首先要了解大豆蛋白质的性状。

（一）大豆蛋白质组成成分

大豆中蛋白质的含量高达36%~40%，大豆蛋白质又分为大豆球蛋白、伴大豆球蛋白、清蛋白、豆清蛋白，前二者属于酸沉淀蛋白（大豆蛋白质可用pH值4~5的酸沉法析出），后两者属于乳清蛋白。大豆球蛋白是大豆中的主要蛋白质。大豆中各类蛋白质比例见表3-1。

表3-1 大豆蛋白组成成分 （单位：%）

成分	球蛋白	清蛋白	非蛋白含氮物质
含量	84.25	5.36	10.39

大豆球蛋白的氨基酸成分相当全，含人体各种必需氨基酸，但氨基酸（胱氨酸、蛋氨酸）的含量低，不能满足人的正常生理需要，大豆球蛋白中氨基酸组成见表3-2。

表 3-2 大豆球蛋白中氨基酸组成   （单位：g/100g 蛋白质）

成分名称	含量	成分名称	含量
精氨酸	7.2	※亮氨酸	7.7
组氨酸	2.4	※异亮氨酸	5.4
※赖氨酸	6.3	甘氨酸	4.0
※色氨酸	1.4	丙氨酸	3.3
※苯丙氨酸	4.9	丝氨酸	4.2
※缬氨酸	5.2	酪氨酸	4.0
※胱氨酸	1.8	天门冬氨酸	3.7
※蛋氨酸	1.3	谷氨酸	18.4
※苏氨酸	3.9	脯氨酸	5.0

注：※为采用酸沉法的蛋白质中氨基酸含量

（二）大豆蛋白质的分级组分

大豆蛋白质用等电方法沉淀析出后再用超离心法进行分离，则可分出 2S、7S、11S 和 15S 四种不同分子量的球蛋白，见表 3-3。

表 3-3 水抽提大豆蛋白质各超速离心组分数量及成分

组分	占总量比例/%	成分	分子量
2S	15.0	胰蛋白酶抑制剂	8 000~21 500
		细胞色素 C	12 000
		β-淀粉酶	61 700
7S	34.0	血球凝集素	110 000
		脂肪氧化酶	102 000
		7S 球蛋白	180 000~210 000
11S	41.9	11S 球蛋白	350 000
15S	9.1	—	600 000

从表 3-3 中可以看出，7S 球蛋白和 11S 球蛋白之和占总大豆蛋白的 70% 以上，它的结构对整体大豆蛋白的性质起决定性作用。

1. 2S 组分

其分子量范围为 8 000~21 000，占大豆蛋白的 15%，一般对这一类蛋白质研究少。它与酸沉淀蛋白质组分中分离出分子量为 26 000 的 N-末端结合天门冬氨酸的蛋白质相似。其中性质与胰蛋白酶抑制剂的一种相似。

2. 7S 组分

其分子量 60 000~210 000，占大豆蛋白的 34%。其中的 60% 约占水抽提出的全部蛋白质的 20%，经超速离心沉降分析，可显示出 9S。分离精制的 7S 成分是含有 3.8%的甘露糖和 1.2%氨基葡萄糖的糖蛋白质。7S 的分子量一致认为是 11S 成分的一半，为 180 000~210 000，组成氨基酸成分与 11S 相比较，没有多大差别，只是含有硫氨酸较少，N-末端氨基酸的种类较多。

3. 11S 组分

这是大豆中含量最多的蛋白质成分，占大豆蛋白的 34%，分子量为 350 000 左右，含糖在 1%以下。其等电点 pI 值为 5，次级结构约有 12 个亚单位，N-末端的氨基酸中约有 5 个甘氨酸、2 个白氨酸或异白氨酸、2 个苯丙氨酸。

4. 15S 组分

分子量在 600 000 以上，约占大豆蛋白 9%，它并不是单纯蛋白质，而是由多种成分构成。

11S 和 7S 组成在一定的化学或物理环境中，均可以聚合成多聚物或解离成亚单位。根据对蛋白质构象进行旋光分散分析的结构，这两个组分主要是 β-结构，有一部分为无规律结构，而 α-结构几乎没有。

(三) 大豆蛋白质的特性

大豆蛋白具有一系列的特性，在豆制品加工和其他食品加工中可以巧妙地利用这些特性，加工出非常精美的食品。

1. 乳化性

大豆蛋白能帮助油在水中形成乳化液，形成乳化液后仍可使之保持稳定。因为大豆蛋白是表面活性物质，一旦集结于油—水界面处便可降低其表面张力，使之易于发生乳化。乳化的油滴表面集合的蛋白质则形成了一层保护层，阻止油滴凝聚，从而提高了乳化液的稳定性。

2. 吸油性

大豆蛋白能吸收食品中的脂肪并与脂肪结合。组织化大豆粉吸收的脂肪占其重量的 65%~130%，并在 15~20min 内吸收达到最大值，此值与大豆粉粒度大小有关，粒度小的吸收脂肪较粒度大的多。脂肪被吸收仅仅是乳化作用的一种表现。在食品加工中加一些大豆粉有助于防止油炸时过量地吸收脂肪，其原因是大豆蛋白受热变性，从而在油炸食品的表面形成了抗脂肪层。

3. 吸水性

大豆蛋白质的结构链中含有极性侧链，具有亲水性，因此，大豆蛋白质能吸收水分并能在食品产品中保留住水分。大豆蛋白分子中的极性部位有些是可以电离的，如羧基和氨基，通过 pH 值的改变，其极性也随着发生变化。大豆蛋白凝胶的保水性在 pH 值为 4.5 时，其保留水分最小，当 pH 值超过 4.5 时，保留水分量就急剧增加。在焙烤食品和糖果生产中，添加定量的大豆蛋白制品，能增加产品的持水能力，使产品能有较长的货架期。

4. 黏着性、附着性、弹性

大豆蛋白质具有黏着性、附着性和弹性，这些特性对各种各样含大豆食品有着直接影响。大豆蛋白质的特性决定并改变了这些食品的这三种性质，对中式豆制品有明显的影响。

5. 胶凝性

含有 8% 以上分离蛋白的溶液加热则形成胶凝体。进一步研究显示，大豆蛋白组分中 7S 的分子胶凝性很好，而 11S 的溶解性好。

6. 起泡性

大豆蛋白质是表面活性物质，其胃蛋白酶水解产物可用作起泡剂，与没有发生变化的大豆蛋白质不同，其 pH 值 4~5 时也能溶解。胃蛋白酶产物很易起泡，可作糖果生产中的起泡剂。起泡的原因也与少量的未水解的蛋白质有关，在起泡剂中残存的脂类可能会降低泡沫的稳定性，一种用醇洗过的起泡蛋白起泡迅速，并相当稳定，但不再具有热促胶凝性质，在蛋糕生产中可用来替代其他蛋白。

二、大豆蛋白质变性

大豆蛋白质有多种性质，而其中一个重要的性质就是蛋白质变性。所谓蛋白质变性并不是伴随肽链分解而发生的现象，而是蛋白质的物理、化学、生物化学性质的变化。

在大豆的食品加工中，很多反应与蛋白质变性这个性质有联系。所以必须掌握蛋白质变性这一特性，才能提高大豆蛋白质食品的质量，也才能改进大豆食品的加工工艺。

引起大豆蛋白质变性的因素是多方面的，因此要使大豆蛋白质的变性能适合生产需要，就必须控制大豆蛋白质变性。蛋白质变性，乃是蛋白质分子结构上发生了变化，而对蛋白质中氨基酸联结顺序并无改变，也没有使蛋白质发生分解。大豆蛋白质在一般条件下是比较敏感的，也就是比较容易变性，它的变性类型有下列几种。

1. 大豆蛋白质的热变性

大豆蛋白质在有水分的情况下加热，就会引起程度不同的热变性。大豆蛋白质的热变性引起了分子结构上的变化，从而影响大豆蛋白质的水溶性。大豆蛋白质分子实际上呈胶粒状态存在，所以大豆蛋白质在水中的溶解性也可以称为分散性，而大豆蛋白质的溶液也称为溶胶。

有关资料报道，在一定浓度下的大豆蛋白质溶液加热煮沸时，短时间内水溶性蛋白质含量因蛋白质变性而降到最低，如继续加热，则可溶性蛋白质含量又会增高。

2. 大豆蛋白质凝聚

蛋白质溶液从溶胶转变为凝胶的过程称作凝聚。大豆蛋白质分子原来是呈一种卷曲较紧的结构，通过加热，蛋白质分子就从卷曲状态舒展开来，原来包在卷曲结构内部的疏水性基团就暴露在外，而原来在蛋白质分子卷曲结构外部的亲水性基团都相应减少。所以大豆蛋白质变性后，其水溶性就降低，与此同时，蛋白质分子间又发生交联作用，肽链通过一些双硫键结合，组成中间留有间隙的主体网络结构，也就是蛋白质分子或称蛋白质胶粒间彼此联结起来形成了网络。随着继续加热，网络也不断扩大。加热变性程度越高，则胶粒间联结力越强，也就是网络更趋稳定。这便是凝胶态，也是大豆蛋白质包水的一种胶体形式。

要使大豆蛋白质溶胶成为凝胶，溶液中蛋白质的浓度要达到一定程度。低浓度的豆浆这种交联作用范围较小，甚至不发生这种作用，因此也不能形成凝胶。

3. pH 值对蛋白质变性的影响

在 pH 值很高或很低的情况下，大豆蛋白质会变性，而且通常是大分子量蛋白质分裂为较低分子量的蛋白质。在这两种极端的情况下，即使加热也不会使大豆蛋白质溶解度降低。在大豆蛋白质等电点的 pH 值范围附近，大豆蛋白质会沉淀（系指蛋白质溶液浓度较低的情况下，否则成为凝胶）。有关大豆蛋白质等电点的报道各说不一，或 pI 值 4.5，或 pI 值 4.2~5.2。由于大豆蛋白质是由不同的单一蛋白质组合而成，所以等电点不会在一个点上，同一个范围内不同的 pH 值沉淀的蛋白质，成分亦不尽相同，等电点还会由于其他因素干扰而发生漂移。在碱性 pH 情况下，大豆蛋白质黏度会增加，而且随着溶液中蛋白质浓度的增高，黏度也增大，甚至也可使大豆蛋白质溶液逐渐转变形成凝胶。

4. 盐与大豆蛋白质溶解度的关系

盐析作用可使大豆蛋白质沉淀。大豆蛋白质之所以能成为胶体而在水中均匀分散，原因之一是由于蛋白质分子与水分子的水合作用，也即在蛋白质胶粒的表面吸住了一层水膜，使蛋白质胶粒彼此隔离而悬浮于水中；另一个原因是由于蛋白质带一定的电荷，电性相同而使蛋白质胶粒彼此排斥，不会形成大颗粒而沉降，加入盐类可以破坏蛋白质胶粒的水合膜，也能中和胶粒表面的一部分电荷，所以可使蛋白质凝聚。

各种盐类的作用也不一样。二价的阳离子比一价的阳离子更能使蛋白质沉淀。而阳离子盐中以硫酸根盐析作用最强，氯离子次之。在各种盐类中有些是可溶性的，有些是微溶性的。微溶性的盐类在溶液中离解出离子慢而少，因而对大豆蛋白质的盐析作用也就显然差些。微溶性盐类对溶液中大豆蛋白质的作用缓慢，这一特性对大豆蛋白质变性凝聚成凝胶的过程有其一定用处，即可使形成的凝胶的网络结构更细微，保水性也好些。

大豆蛋白质在加热变性、由溶胶逐渐变成凝胶的过程中，盐类可促使凝胶的形成。

成凝胶状态的大豆蛋白质再经冷冻，可以使大豆蛋白质进一步变性，称之为冷冻变性。它使蛋白质更不易溶解，并能与吸附在蛋白质表面的水合层的水分进一步分离，使水分容易析出、大豆蛋白质胶粒之间的结合更牢固，从而增加蛋白质凝胶的韧性。

三、大豆蛋白质的热变性与豆制品生产的关系

1. 大豆蛋白质热变性程度对豆制品生产的影响

大豆蛋白质加热蒸煮时，热变性的程度对豆制品生产影响很大，变性不足或变性过度都会影响产品的质量和产量。

（1）浆不煮熟，大豆蛋白质热变性就不充分，致使部分未变性蛋白质在豆制品脱水或成型过程中随黄浆水流失。在生产中如豆浆浓度较高，但凝固

剂用量少，其结果是点成的豆腐脑发软、发糊，脱水成型时，水分流失过多，减少了出品率。由于热变性不充分，大豆蛋白质分子内卷曲的部分肽链，没有充分展开呈线形（纤维状）状态，从而又影响了豆腐胶体网状结构中蛋白质骨架的牢度，使豆腐的保水性下降。这样制成的豆腐，柔韧性差，缺乏弹性、发脆，在烹炒时松散，口味也差。

（2）浆不煮熟，泡沫难以消除，因蛋白质的起泡性和大豆中存在的皂角苷未被破坏，而产生大量泡沫，影响凝固反应进行；如将泡沫去掉，又会造成浪费，因为在泡沫中混有大豆蛋白质的微细颗粒，约占豆浆蛋白总量的2%。因此，需将豆浆煮沸，并加入消泡剂帮助消除泡沫。

（3）浆蒸煮时间过短，大豆中的蛋白酶难以消除，会活化大豆中原有的蛋白酶，将部分大豆蛋白质分子分解为多肽，致使凝不成豆腐，即使凝成了豆腐，也会松散像豆腐渣。

（4）豆浆不煮熟，大豆中存在的脲酶、皂角苷、凝血球素、抗胰蛋白酶等有害物质难以消除，人摄入后会发生恶心呕吐、腹泻等中毒症状。

大豆蛋白质热变性的最佳温度，实际上就是既要达到蛋白质变性的目的，又不能让蛋白质过于变性，影响以后豆腐的凝固。

2. 大豆蛋白质变性的应用

大豆蛋白质在变性前，疏水性氨基酸残基在蛋白质分子内部，亲水性氨基酸残基在蛋白质分子表面，当加热后，在一定波长下观察分子吸光系数，即发现较大的酪氨酸残基和色氨酸残基，在50℃无变化，70~80℃呈现出较大的变化。到80℃，原先潜伏着的—SH完全暴露出来，—SH基团结合生成二硫键—S—S—。在生产中必须根据需要控制蛋白质变性来满足加工工艺的要求。

（1）南豆腐（嫩豆腐）的生产过程中，要求嫩豆腐的豆浆浓度相对稍高。嫩豆腐加工工艺要求豆浆中蛋白质溶胶全部并比较完整地转变为凝胶，即直接到成型阶段。因而要求转变过程慢，使蛋白质凝聚过程比较细致，逐渐凝聚成一个整体。使用硫酸钙作为凝固剂时，有的采用豆浆与硫酸钙悬浮液一起冲入容器中的方法，使硫酸钙能与豆浆蛋白质在共同翻动中充分混合。硫酸钙这种凝固剂反应比较缓和，在豆浆翻动逐渐减弱过程中使蛋白质完全凝成整体。由于这种方法可以使凝固剂充分与蛋白质接触，因此，加凝固剂的量可以减少，这样做成的豆腐细腻、弹性好、含水量高。

（2）北豆腐（老豆腐）在点浆时，豆浆温度稍高，凝固剂的作用比较急剧，所以蛋白质分子凝聚成较大胶粒，并通过交联作用形成比较粗而疏的网络结构。制作老豆腐所使用的豆浆转变成的豆腐脑表现粗糙、松散，有豆清水析出，趁豆腐脑还有一定温度时就上箱压紧成型。由于这种凝胶是通过压紧而连成的整体，组织不均匀，也包不住较多的水分，因而其切面就不细致，但比较结实，韧性较强。老豆腐在点浆时选用反应较快的凝固剂，一般为卤水，其主要成分是氯化镁。

（3）豆腐干类制品含水分比老豆腐更少，凝胶的网络结构比较紧缩，网络组织内水分也较少。加工时豆浆浓度较稀，容易使豆浆中的蛋白质分散，因而凝聚时豆腐脑比较松散，便于在成型时析出豆清水，有时还对松散的豆腐脑进一步破碎，使其析出更多豆清水。在豆浆中由于凝固作用又快又强，所以蛋白质凝聚成的胶粒粗，网络紧密。再加上成型时加载压力比较大，析出较多水分，所以制品硬实而韧劲足。

（4）油豆腐是类似豆腐干类坯经油炸而成。其区别在于点浆时豆浆的温度稍低。使蛋白质凝聚的网络结构的结合力较弱，易于抻拉延伸。油炸时由于温度高于140℃，使网络结构间的水分因热汽化而体积膨胀，但如果一下子超过网络结构的延伸应力，网络结构就被破坏。其次，油炸还有一个作用，使豆腐干坯表面形成一层有弹性的硬膜，这是由于高温驱赶表面凝胶中一部分水分，使凝胶进一步变性和紧缩而成。硬膜可以防止坯膨胀时表面开裂，同时可以阻止油渗入豆干坯内。但这层硬膜不能太硬，否则就会使油炸时坯膨胀阻力太大而膨胀不起来。

（5）冻豆腐是利用蛋白质冷冻而进一步变性的特性加工出来的。由于形成了不可逆的蛋白质凝聚组织，冻豆腐的网络结构中蛋白质与水分更容易分离。冷冻可使蛋白质形成不可逆的变性，因此，性质更稳定。通过挤压及烘干等使冻豆腐内部水分排出，制作成呈海绵状的成品。加工时冷冻温度不能太低，但时间可以长些，以使蛋白质充分变性。在蛋白质网络结构中水分逐渐冻结并通过冰晶逐渐扩大而改变网络结构组织，从而出现蜂窝状的较大的孔隙。为使蛋白质的网络结构组织在冷冻中能够呈现海绵状，要求豆腐坯中网络结构的结合力不能太强。为此，在加工中点浆制豆腐干坯时，豆浆制品温度应相对较低，即适当控制蛋白质变性程度，使凝聚作用减弱。

（6）内酯豆腐是利用豆浆的 pH 值降低到大豆蛋白质的等电点范围时，蛋白质就变性，此时如果豆浆浓度较低，蛋白质就因变性而沉淀；如果豆浆浓度较高，蛋白质就凝聚而成豆腐。所以，豆腐生产的另一个方法就是用酸作为凝固剂。我国民间有用醋来凝固豆腐的做法。日本首先应用了葡萄糖酸-δ-内酯作为凝固剂制作包装豆腐。其原理是利用豆浆加热时葡萄糖酸内酯转变为葡萄糖酸，从而使豆浆凝固。

豆制品成型时，必须保持一定温度，因为蛋白质所形成的凝胶温度高则可塑性好。但如果温度过高，成品易碎裂，也容易黏合；温度太低，分散的凝胶就不能凝聚交联在一起，即豆腐脑成不了成型制品。成型后的冷却，可使凝聚组织稳定、制品保持定型。

第二节　制浆工艺

一、豆制品生产工艺流程简图

豆制品生产工艺流程见图 3-1。

二、制浆生产工艺流程

制浆工艺阶段主要包括从原料清理到煮浆的工艺过程。不论是非发酵性还是发酵性豆制品大多要经过这一工艺阶段的加工过程，这一工艺过程要求基本上是一样的。

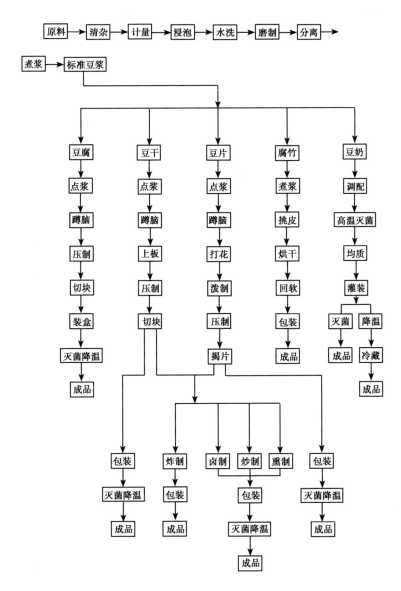

图 3-1　豆制品生产工艺流程简图

三、工艺操作及要求

（一）原料选择

目前各生产企业使用的原料大豆，产地不一样，渠道众多，其原料的等级标准不一样，有的含杂率超过国家标准。企业要生产出质量好的产品，就必须选择合格的原料，并对原料做进一步的筛选清杂，以清除原料中的杂物、杂粮、沙石等物质。

1. 工艺操作及要求

生产前的原料准备是生产质量控制的开始，要想生产出合格的产品，必须有合格的原料，因此原料选择是第一关。

（1）根据产品工艺要求选择原料。大豆的主要成分是蛋白质和脂肪。东北大豆由于独特的地理位置，昼夜温差大，土地肥沃辽阔，土壤结构和营养成分更适于大豆生长，造就了它的综合指标高，在世界上是优质大豆。它的脂肪含量在16%以上，蛋白质含量在35%以上。用东北黄豆生产出来的产品，颜色乳白略带浅黄色。近些年培育的新品种不断上市，高含油量品种和高含蛋白质品种将逐步代替老品种，所含指标将会进一步分化，不同品种成分差异加大。

南方大豆的蛋白质含量普遍要高于东北大豆含量1%~3%，但脂肪含量则较明显低于东北大豆，生产出来的产品为乳白色。这是由于地域差别，土壤成分和昼夜温差、光照时间等及地理气候环境差异产生的。

针对豆制品的相关特性，如产品的内在品质与产品质量、要求的投入产出率、使用不同凝固剂、豆腐外观颜色、营养成分等，对原料的选择主要从以下几方面进行。

①大豆的蛋白质含量。大豆蛋白质含量的检测目前主要有两种检测标准，一种是水溶蛋白质含量标准，另一种是粗蛋白质含量标准。

粗蛋白质含量指的是大豆中蛋白质的含量，而水溶蛋白质含量指的是经过水解方法所能溶出的或是能提取出来的蛋白质的含量。水解的方法在豆制品生产中有重要意义，体现在产品得率方面，而部分蛋白质不能被水解分离出来，残存在被剔除的豆渣中而降低了经济效益。针对豆腐、豆制品的生产工艺而言，采用水溶蛋白质含量作为检测标准，对于原料的选择和对生产过程的控制是比较准确适用的。

对于东北大豆的检测，它的粗蛋白质含量一般在35%~38%，水溶蛋白质的含量则在23%~27%。南方大豆的粗蛋白质含量一般在36%~39%，水溶蛋白质的含量则在24%~28%。当然，地域、品种、种植因素、土壤类型等都会影响到大豆蛋白质的含量。以上的两组数值，是针对产于东北牡丹江平原和江苏大丰地区的大豆而言。从数值上看，南方大豆的水溶蛋白质比东北大豆要略高一点，这对豆制品的投入产出率来说，经济价值相对高些。但东北大豆的脂肪含量要远远超过南方大豆，其营养成分、口感、内在品质、感官形态以及微量元素含量等项指标，都要胜于南方大豆。这对于提高产品质量，增加营养成分和微量元素含量，好处很多。要根据具体产品及产品特点加以选择。

②大豆的杂质含量。大豆因种植因素、收割方式、晾晒条件以及人为因素等，造成大豆在收获、干燥及销售过程中各种杂质的含量与分布不断变化，甚至在不同包装袋之间或不同部位差异很大。

大豆中的杂质含量如果严重超标，不仅仅是降低了所购的实际数量，它将明显地影响到豆制品的产品质量和出品率，甚至影响到消费者的身体健康。

（2）原料储存时间的长短对生产工艺的影响。收割后的大豆依然进行着各种生理活动。新收割的大豆与半年期、一年期以上的大豆，在使用中有着明显的不同。收割后半年左右、不超过一年的大豆，生产中便于操作掌握、产品质量稳定、产品出率波动小、产品外观洁白。当年新收大豆水分多，内部结构松软、水溶性较差，对凝固剂添加量和浓度的要求较为严格，蛋白质凝固后析出来的水清淡并含有游离絮状物，影响质量和出品率。陈年大豆（一年半以上）在操作过程中会较难控制，尤其是需要炸起的产品，炸起的程度与当年产的大豆会有较明显的区别，产品质量和出品率也将受到一定的影响。

2. 原料质量优劣的感官鉴别方法

（1）颜色。优质大豆其颜色为浅黄色，光滑明亮，表层细腻，尤以东北大豆最为明显。长江流域的大豆浅黄色中偏带乳白色，略有光泽，籽粒色差明显清晰。大豆成熟度不够，贮藏时水分、温度失控，储存时间过长，品种退化等，都将导致变色。

（2）形态。优质大豆籽粒饱满、大小均匀、无瘪粒、无死豆、无虫蚀、无霉变，破瓣率不超过7%。东北大豆呈圆形，芽胚为青白色或乳白色。南方大豆为长圆粒，芽胚为黑色或黑褐色。

（3）外皮。在通常情况下，大豆的外皮越薄越好，这样与籽粒分开时，外皮易碎，不呈半圆形，蛋白质的含量会较高。

（4）水分。大豆入库的安全水分，必须在13%以下，正常条件下要控制在10%～13%。感官检测水分时，大豆在受挤压时只分瓣或破碎，有声响而不瘪、不塌，其水分含量应该在13%以下。大豆的水分含量高不易储存。

（5）杂质。杂质可以分为三类：泥土、沙石、豆秸类，玉米、小麦、杂豆类，金属、玻璃等杂质类。优质大豆的含杂率不超过1%。

（6）气味。大豆没有明显的气味，仔细辨别则应有大豆特有的豆腥味，不应有其他气味，如发霉味。

（7）手感。用手攥时，大豆的滑动应流畅，有声响，无涩感、不粘手、不打手（指水分大）。

（二）原料清杂

清理的方法可归结为两种：干清理和水洗清理。比较常用的方法是干清理，干清理设备由筛选机、比重去石机、除尘器、风机、风管等组成。

1. 原料清杂工艺流程

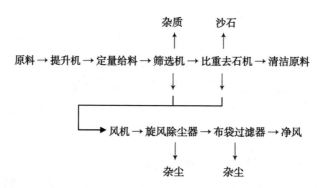

2. 清杂设备

（1）筛选机。筛选机主要用于原料的筛选。按筛选机的工作形式分为：机械式筛选机、电动式筛选机和电磁式筛选机，目前选用比较多的是电动式筛选机。

筛选机工作需要的配套设备有电气控制部分、提升机、给料器、风机、除尘器。

提升机主要是将原料提升到筛选机进料口所在的高度，向筛选机供料。提升机有多种形式，如斗式提升机、皮带输送机、螺旋输送机和风力输送机等。使用比较普通的为斗式提升机。

给料器的作用是控制给料的流量，流量过大筛选不干净，流量过小影响工作效率。给料器可以是电磁振动给料器，也可以是简单控制板，控制流量。

风机和除尘器是将筛选过程中的灰尘等轻体杂质，用风力吸到除尘器中，将杂质和灰尘留下，干净的风排出室外。黄豆筛选机配套的除尘器有：旋风除尘器（沙克龙）、脉冲除尘器、布袋过滤器等多种。为了能更好地除尘，一般做法是将旋风除尘器与布袋过滤器串联使用。

（2）比重去石机。比重去石机的用途主要是去除黄豆中的并肩石，即与黄豆大小相当的石头。这种并肩石通过筛选机很难去除，因为筛选机是通过筛孔大小来除杂的，因此与黄豆大小相当的石头仍然混在黄豆中，所以需要比重去石机根据物料比重的不同把石头选出来。

比重去石机工作必须有相适应的风机和除尘系统与之配套，才能完成去石工作。比重去石机配套设备有：风机、风力调节装置、旋风除尘器、通风管。风力调节装置是用于调节风力大小的碟形风门，安装在观察窗上部风管上，通过把手进行调节。

（3）旋风除尘器。旋风除尘器可以单个使用也可以并联使用，还可以串联使用，采用哪一种方式要根据实际需要以达到最佳除尘效果为准。但选用什么方式要考虑其风阻和比重去石机对风量的要求。

3. 操作及要求

（1）原料清理的工艺要求是将原料清理为不含杂质、不含灰尘、无碎豆、无杂粮的清洁原料。

（2）在原料清理过程中，提升机、筛选机、比重去石机同时工作，所以进料的流量要控制准确，流量不能过大，也不能小于规定要求。

（3）原料清理过程不是一个单机所能完成的，要几台机器配合完成，所以操作时必须按程序操作，否则就会出现系统混乱，不能正常工作。中途单机出现故障，必须按程序停车，方能检查故障设备。

（4）在系统设备运行中必须随时观察物料流量是否正常，一旦不正常很可能是大杂质把某一进料口堵塞，必须立刻按程序清除。否则，就会出现堵塞口前面原料大量堆积，酿成设备损坏或跑冒。

（5）系统中的风力管道要注意检查是否漏风，一旦漏风就会影响清理效果，使工作环境出现灰尘，因此，必须及时修复。

（6）原料清理工作结束后，必须对工作环境、设备，进行认真的清理，以保证下次工作的正常使用。清理工作包括：提升机、筛选机、比重去石机、除尘器、布袋过滤器、工作现场的清理。工作现场要求：无散落黄豆、无灰尘、地面干净整洁，无杂物堆放。设备清理要求：设备外部干净无灰尘，设备内部（筛板）无杂质，杂质袋内无杂质，除尘器内无杂质，清理后所有封闭口关闭。

（三）计量

科学生产要求对原料做较准确计量，这是安排生产、考核生产效果和核算生产成本的第一个数据，没有这个数据，生产中各项指标就无法准确考核。原料计量的方法是多种多样的，如容积计量、水位计量、输送计量和称重计量。这些计量方法以称重计量和水位计量较为准确。具体选择方法要根据客观条件，合理选配。

1. 计量器具

（1）称量器。称量器是在一个台秤上固定一个方形料桶，料桶的进料放料口分别安装电磁闸板。利用台秤计量标尺的光电信号控制电磁闸板。先将台秤定量为25kg或50kg，标尺落下时进料，标尺抬起进料停止，放料口打开放料；如此循环进行，达到准确计量的目的。

（2）水位计量。水位计量的方法更为简单，即用浸泡桶的水位变化进行计量。这实际是用古老的曹冲称象的办法。按照每个浸泡桶的浸泡容量，先放入可够浸泡需要的水做固定标记，然后再放入称量好的原料，在水涨上的位置做固定标记。两个固定标记做好后，后续生产就可以按标记放水、放料，达到准确计量的目的。

（3）容积式机械计量。容积式机械计量设备，适用于在料仓下口安装，进行放料计量。它是由减速电机、闭风器、带时间控制的电器系统组合成计量设备。

2. 操作要求

不论是采用什么方式计量，都要求尽可能准确。所以要对计量器具经常校验和检查，防止出现大的偏差。

生产企业原料浸泡都是以每生产班次数来计算投料量。原料经过筛选，在核算投料量时，要将清除的杂质量计算进来，两项之和才是出库的原料量，如果不计算杂质量，将会出现亏库。生产核算也会因此而不准确。

（四）浸泡

从大豆的结构来看，大豆的蛋白质主要存在于子叶（即豆瓣）的长形细胞内，细胞的四周由粗纤维素和果胶质组成的细胞壁相分割。在干燥的情况下，豆瓣比较坚硬，很难使蛋白质与粗纤维素分开而将蛋白质提取出来。因此必须借助水的作用，并在一定的温度下，使大豆吸水、膨胀。由于果胶质水解酶对果胶质的分解，豆瓣中的细胞相互分离，为磨制提取蛋白质创造了条件。

1. 操作及要求

（1）黄豆浸泡要有足够的水量。一般情况下黄豆吸水前后重量比为 1：1.5，浸泡黄豆的用水量要按 1：2.5 的比例添加。

（2）掌握泡料水的温度，一般情况下在 17~25℃。

（3）浸泡的时间要根据季节、室温、黄豆含水量等调整。环境温度高，黄豆含水量大，浸泡的时间要相对短一些；反之就要相对长一点时间。

（4）浸泡黄豆时要先在容器中注水后再投入黄豆，对漂浮在水面上的漂浮物要进行清理分类。漂浮物主要有两种：一是未清除干净的豆荚、豆秸等物，将其捞出。二是未完全成熟的黄豆或是豆皮与豆瓣部分分离，有空气存在豆皮中而漂浮于水面。这种黄豆可以继续使用。

（5）泡料容器在放料前要认真清洗，保持泡料容器的卫生。

（6）每天的浸泡情况要作记录，记录浸泡数量、时间、水温、pH值等。

（7）在生产量大、使用多个泡料罐的生产中，不能一次泡料，要根据生产设备、磨制能力，分批泡料，以防止部分原料浸泡时间过长。

2. 影响浸泡质量的主要因素

影响原料浸泡的直接因素有三方面：原料浸泡温度、原料浸泡时间、原料浸泡加水量。但前两个方面是互相联系又互相作用的，调整好这三个因素，就能达到浸泡的工艺要求。

（1）浸泡温度。浸泡温度指泡料水的起始温度和影响泡料温度的外界因素。各地区生产中所用的浸泡水是自来水或地表水，温度在 17~22℃ 为宜，环境温度受季节变化的影响和厂房内温度的影响，所以要随着环境温度的变化而调整浸泡时间。在浸泡过程中，时间过长，浸泡水有升温的现象，这种现象特别是在夏季比较容易发生，温度过高，会使泡豆水逐渐变酸，pH 值升高，会对大豆蛋白的提取产生不利影响。所以水温高于 25℃ 时，要重新更换泡料水来降低泡料温度。温度过高造成大豆浸泡过度时，泡料水的颜色为浅棕黄色，pH 值发生了改变，酸度值增高，泡料水面上会产生白色的泡沫，并能嗅到酸味。这时黄豆中的部分蛋白质被析出，随着泡料水流失掉，会影响到产品的质量和出品率。

（2）浸泡时间。大豆浸泡的时间过短或者浸泡不均匀，大豆内部组织浸泡不透，没有完全吸水膨胀，这对磨制工序影响很大，磨糊中会存在比较明显的颗粒，蛋白组织结构没有全部粉碎细化，使蛋白质的溶解和提取受到影响，这部分蛋白将随着豆渣被分离出去，造成人为的浪费（非水溶性蛋白不在控制的范围）。

在制浆过程中，磨制速度是有一定限量的，针对泡料容器所浸泡黄豆的数量，以及磨制需要占用的时间，要使用多个泡料容器，按时间段分批加料浸泡，以防止部分原料浸泡时间过长。浸泡时间与水温和环境温度的相对关系以及 pH 值要求，是要针对具体情况和条件进行调整的，调整的依据是黄豆浸泡的程度能否达到工艺要求。

泡料水温、时间、水质是泡料中最主要的条件，三者之间相互影响。水温不仅是水解酶进行分解的必要条件，而且温度能加速大豆组织对水分的吸收。温度过高则使泡豆水变酸，对提取大豆蛋白质不利。一般泡豆水的温度应在 25℃ 以下，夏季气温高，要多次换水降低温度，同时要根据不同季节温度，灵活地掌握浸泡时间，大豆浸泡时间与温度的关系如图 3-2 所示。浸泡水温受季节变化、环境温度影响很大，浸泡时间与季节气温的关系见表 3-4。

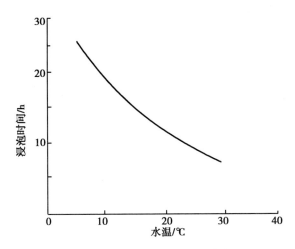

图 3-2 大豆浸泡时间与温度的关系

表 3-4 大豆浸泡时间与季节、气温的关系

条件	环境温度（室温）/℃	泡豆水温/℃	浸泡时间/h	pH 值
春秋季	15~20	12~18	10~12	6.5~7
夏季	20~35	17~25	6~8	6.5~7
冬季	5~15	5~15	13~15	6.5~7

在不同的温度条件下，必须合理掌握浸泡时间，浸泡时间太短，大豆浸泡不透，直接影响到下道工序，磨制时会出现大颗粒，大豆细胞没有全部破裂，蛋白质的溶解提取受到影响，影响产品的出品率和生产的经济效益。浸泡时间过长，水解酶对蛋白质等分解过强，产生多肽等成分，失去了蛋白质的某些特性，到后面工序点浆时，多肽不能形成豆脑，随黄浆水流失，同样影响蛋白质利用率和产品出品率。

（3）浸泡黄豆数量及加水量。黄豆的体积膨胀系数在 1.8~2.2，个别品种能达到 2.5。这对泡料容器的黄豆投放数量有一个标准要求。浸泡容器按投料量计算，浸泡 500kg 黄豆需要加入 1 000kg 浸泡水，浸泡容器需要有 1.5m³ 的容积。泡料容器、排水出口、放料口等处不能有漏水点，要保证泡料水的足够数量。浸泡 4~6h 后要进行补水检查，发现缺水情况要及时补充，可适当对泡料水进行局部搅拌，使容器上部分的黄豆，吸水均匀，无膨罐现象（浸泡后的黄豆膨胀出泡料容器）。

（4）水质对浸泡原料的影响。不同的水质浸泡原料，蛋白质的提取率是不一样的。偏软的水质浸泡原料最好。使用矿物质较多、水质较硬的水浸泡原料，矿物质中的金属离子和酸根离子对大豆膨胀能够起到抑制作用，影响到果胶质水解酶的分解作用，并且妨碍下一个环节对蛋白质的提取。

水质对大豆的浸泡和产品的质量及出品率也有一定影响，见表3-5。

表3-5　不同水质浸泡大豆产品出品率　　　　　　（单位：%）

水质	豆浆中蛋白质含量	豆浆制作豆腐的出品率
软　水	3.71	45.0
纯　水	3.65	47.5
井　水	3.41	30.0
含钙300mg/kg硬水	2.49	26.5
含镁300mg/kg硬水	2.00	21.5

水质的不同不仅对出品率影响明显，而且对产品的颜色、口感、内部结构、柔韧性、保质期、辅料的耗用等，都不同程度的影响。所以，豆制品生产对水质的要求是重要的选择内容。从表3-5中可以看出，软水、纯水使蛋白质得率较高，原因是这两种水中不含有矿物质，其他水质中却含有一定量的矿物质。矿物质中的金属离子和酸根离子不但对大豆膨胀起抑制作用，也妨碍蛋白质溶出。所以在水质过硬的地方生产豆制品应先将水进行软化处理，才能做出洁白细嫩且柔韧的豆腐。

了解了原料的浸泡特点和工艺要求，生产中遇到特殊情况可以对浸泡原料做特殊处理。例如，生产时停电、设备故障等，在夏季停产时间超过2h，所有浸泡原料容器中的泡料水，都必须更换新水。并每间隔1h更换一次，防止泡豆水变酸。

每年收购新黄豆后，都会有"死豆"出现，所谓"死豆"，就是在正常浸泡的情况下不能吸水膨胀的黄豆。死豆可以用温水浸泡，浸泡后期要用自来水反复冲洗两次，并在自来水中再浸泡30min后，黄豆吸水膨胀率能够达到98%。若临时增加生产数量，需要缩短浸泡时间，遇到这种情况，可以采取温热水浸泡黄豆。但是温水浸泡的方法，生产中是不提倡使用的。

3. 浸泡质量的感官鉴别方法

（1）外形观察。符合浸泡标准的黄豆，籽粒吸水后膨胀圆满无皱褶，浸泡后表皮基本不脱落，个别脱落的是由于运输过程中已经脱落。如果浸泡后表皮有 20% 以上的脱落现象，则为不合格。原因有浸泡时间过长或是运输过程中破碎严重。

（2）手感鉴别。将浸泡后的黄豆用手抓起攥紧，手攥的过程中有涩感、有声响、有反弹劲，说明浸泡质量基本合格。如果手攥的过程中有一部分破碎，说明浸泡已经过时，如果有 50% 破碎，则为不合格。

（3）破开观察。将浸泡后的黄豆用手掰开，中心部分近乎平整或略有凹心，豆瓣不软，再将豆瓣折断，坚实易折断，断面平整，则为合格品。如果豆瓣中心有明显凹心，不易从中间折断，则为不合格，原因有浸泡时间过短，或是浸泡水量不足。

（4）pH 试纸测试。在浸泡原料达到规定时间后，将 pH 试纸放入浸泡水中，检测泡料水酸度，把试纸的颜色与 pH 标准值对照，如 pH 值为 6~7，说明浸泡水温、酸度符合工艺要求，原料未变酸，如果没有其他的因素，原料肯定合格。如果酸度低于 6，则要做详细检查，检查浸泡后的原料是否变质。

在生产实践中各地操作工人都总结了很多对大豆浸泡质量的感官鉴别方法，简便易行。但是浸泡之后的检查，如果发现不合格，即使可以补救，但也会造成一定的损失，影响生产顺利进行。最好的办法是严格遵照工艺规程操作，加强浸泡过程的必要检查，就能够保证浸泡原料的质量。

（五）水洗

水洗是对浸泡后的黄豆进行清洗，浸泡后的原料再进行水洗这一工序过去不被人们重视。随着人们对食品卫生的要求提高，这一工序是不可缺少的，它对产品质量的影响极大。

1. 水洗设备

水洗设备多种多样，如筛船清洗机、滚筒清洗机、绞龙清洗机等。

2. 操作要求

（1）洗净黄豆，去除漂浮的豆皮和杂质。

（2）降低浸泡原料的酸度，除净带有酸性的泡豆水。

（3）提高产品的卫生安全性，保证产品质量。

（六）磨制

浸泡好的大豆，经过水洗后开始磨制。磨制是用砂轮磨或石磨将整粒大豆破碎，破碎时加入一定量的水，形成较稠的磨糊。磨制设备主要由定量给料器、定量给水器、砂轮磨组成。

1. 定量给料器、定量给水器

磨制工序是工艺加水的第一个环节，磨制过程中加水量的多少与磨制质量有直接关系，同时与控制豆浆浓度相关。为保证磨制质量、保证豆浆浓度，在砂轮磨的进料斗上安装定量给料器和定量给水装置。

（1）定量给料器。定量给料器，目前使用比较普遍的有三种，一种是在砂轮磨的进料口上安装一个插板，用插板调节进料口的大小，控制进料量。另一种是在砂轮磨进料口上安装一个带绞龙的给料器，绞龙由一台调速电机带动，根据砂轮磨所需供料量，调节电机转速，从而带动绞龙转动，物料经过绞龙送进磨斗。还有一种定量给料器是小型电磁振动给料器，振动给料同样能达到定量给料的目的。

（2）定量给水器。定量给水器实际上是在供水管道中安装浮子流量计、调节阀门，以调节和控制磨制的加水量。

2. 工艺操作及要求

（1）磨制是制浆工序中的重要环节，必须严格按照工艺要求操作，才能达到理想工艺效果。

（2）磨制工艺是靠设备完成的，所以必须熟练掌握专用设备的操作规程，正确操作设备，维护设备，才能做到人机的良好配合。

（3）磨制工序中磨糊既要有一定量的中间暂存，又不能停留过长时间，且暂存量不能过多，所以前后工作匹配很重要，要减少临时性停车，这对工艺和设备操作都有好处，同时正确掌握开停机时间。

（4）大豆一旦磨成磨糊，就不能停留，要迅速进入分离工序。但在进入分离工序之前，要加50℃热水稀释，添加消泡剂消除泡沫。

（5）磨制工序中需要调整的物料量、水量、温度等参数比较多，需要工作经验和工艺要求良好的结合才能完成工艺目标。

（6）磨糊的质量要求。

①磨糊中颗粒形状。磨糊的粗细状况实际是通过黄豆粉碎后的颗粒大小形状来判断的，在湿法粉碎中要求其颗粒的形状为薄片状，大小在 30μm 左右，但黄豆的豆皮、粗纤维是很难粉碎到30μm的，只有子叶可以粉碎到这样

的大小颗粒。从感观上看，磨糊应是不粗糙，呈均匀小片状。磨糊细度直接关系到蛋白质提取率。

②磨制的加水量。一般生产豆制品，在磨制浸泡黄豆时加水量控制在1:2以下，加水量超过这一比例，磨糊就会粗糙，因磨盘具有很大的离心力，加水越多，黄豆在磨腔的细磨区停留的时间越短，所以磨糊粗糙，同时加水量大还会使磨糊产生泡沫对分离不利。磨制时的加水量与蛋白质溶解度的关系见图3-3。

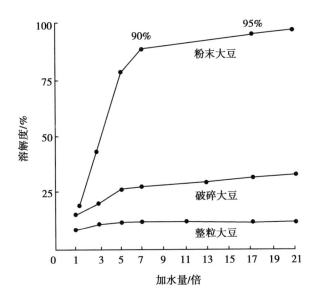

图3-3　加水量与蛋白质溶解度的关系

③磨糊温度。黄豆在磨腔内经过砂轮磨上下片的研磨和挤压会产生一定的升温，加水可以降低磨制中黄豆的温度，但如果加水量过少，磨出的磨糊温度超过25℃，就会使磨糊中的蛋白质发生热变化，行业中称磨糊"起暄"，对后期产品制作影响很大，使产品缺少应有的弹性，出品率随之降低。同时，25℃以上是杂菌快速生长的温度，特别是夏季环境温度高，磨糊温度也高，无法散热，会很快变质，所以要求磨糊的温度在25℃以下为宜。

3. 工艺技术要点

（1）磨糊粗细度。一般磨糊正常的形状为薄片状，大小在20~30μm。如果形状为多边形的较大颗粒，则为不合格，其原因有两点：一是大豆未浸泡合格，浸泡时间短，使大豆有生心；二是磨制设备未调节好，间隙过大。这种磨糊，有些蛋白质膜没有被破坏，无法溶解在水中，将随豆渣分离出来而浪费掉。但是磨糊也不是越细越好，如磨得过细则会给分离过程带来一定的困难，使细豆渣进入豆浆中对产品质量产生不利影响。影响磨糊细度的因素很多，例如，加料加水的比例、磨牙的锐钝、磨片间隙及磨片转速等。

（2）加水量。由黄豆制成豆浆，使豆浆达到要求的浓度，就必须控制各环节的加水量。工艺中加水有两大环节，第一个环节就是磨制时加水。要使磨制工序加水量准确，就必须控制给料量。如果供给磨口的料量不准确，就无法控制给水量，这两者是相互制约的，要求成一定的比例，正常比例应是 1∶2。加水量过大浓度不准确，加水量过小影响磨碎的程度和蛋白质提取。

磨制过程中加水量与两个方面相关联，一是加水量与磨制的工作效率有关，二是与工序过程的豆浆浓度控制直接相关。在磨制时如果加水量过低，磨糊太黏稠，不好流动，会积存在磨套中，使磨糊升温，改变磨糊质量，同时影响砂轮磨的正常工作。如果加水量过高就会使磨糊变稀，大豆在磨膛停留时间缩短，使磨糊粗糙，而且增加磨糊的泡沫，影响磨糊质量。正确的加水比例是 1∶2，即浸泡后的 1kg 黄豆磨制过程中加入 2kg 的清水。

（3）磨糊稀释。砂轮磨磨出的磨糊，流入固定的桶或槽箱内，是不能长时间停留存放的，因为此时温度在 20～30℃，各种细菌繁殖迅速，蛋白酶的活性极强，很快就会使磨糊变质、起泡。所以磨糊要加热水进行稀释，再进入分离工序。

用热水稀释的作用有两点：一是磨糊稠且温度在 20～30℃，这一温度区间最适宜蛋白质分解，最适合酶的活动及杂菌繁殖，因而也极易导致磨糊变质。加入热水后，可以有效控制蛋白质分解和杂菌繁殖。二是为下一工序创造条件，黏稠的磨糊是不好进行分离的，加入热水后磨糊变稀，黏度降低，蛋白质溶解度提高，便于分离提取。加水量要有严格的计量控制，以保证豆浆浓度。

生产中，对磨糊的稀释一般用第三次分离出的浆水，浆水的温度在 50℃左右为最好，热水的稀释可抑制细菌的生长繁殖。同时降低磨糊的黏度，有利于分离提取蛋白。为了保证水的温度，在第三次分离前，加入 60℃ 热水稀释豆渣，得到的三浆水温度为 50～53℃，加入磨糊中稀释效果最好。

4. 磨糊质量感官鉴别方法

（1）手感方法。用手抓起一把磨糊，用几个手指捻磨，感觉颗粒的形状及大小。如果有一定的实践经验，一抓一捻，便知磨糊是否合格。同时还可以鉴别磨糊加水是否合适。用手抓磨糊，在离开液面 30~40cm 时手中的磨糊基本从手指中流净为浓度合适。

（2）沉淀观察法。用一玻璃杯清水，放入 1/20 的磨糊，观看沉淀情况，先看到的是白雾状，再看到小颗粒沉淀，颗粒大小一目了然，再沉淀下来的是豆皮和粗纤维物质。此种方法简便易行，对初学者很适用。

（3）分离之后的豆渣观察法。可以通过观察浆渣分离之后的豆渣，分析磨糊的粗细程度，如果豆渣中有颗粒，说明磨制过粗，正常情况豆渣只是豆皮和粗纤维等物质，没有胚与子叶的颗粒。但此种方法比较滞后，不能及时调整磨糊粗细度。

（4）用折光仪观察。此种方法可测量豆浆浓度，同时也可以测量磨糊浓度及颗粒状况。

（七）消泡剂的使用

从磨制开始磨糊就会产生泡沫，需要在加工过程中添加消泡剂，后面的分离和煮浆都要添加消泡剂，所以有必要了解泡沫产生的原因，掌握消泡剂添加方法。

1. 生浆中泡沫形成的原因

大豆含有蛋白质、脂肪、碳水化合物、水分、灰分和极少量的淀粉；同时，还含有特殊成分，如酶、色素、皂素和有机酸等。大豆中的皂素能促使豆浆鼓起更多泡沫和加强蛋白质膜的表面张力，在磨制过程中，蛋白质溶液形成的膜把气体包在里面，蛋白质膜表面张力很大，不会因被包含的气体膨胀而冲破，在生浆制作过程中泡沫是难以自行消除的。

2. 加工过程中泡沫的来源

（1）大豆在磨制过程中，随着磨片的转动，吸入空气与磨碎的磨糊混合产生泡沫，吸入的空气越多泡沫越多。

（2）磨糊在分离过程中由输送泵输送，当从管道口流出时蛋白质溶液形成的膜也会把空气包在里边，形成新的泡沫。

（3）磨糊、豆浆浆液流出管道口距容器液面有一定的距离，液体落下时会带一部分空气进入豆浆中形成新的泡沫。

（4）因蛋白质的起泡性和大豆中存在的皂角苷未被破坏，而产生大量泡沫。

3. 消泡剂的作用和消泡剂的种类

（1）消泡剂的作用。消泡剂可以降低豆浆泡沫的表面张力，从而使豆浆泡沫容易破裂而消失。用天然植物油类作消泡剂，是因为油脂中的脂肪酸表面张力很小，但不是所有天然植物油脂肪酸都有这种性能，因脂肪酸的不饱和度不同，作用也不同，不饱和度越高消泡效果越好，而饱和脂肪酸反而起泡沫。

用表面活性剂作消泡剂，也有消泡型和起泡型，这与表面活性剂中亲油的或亲水的基团比重不同而效果各异。

用石灰和植物油混合物作消泡剂，则是利用石灰的碱性作用进行消泡。

（2）消泡剂的种类。豆制品加工中使用的消泡剂种类很多，如油角、植物油加石灰、酸化油、乳化硅油、甘油脂肪酸酯、葡萄糖脂肪酸酯等。在选择过程中消泡剂必须符合食品卫生和国家规定。目前使用较普遍的有酸化油、乳化硅油、甘油脂肪酸酯和葡萄糖脂肪酸酯。葡萄糖脂肪酸酯又称泡敌，是一种复合食用消泡剂，使用起来简便卫生、起效快、易于保存，是消泡剂种类中普遍选择的产品。

不同豆制品生产企业使用的消泡剂的种类不同，不论使用何种消泡剂都要按规定量添加。任何消泡剂都是一种酸性物质，使用过量会对豆浆起酸化作用，影响其风味，经加热后会使豆腐水分增加，弹性差，因此在使用过程中只要达到消泡作用就可以。在添加消泡剂时一定要均匀地添加到磨糊或豆浆中，如果添加不均匀则会影响效果。另外，液体消泡剂不可长期暴露在空气中，可随用随配或用时启封，防止时间过长而失效。

（八）分离

大豆经粉碎后形成的磨糊中有蛋白质，还有大豆的其他成分，分离就是要把磨糊中的蛋白质充分提取出来，将纤维素和杂质分离出去。经过过滤后，可使制作的豆制品细腻润滑，富有营养。分离出的杂质称为豆渣，分离后的蛋白质均匀的溶解在水中称为"豆浆"，不同浓度的豆浆可制成不同种类的产品，所以分离工序不仅是蛋白质提取的关键环节，也是为制作成品创造条件的重要环节。

1. 浆渣分离的工艺与方法

（1）分离的工艺。浆渣分离的工艺有两种方式。

①熟浆分离法。把经研磨出的磨糊，先加热煮沸，然后进行浆渣分离，得到纯豆浆制作豆制品。采用"熟浆法"浆渣分离制作出的产品，韧性好、有拉劲、耐咀嚼，但持水性较差，水分容易泄出，适合制作含水量较少的豆腐干、北豆腐等产品。

②生浆分离法。把经磨制出的磨糊先进行分离，滤去豆渣后，再把豆浆煮沸后制作产品。采用生浆分离法制作出的产品，保水性好，产品有弹性、有韧劲、口感润滑，适宜制作含水量高的产品如嫩豆腐、南豆腐等产品。

（2）分离的方法。浆渣分离从传统手工操作形式至现在的机械操作形式，方法很多，其传统的方法有：摇包滤浆和手扒罗滤浆，传统方法劳动强度大，工作效率低，豆浆提取率也因人为因素不稳定。随着机械化程度提高，专用设备已取代了传统的手工操作。机械分离设备有卧式离心机、圆筛或挤压分离机等设备。

2. 采用离心机分离的工艺流程

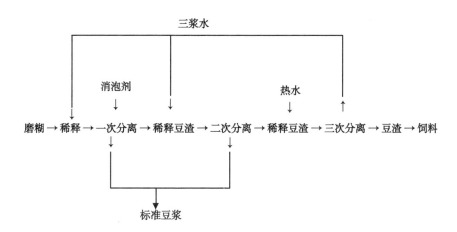

3. 离心机设备流程

（1）三次分离过程。通过实践，磨糊内的蛋白质至少要经三次分离后，才能最大限度地提取出来，达到理想的提取率。所以使用卧式离心机要进行三次分离，整个分离设备由三台卧式离心机组成。

第一次分离，当离心机正常运转后，把稀释后的磨糊放入第一台离心机，分离豆浆和豆渣，分离出的豆浆输入储浆桶临时储存。分离出的豆渣约按原料量的二倍加入三浆水均匀调和后由输送泵送入第二台离心机。

第二次分离，分离出的豆浆，仍输入储浆桶临时储存，将第二次分离出的豆渣按原料量的三倍加入热水，均匀调和后送入第三台离心机。

第三次分离，分离出的浆水称为"三浆水"，用这种浆水可加入第一次被分离出来的豆渣内，作为第二次分离用水，三浆水也可用于磨制加水以达到充分利用含有蛋白质的浆水，第三次被分离出的豆渣输入豆渣池做饲料。

采用卧式离心机进行浆渣分离，大豆蛋白质的提取率较高，行业内使用较普遍。

（2）离心分离流程（图3-4）。

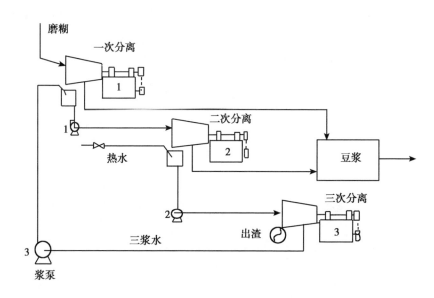

图3-4　离心分离流程示意图

4. 工艺操作及要求

（1）加水稀释磨糊和豆渣。为了提高蛋白质的提取率，分离工序中对豆渣有两次稀释过程，在分离之前对磨糊有一次稀释，稀释的目的是使破碎的黄豆中的蛋白质充分溶解到水中。

①磨糊稀释。黄豆经过加入1∶2的水研磨成为磨糊，对磨糊的直接分离是很困难的，一是比较黏稠，二是蛋白质没有充分的水量得以溶解。所以在分离之前要对磨糊进行稀释。正常生产中稀释磨糊所用的水是第三次分离出

的淡豆浆水的一部分，称为三浆水，三浆水是温水（50℃左右）。温水更有利于消除磨糊黏度和利于蛋白质溶解。三浆水直接加入磨糊桶内，靠输送泵的输送过程搅拌均匀。

②第一次分离后的豆渣稀释。浆渣经过第一次分离，把液体提出，豆渣内仍然含有一定量的蛋白质，所以要对豆渣进行稀释，溶解蛋白质后再分离。本次稀释所用的也是三浆水的一部分。之所以不用清水，主要是保证分离过程的豆浆浓度。分离的豆渣落入稀释槽，三浆水流入稀释槽，此时的豆渣含水量在82%左右，比较干，即使加入三浆水也不能马上混合均匀，所以要在稀释槽内增加搅拌设备，帮助豆渣和三浆水均匀混合后进入输送泵，送入到第二次分离。

③第二次分离后的豆渣稀释。经第二次分离出的豆渣加入 50~55℃的热水，由稀释槽搅拌设备混合，经输送泵送到第三次分离。三次分离中，只有本次稀释是加水环节，所以只要把这个环节的加水量控制好，就可以保证豆浆的需要浓度。

（2）分离过程操作。在分离过程中操作者要做的工作有三项，一是逐台检查分离效果，测量豆浆浓度，测量水温，经过检查和测量，对异常的环节进行调整。经过调整使分离机系统进入稳定的工作状态。操作者就可以巡视观察，并分阶段取豆渣样品，以备检验人员对豆渣蛋白质含量和水分进行检验。通过豆渣检验可以证明分离效果或分离工作质量优劣，一旦检测蛋白质偏高，就要查找原因，做有效的调整，以保证蛋白质的提取率。

（3）消泡剂添加。分离出的豆浆进入储浆槽，此时因分离过程中会产生泡沫，必须添加消泡剂消除泡沫，以利于下道煮浆工序顺利进行。国家标准 GB 2760 规定的豆制品生产中允许使用的消泡剂为高碳醇脂肪酸酯复合物，其最大使用量为 0.16%，这一点在生产中应严格掌握。

（4）分离过程豆浆浓度控制。控制豆浆浓度是分离工序的重要工作。豆浆浓度不准确将会直接影响到下一环节的操作。分离过程中加水的环节，前面已经讲过只在第二次分离后豆渣的稀释部分加热水，所以控制好热水器的流量，就能比较准确地控制豆浆浓度。

①分离后的豆浆调配。磨糊经过第一次分离过滤产生的豆浆称为"一浆"或"头浆"，同时产生的豆渣经过稀释后，再分离过滤产生的豆浆称为"二浆"，经过三次分离产生的豆浆称为"三浆"，经过三次分离的豆渣基

本被认为无再次分离的价值，作为废料处理。在操作中除了注意加水量大小与浓度的关系，加水时还要注意，在对第二次分离后的豆渣加水时，是使用50~55℃热水进行混合溶解，它可对第三次分离起到充分提取的效果，同时分离后的浆水加入磨糊和第一次分离后的豆渣中，其温度对提取蛋白质非常有利。

②不同产品对豆浆浓度的要求。分离出的豆浆经过浓度测定后，符合要求则直接送到下一工序煮浆、点浆。豆浆的浓度，要根据不同产品的要求而定。浆渣分离的加水量也要根据不同品种进行操作，豆浆的浓度决定了蛋白质分子间的距离：豆浆浓度高，蛋白质分子间的距离就近，网状结构密，但由于含水少凝固快，会出现死脑；豆浆浓度低，蛋白质分子距离远，含水多凝固困难。所以一般第三次分离后的浆水不再和豆浆混合，而是返回到磨或加入第一次分离后的豆渣中，就是为保证豆浆浓度。加水量和豆浆浓度的关系见表3-6，不同产品浓度要求见表3-7所示。

表3-6　加水量和豆浆浓度的关系

加水量/倍	浓度/°Bé	加水量/倍	浓度/°Bé
5.3	12	9	7
5.9	11	10	6
6.5	10	14	5
7.3	9	16.5	4
8	8	19	3

表3-7　主要产品豆浆浓度　　　　　　　　（单位：°Bé）

产品名称	北豆腐	南豆腐	豆腐干类	豆腐片
浓度	7~7.5	8.5~9	7.5~8	7.5

③豆浆浓度的调节。浆浓度的调节是根据产品的需要来进行的，但有些特殊情况发生，需要调节豆浆浓度来进行补救时，也会做临时调整。欲在原有基础上调高豆浆浓度，可以通过以下方法进行调节。

◎减少磨制时的加水量。如果大幅度降低加水量，很容易造成磨糊温度的升高，在这时可以用冷却后的生产用水代替原有的生产用水，保证磨糊的温度。

◎加料时引入"三浆"或"二浆"。用"三浆"或"二浆"代替原有的生产用水，可以有效地提高豆浆的浓度，还可以避免因减少用水量而造成的磨糊温度升高，同时比第一种方法更节约因制冷所造成的能量消耗。浓度较低的"三浆"（一般为 0.5°Bé）和"二浆"（一般为 3~4°Bé）也得到了良好的利用。因此，这种方法被生产企业广泛采用。

◎低浓度豆浆的调配一般用"三浆"或"二浆"与"一浆"混合。

5. 分离技术要求

分离工艺要求是靠分离设备实现的，分离技术包括分离工艺、分离设备及操作技术，能把三方面有机地结合并协调一致，使分离达到最佳效果，是分离工艺的目标。

（1）豆浆浓度控制。在分离工艺中，主要的工艺要求是控制豆浆浓度，与豆浆浓度有关的环节是加水量，分离过程只有一个加水点，就是在第二次分离之后的豆渣中加入 50~55℃的热水，所以只要控制好这一加水点的流量和温度，并分配好三浆水的流量，使其达到稀释磨糊和豆渣的目的又能平衡生产的稳定，就能保证分离后豆浆浓度。

（2）磨糊及豆渣的充分稀释。磨糊稀释是加入三浆水的一部分，加水稀释后通过输送泵输送到分离机，加水量和水冲洗的位置非常重要，必须均匀一致地进入输送泵，否则就会影响蛋白质溶解。第一次分离后的豆渣加入三浆水，第二次分离后的豆渣加入热水，都要充分搅拌，为了达到这一要求，一般在稀释容器内安装搅拌器，以使蛋白质得到充分溶解，提高蛋白质提取率。所以磨糊及豆渣的充分稀释，是重要的技术要点。

（3）保持分离设备的良好状态。分离机是实现分离工艺的主要设备，而分离网又是分离机的关键部件，有好的分离机如果分离网出现问题，分离效果也无法保证。使用分离机要随时观察分离效果，一旦分离效果出现不正常情况，很有可能是分离网被豆渣堵塞，要马上清理分离网，以保持分离网的通透。在生产实际中，一般每2h清理一次分离网。生产结束后要彻底清理分离网，以保证下一次的使用。

（4）前后流量的匹配、平衡、稳定。分离工序与上下工序要保持流量的匹配，前后储存罐要留有一定的余地，这样可以避免前后工序临时停机而使分离机也被迫停机。三次分离过程的流量要平衡、稳定，如果三次分离流量不平衡，分离过程就不稳定，从而造成豆浆浓度不准确，忽高忽低，那将影响后面的所有工序过程及产品质量。

（5）影响分离效果的因素及处理。有 3 个方面的因素影响分离效果：尼龙网是否清理干净，给料量是否正确，加水温度是否合适。

①尼龙网的清洗是分离效果的关键环节。在实际工作中，每 2h 应更换一次尼龙网，更换下来的尼龙网要认真清洗，将网孔内的细渣清洗干净以备再更换。尼龙网切不可用热水或碱水煮，尼龙网遇热会严重变形，网孔缩小，而不能使用。

②离心机的处理量是恒定的，在给离心机供料时，要根据分离效果调整供料量。如果供料大于分离能力，就会分离不充分。因此，不能贪图速度而忽视效果。

③加水温度应控制在 50~55℃。如果加水温度低，稀释效果不好，黏度大，则影响分离效果。如果加水温度高，虽然易分离，但是豆浆中的油脂成分分离出来，会把尼龙网孔堵死，同时尼龙网遇到较高温度，网孔变形、变小也影响透浆效果。所以加水温度必须在规定范围内。

6. 分离质量鉴别

在制浆工序中，考察分离质量和效果，应主要从豆浆浓度、出浆率，最终豆渣蛋白质残存量和水分含量三方面鉴别。

（1）豆浆浓度测定。在制浆流程中，最终豆浆浓度能否符合工艺生产要求，是判定制浆质量的标准之一。豆浆浓度是可以用手动仪器随时测量的，过去用浓度计测量比较慢，现在普遍采用糖量折光仪进行测量，非常方便，但是准确浓度要经过换算得到。

（2）分离出的豆渣状况判断。磨糊经离心机分离后的豆渣进入搅拌槽，进行豆渣的稀释，此时正常情况下分离机排出的豆渣应为雪花状连续下落的豆渣。如果豆渣呈糊浆状连续流下，可能发生如下情况。

◎进入进料口的磨糊量太大，离心机的分离能力有限，处理不了多余的磨糊。这种情况下，必须降低磨糊的进料量或暂时停机，以防造成磨糊的大量浪费。

◎离心机内置过滤网堵塞。应停机后对过滤网进行更换或清洗，并检查砂轮磨的工作情况，确认磨糊颗粒度是否达到正常标准。

（3）出渣量判断。如果分离机出豆渣数量明显减少，可能发生如下几种情况。

◎磨制工序磨糊量减少，不能满足分离机的需要，此时应在磨制工序调整进料量。

◎输料管路不畅通或有泄漏。在这种情况下应注意是否有异物在磨糊的汇集处，同时检查管路是否有泄漏情况。

◎离心机内置过滤网有破损。如果发生这种情况应立刻停机更换过滤网，同时注意将"跑渣"豆浆进行截留和过滤的补救处理，以防大量豆渣进入后道工序，影响产品质量。

（4）豆渣中蛋白质和水分含量判定。经过三次分离后的豆渣，要进行蛋白质含量和水分含量的理化检测。通常豆渣的蛋白质含量为2.5%以下，水分为85%左右。如果豆渣蛋白质含量偏高，可能的原因很多，包括原料的选择、浸泡质量、磨制程度以及分离效果方面的影响，因此需要逐级排查确认。在生产过程中一般后两者的可能性偏大，但不排除前两者的可能。如果水分含量超标，证明"三浆"分离机的分离未达到要求。以上两项数据是一种综合情况的判定标准。

（九）豆渣检测

豆渣是大豆经磨制破碎后，再经水稀释处理，将其中含有的蛋白质、部分脂肪以及矿物质等充分浸出后，经过浆渣分离后产出的黄白色渣状物质。其中主要成分是碳水化合物（粗纤维素、纤维素）、蛋白质和水。

1. 豆渣检测项目

（1）豆渣蛋白质含量检测。生产中我们通过豆渣检测来鉴别分离效果，其主要检测项目为蛋白质含量和水分含量。检测豆渣中蛋白质含量，分为干基检测蛋白含量和湿基检测蛋白含量，干基蛋白含量是豆渣经过充分干燥后，其蛋白质占干物质的百分含量，湿基蛋白含量是豆渣中蛋白质占全部物质的百分含量。

（2）豆渣水分含量检测。通过豆渣水分含量的高低，可以判定分离设备分离效果的优劣。如果水分含量较高，则可认为分离设备浆渣分离不彻底。

在生产过程中也可通过外观检测估计水分的多少。一般情况下，豆渣粘手，用手接触后可明显感觉湿润，取少量放置片刻即有水分渗出，表面光亮，则水分含量在90%以上；如果手轻握豆渣后，不粘手，豆渣成块且表面干燥，则水分含量在 80% 左右；如果豆渣轻握后不易形成完整块状，比较干燥松散，则水分含量在 70% 以下。

（3）豆渣检测参考指标。利用目前国内使用的分离设备，进行浆渣分离，正常分离效果为豆渣干基蛋白含量为 20%~25%，豆渣湿基蛋白含量为 1.7%~2.8%，水分 82%~85% 为宜。豆渣成分含量参考值见表 3-8。

表 3-8　豆渣成分含量参考值　　　　（单位：%）

项目	水分	湿基蛋白	干基蛋白
含量	<85	<2.5	<22

2. 豆渣中蛋白质的检测方法

豆渣中蛋白质的检测方法一般分为两种：干基测定法、湿基测定法。

（1）干基测定法。干基测定法又称为干基法，是指将豆渣充分干燥，除去水分后再测定蛋白质的方法。

（2）湿基测定法。又称为湿基法，就是不对豆渣样品进行干燥处理，直接测定样品中蛋白质的方法。

干基测定法与湿基测定法之间的换算关系（忽略误差）为：

$$蛋白质（干基）（\%）=\frac{蛋白质（湿基）（\%）}{1-豆渣水分（\%）}\times100$$

（十）煮浆

分离之后的豆浆要迅速进行煮沸。通过高温煮沸使蛋白质发生热变性，为点浆时蛋白质的凝固创造了必要条件。

煮浆的另外一个目的是消除豆浆中的胰蛋白酶抑制因子、凝血素等有碍营养的不良因子，杀灭有害病菌，去除豆腥味和苦味，增进豆香味和提高蛋白质消化率。

煮浆的工艺关键是控制煮浆温度和时间。使用比较普遍的煮浆设备是常压煮浆罐，煮浆温度控制在 95~98℃，并在此温度保持 2~3min。也有采用全封密式 UHT 瞬时高温灭菌的设备煮浆，但豆浆第一次加温还是采用常压煮浆为好，有利于脱腥脱臭。

豆浆如果煮不熟，不但达不到煮浆的目的，而且下道工序点浆也无法进行。只有达到煮沸温度和时间，才能保证下道工序的点浆凝固效果，达到灭菌的目的。

1. 煮浆设备

以溢流式煮浆罐为例,煮浆设备由煮浆罐、输送泵、温度测定与控制系统、蒸汽供给系统和前后储存罐组成。

(1)溢流煮浆罐(图3-5)。溢流煮浆罐是由5个封闭罐、连接管、阀门、蒸汽管、支架及保温套组成。5个罐是按照压力容器的要求用不锈钢材料焊接而成。管道阀门(除蒸汽管外)也都是不锈钢材质。支架和保温套是普通材质。

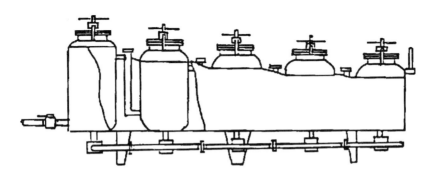

图3-5　溢流煮浆罐

(2)输送泵。输送泵是封闭离心泵,选择输送泵的流量是与溢流煮浆罐煮浆能力相配套的,并且在泵进口处增加进料调节阀门和单向阀。输送泵的开、停机控制装置有手动和自动两种,正常工作时放在自动挡位,处于自动挡位时,输送泵受温度测定仪电信号控制。

(3)温度测定与控制系统。溢流煮浆罐共有5个单罐体,每个罐体都有温度表,运行中平均每个罐温度升高10~12℃。在最后一个罐的出口安装温度测定仪,温度测定仪要求有电气信号输出,在确定的温度区间内工作,当温度到下限时,进浆调节阀门关闭,输送泵停止输送,当温度升到上限时,输送泵开启,调节阀门打开,继续输送豆浆。有些厂家在电气控制系统方面做了新的改动,使控制更加方便准确。

(4)蒸汽供给系统。溢流煮浆罐是采用蒸汽直接煮浆的方法。要求蒸汽供给系统要有稳定的蒸汽压力。在系统蒸汽压力高的情况下要增加调压系统,把蒸汽控制在0.2~0.3MPa范围内,溢流煮浆罐才能稳定工作。

2. 煮浆工艺操作及要求

（1）煮浆温度与时间。根据前述的煮浆目的，煮浆的温度要在95~98℃，在此温度间煮沸2~3min。煮沸温度低，达不到煮浆的目的，煮沸温度过高，一般的煮浆设备能力达不到，另外过高温度会降低豆浆内的营养价值，对后续环节的点浆不利。

（2）蒸汽压力。目前介绍的煮浆方法是蒸汽直接加热法。蒸汽的供给压力与煮浆效果有直接关系。蒸汽压力低，煮浆时间长，对豆浆质量有影响，煮浆过程中产生冷凝水过多使豆浆浓度降低。蒸汽压力过高，豆浆则出现假沸现象，并产生更多的泡沫，实际没有到所要求的温度就已经沸腾。因此，煮浆时供给蒸汽的压力为0.2~0.3MPa比较适宜。

（3）消泡剂添加。在分离工艺中介绍了添加消泡剂的操作，实际上在煮浆之前就已经加入消泡剂，消泡剂在煮浆过程中发挥作用，所以煮沸中不会产生更大的泡沫，特别是使用溢流煮浆罐，泡沫很小。但是使用敞开式煮浆桶煮浆，泡沫就比较明显地漂浮在桶口，使操作者无法辨别煮浆程度，所以还需要再适量加入消泡剂，消除泡沫。

煮沸是最好的脱腥过程，在溢流煮浆罐出口处，另增加一个敞开贮浆罐，其作用就是降压脱腥。

第三节　豆腐类生产工艺

豆腐是典型的传统产品，是市场上销量最大的产品之一。在制作过程中，由于豆浆浓度不同，使用的凝固剂不同，压制方法不同，可以制作出老、嫩不同，软、硬不同，口味不同的多种产品。现仅举三种比较普遍有代表性的品种，介绍其生产工艺及操作要求。

一、豆腐类产品工艺流程

各类豆腐的生产工艺流程见图3-6。

二、北豆腐（老豆腐）

北豆腐有几个明显的特点，使用盐卤为凝固剂，豆腐香甜，硬度高，可

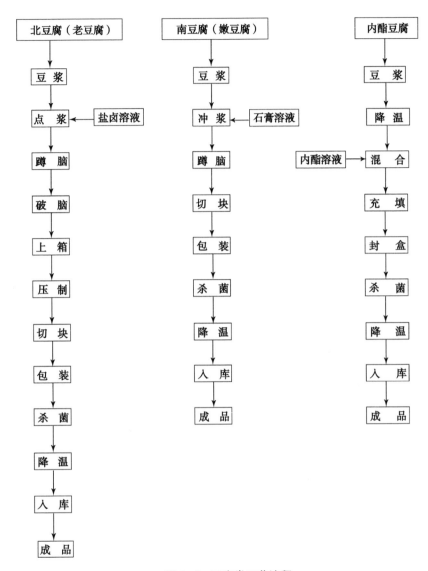

图 3-6　豆腐类工艺流程

以凉拌、炸、炒。

（一）工艺流程

豆浆调整 → 点浆 → 蹲脑、破脑 → 上箱压制 → 切块装盒 → 杀菌降温 → 入库 → 成品

↑

凝固剂

（二）工艺参数（表3-9）

表3-9　豆制品点浆工艺参数参考值

品名	豆浆温度/℃	豆浆浓度/°Bé	温度调节方法	凝固剂类型
北豆腐	78~80	7.5~8	加冷水降温	盐卤和石膏
南豆腐	85~90	8~9	自然降温	石膏
内酯豆腐	25~30	11~12	板式交换器降温	葡萄糖酸内酯
豆干半成品	80~82	7~8	加少量冷水降温	盐卤
豆片	82~85	7~7.5	加少量冷水降温	盐卤
油炸半成品	68~70	6.5~7	加冷水降温	盐卤

（三）工艺操作及要求

1. 豆浆调整

经过煮沸的豆浆温度为95~98℃，豆浆的浓度也高于制作北豆腐需要的浓度，所以首先要对豆浆进行调整。从表3-9可以看出，北豆腐点浆其豆浆浓度7.5~8°Bé，豆浆 pH 值6.5左右，点浆温度78~80℃，调节温度和浓度的办法是通过加冷水降温调节，同时控制加水量以保证豆浆的浓度。

2. 凝固剂调配

（1）盐卤。盐卤的种类有卤块、卤片和卤粉。盐卤本身的颜色为褐黄色，溶于水中即为卤水，色泽是棕褐色。盐卤的主要成分是氯化镁（$MgCl_2$），含量占46%左右，硫酸镁（$MgSO_4$）含量占3%，还有氯化钠（$NaCl$）含量占2%，水分为50%左右。

盐卤点浆的特点：与豆浆中蛋白质作用强烈，凝固力强，做出的豆腐香气和口味比较好，但保水性差。

（2）卤液浓度。北豆腐点浆所需要的凝固剂（卤水）浓度10~11°Bé，在东北较寒冷地区，使用的卤水浓度为14~15°Bé，南方地区和北方夏季环境温度较高时，可适当降低卤水浓度。

（3）卤水的配制方法。点浆时所用凝固剂为卤水，所以在使用前要将卤块、卤粉、卤片加水稀释，配制成浓度适合的液体才能均匀的溶解分散在豆浆中使蛋白质凝固均匀，盐卤的用量为原料的4%左右。在配制盐卤液体时，选择耐腐蚀的容器，如不锈钢桶、槽或盛装在瓷缸内，按 1 : 3 比例对入清水，加水后搅拌均匀，溶解后，用波美仪进行卤水浓度测定，浓度高继续加水调整，一般将卤水调到 10～12°Bé 就可使用，使用时卤水浓度还要根据制品品种做微调。有条件的企业可制作专用卤水罐和调配设备。

3. 点浆

（1）点浆过程蛋白质分子的变化。经过煮沸后的豆浆，蛋白质发生了热变性，它的内部结构虽然有了变化，溶解度也有所降低，黏度增加，但是仍然不能凝固，需要进一步破坏蛋白质分子外层的水膜和双电层。在热豆浆中加入凝固剂后，能产生大量的电解质的碱金属中性盐，可以改变豆浆中的 pH 值，使它达到大豆蛋白质的等电点，使蛋白质凝固。

豆浆中加入凝固剂后，蛋白质分子的水膜和双电层不断被破坏，蛋白质的溶解度不断降低以至从原来的溶胶状态（即胶体溶解）变为丝状，而后形成絮状，即形成凝胶状态（胶体的凝固）。蛋白质溶胶与凝胶状态如图 3-7 所示。

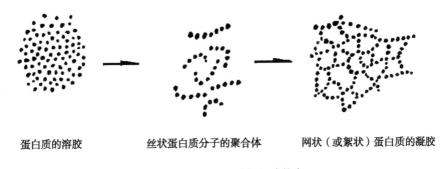

蛋白质的溶胶　　　　丝状蛋白质分子的聚合体　　　网状（或絮状）蛋白质的凝胶

图 3-7　蛋白质溶胶与凝胶状态

在蛋白质凝胶（即成脑）的网眼中充满水分，所以产生弹性。网眼大小不同，豆脑的保水性就有差别。

（2）点浆的主要方法。点浆操作一般有两类方式：即机器点浆、手工操作点浆。

①机械点浆。用机器控制豆浆量和凝固剂添加量，自动旋转进行点浆，是机器化程度较高的流水作业。目前只是有实力的企业拥有这种机器，实现机器化点浆操作，而普遍企业目前还沿用传统工艺手工点浆。

②手工点浆。手工点浆是豆制品生产行业较为广泛使用的操作方法。具体操作的方法各地有所不同，但是效果基本相同。

手工卤水点浆法：用卤水对豆浆进行点浆操作，操作时一手握装有卤水的舀子或点卤水壶，另一手持点浆勺，点浆勺在浆面划动，使浆水自下至上翻动，卤水缓缓流入浆内至点浆完成。

另一种方法是操作时，一手握装有卤水的舀子或卤水壶，另一手中持一特制的不锈钢耙，点浆时用耙先在浆内底部 1/3 部位进行上、下搅拌，使浆水自下至上翻滚，卤水缓缓流入浆内随点随打耙，这种方法在东北地区较为普遍，称为打耙法。

（3）控制好影响点浆质量的因素。影响点浆质量的因素很多，其主要有以下几个方面。

①点浆温度。豆浆温度的高低与蛋白质凝固的速度有关，温度高凝固过程快，形成的凝胶网眼小，保水性差，产品的弹性小，发死发硬，出品率也会降低。温度过低，豆脑的水分含量过多，会使产品缺乏弹性，成型不好，易破碎。北豆腐的点浆温度以 78~80℃ 为最佳温度区间。

②豆浆浓度。豆浆中蛋白质含量多少，与豆腐成型、质量关系密切。工人们有句话："浆稀点不嫩，浆稠点不老"形象地反映了豆浆浓度与豆脑质量之间的关系。豆浆浓度低，下卤后形成的豆脑太小，这种豆脑保不住水分，做出的产品硬、无弹性，而且出品率低。豆浆浓度太高，下卤后生成大块豆脑，上下翻动不均匀，会出现白浆，一部分豆浆没有接触到盐卤水，蛋白质随着黄浆水流掉。因而严格控制豆浆浓度是点浆之前各环节工艺的关键。制作北豆腐的豆浆浓度要控制在 7.5~8°Bé。

③豆浆 pH 值。豆浆 pH 值对点浆的质量关系，一是尚未点浆时豆浆的 pH 值；二是点浆完毕后豆脑的 pH 值。豆浆中原来 pH 值低，则凝固剂用量应该减少。pH 值低凝固速度快；反之豆浆 pH 值高呈碱性，蛋白质溶解性好，点浆后不易因凝固剂作用而凝固，即使形成了网络结构，也会由于碱性溶解作用而破坏。

大豆蛋白质从原来的溶解状态到凝固有一个过程。也可通过改变 pH 值来实现凝固，即改变豆浆的 pH 值。虽然用盐卤作凝固剂盐类本身是中性的，但加入盐类凝固剂后，豆浆变为豆脑，豆浆的 pH 值也仍然是降低而达到凝固时的 pH 值。这是由于凝固剂盐类中的金属离子取代了蛋白质中的氢离子，因而改变了 pH 值。pH 值开始改变时，豆浆中蛋白质就逐渐变性，随着 pH 值继续降低，豆浆中蛋白质分子之间部分结合而出现结絮，进一步联成网状结构。pH 值再低，豆浆中蛋白质溶解度就降低，网状结构的结合力就减弱，于是凝固物就变成松软的固态。用酸作凝固剂时，豆浆转变成豆脑的 pH 值会超过限度，加酸太多，做出的豆腐就失去弹性、韧性，保水性也差。一般凝固成豆脑时，pH 值为 5.8~6.0，这是比较正常的 pH 值。

前面讲了豆浆浓度、温度及 pH 值对点浆过程中蛋白质的影响变化，实际工作中点浆工艺环节只要控制住豆浆浓度、点浆温度，调整好盐卤溶液浓度，采用恰当的点浆方法就能点出好的豆腐脑。

④盐卤溶液添加量。盐卤浓度调整到 10~12°Bé 就可以直接使用，其使用量一般为 100∶4，即每 100kg 黄豆使用 4kg 盐卤，但是在实际操作时有很多可变因素影响使用量，这就要靠操作经验根据具体情况进行微调。

4. 蹲脑、破脑

（1）蹲脑。豆浆在点浆后，大豆蛋白质受凝固剂作用，使豆浆的溶胶转变为豆腐脑的凝胶，在这个过程中，豆浆中的蛋白质由分散逐渐交联成链状，又由链状交叉结成网状组织，这一过程完毕，凝固物定型，在行业内称为蹲脑。

①控制蹲脑时间。蹲脑时间一般控制在 20~25min，豆浆加入凝固剂后，要掌握好凝固时间。其原因是：凝固剂点入豆浆后，由于卤水流速的不稳定和浆水翻动的快慢，不可能混合均匀，需要一个充分凝固过程，使蛋白质分子与镁离子和钙离子在游离中与负电荷相互抵消，而进一步中和凝固，使凝胶缠结得更好，结构更紧密，蹲脑时间掌握好会有效地提高产品质量和出品率。

蹲脑时间短，黄浆水呈白色或乳白色，蛋白质没有完全变成凝胶。蹲脑时间长，豆脑温度降低，影响压榨效果，使出品率降低。凝固时间的长短与豆脑温度、凝固剂种类及添加量有关，所以要根据具体情况掌握凝固时间。

②防止震动。蹲脑时要防止震动或用工具触动。豆脑未成型的网状结构一经破坏，就会使包含在蛋白质中的水分大量溢出，在缸面上会出现脑花沉

淀而黄浆水增多，使产品出品率降低，产品的质量受到影响。

（2）破脑。破脑是在蹲脑 15min 后对豆脑适当破碎，以排出一部分黄浆水，适当降低蛋白质的包水性，提高豆腐的硬度，为压制工序创造条件。破脑是根据产品的水分要求而进行的，水分要求高的产品就不能破脑，北豆腐是轻微破脑的产品。

5. 上箱压制

手工制作北豆腐，一般都用木制大型箱，机械生产线都用不锈钢小型箱，不论什么方式都要将缸、桶内的豆脑倒入型箱内，行业上称之为上箱。上箱时间要求短，不再过分破坏豆脑。箱内豆脑薄厚一致，不留空角。上箱后封好豆包布，加上压盖，就可以进行压制了。

压制是使豆腐脑内部分散的蛋白质凝胶更好地接近黏合。在一定的温度下蛋白质具有黏合性，通过加压使豆脑内部组织紧密。同时通过豆包布排出豆脑内部多余的黄浆水使豆腐成型，表面形成韧性较大的"表皮"。一般压制时间在 15~18min，在这一过程中要逐渐加压，不能过急或压力过大，如果过急或压力过大，表面较早形成韧性表皮，豆脑内部的一部分黄浆水排不出来，会在豆腐内形成大小水泡或气泡，影响产品质量。

目前所用的压制设备较多有手动千斤顶、电压榨、液压榨、气动压制设备，并有生产线配套的压制机，不论使用什么设备，操作都要符合工艺要求才能压制出质量好的豆腐。

6. 切块装盒

不论使用大型箱还是小型箱，都要将压制好的豆腐切成适于销售的小块，并装入包装盒或包装袋内，密封之后进入下一工序。

手工制作豆腐，因型箱较大，切块之后要加冷水降温，提高豆腐的硬度，使人捡豆腐时不烫手。将小块豆腐装入塑料包装内适量加入净水，送入专用包装机封膜。豆腐盒封好后进行巴氏杀菌。散装即销豆腐不用装盒与杀菌。

使用机械自动切块装盒设备，是生产线配套的专用设备，用小型箱，豆腐压制后，揭掉包布翻倒到托板上，送入切块水槽内，机械自动完成切块装盒工作。装好豆腐的包装盒进入封膜包装机封膜再进行巴氏杀菌。

7. 杀菌冷却

杀菌冷却和前面的装盒工艺环节是豆腐实现包装化之后增加的新工艺过

程。豆腐装入包装盒密封后,如果不进行杀菌,产品有一定的温度,杂菌就会迅速繁殖,豆腐很快变质。所以从食品安全、卫生、产品质量等方面考虑必须进行杀菌,杀菌后马上进行冷却,冷却到10℃以下才能入冷藏库存放。杀菌的方式是巴氏杀菌,杀菌温度80~85℃,杀菌时间40~45min。

目前杀菌设备很多,与豆腐生产线相配套的是杀菌冷却槽,分为上下两层,一套传送机构,盒豆腐在上层加热杀菌到下层冷却降温。设备配备蒸汽源用于加热,配备循环冷却水用于降温。

8. 入库

盒装北豆腐在杀菌冷却槽杀菌并降低产品温度到8℃以下,直接输送到冷藏库存放。

由于盒豆腐是采用常温灭菌工艺,需要在冷藏库储藏。冷藏库温度为1~8℃,盒豆腐入库温度应在8℃以下。产品经过冷却后必须快速入库,否则,受环境温度影响产品温度会快速回升,产品输送需要冷藏车,到商店销售需要在冷风幕柜内摆放销售。

采用高温灭菌可以在常温下存放3个月的包装豆腐已经研制出来,只是成本过高,不适用于我国的消费水平,在此不做介绍。

三、南豆腐(嫩豆腐)

南豆腐用石膏作为凝固剂,产品质地细嫩,包水性强。

(一) 工艺流程

(二) 工艺操作及要求

1. 豆浆

制作南豆腐一般采取冲浆方法点浆,凝固剂为石膏,豆浆浓度12~13°Bé,豆浆浓度比较高,冲浆时豆浆温度在85℃左右,煮沸后的豆浆流到冲浆容器内时,其温度基本符合冲浆要求。

2. 凝固剂调配

（1）石膏。石膏的种类有生石膏（$CaSO_4 \cdot 2H_2O$）和熟石膏（$2CaSO_4 \cdot H_2O$）之分。做豆制品使用的都是熟石膏，因此，生石膏在使用前也都经过焙烧，去除一部分结晶水变成含水较少的熟石膏再用。石膏本身颜色为白色粉末，石膏的主要成分是硫酸钙。

（2）石膏液配制与使用方法。用石膏作凝固剂的特点：石膏与豆浆中蛋白质作用慢，保水性强，能适应不同浓度的豆浆。由于石膏微溶于水，作凝固剂时需将石膏粉加水混匀，并采取冲浆法加入热豆浆中，石膏溶水后本身易沉淀结块，在使用中要随时搅拌。

以石膏做凝固剂一般选用市场销售的食用石膏粉（即熟石膏），石膏不易溶于水，如果直接撒在豆浆中难于起到凝固作用，其结果会使大部分石膏沉淀在点浆大缸的底部，缸面上的豆浆由于没有凝固剂无法凝固，所以需要把石膏制成液体才能使用，配制的石膏液可以均匀地和豆浆混合，使凝固充分。石膏的用量为原料的3.5%左右。

石膏配制一般是临时配制，根据点浆容器的豆浆量按原料的3.5%比例称好石膏粉，放入小桶内，按1：4加入清水，加水后充分搅拌，另备一个过滤网或用密包布将溶解后的石膏液进行过滤，滤出石膏粉渣子后，将石膏液倒入冲浆容器内进行冲浆。

3. 冲浆蹲脑

制作南豆腐，因为使用石膏为凝固剂，它的特点是与蛋白质发生凝固反应慢，所以采用冲浆的方法点浆。冲浆能使凝固剂与豆浆充分混合。豆脑凝固的原理与北豆腐是相同的。不同之处是豆浆的浓度高于北豆腐。

（1）冲浆。用石膏进行点浆多用冲浆法，也有用石膏液进行点浆操作的。

①冲浆法。取定量石膏溶液放在点浆容器内，将定量热豆浆倒入点浆容器内，然后静止不动即完成冲浆过程。

②点浆法。用石膏为凝固剂点浆，其方法与使用盐卤凝固剂点浆基本相同，所不同的是在操作时比用盐卤凝固剂点浆快、时间短，如先把热豆浆倒入点浆容器内，再用浆勺一面搅动豆浆旋转，一面加石膏液，加入完石膏液后，用浆勺阻挡豆浆旋转，使之停止。石膏凝固缓慢但凝固效果好，豆脑组织结构细密均匀，保水性强，一般制作卤制品类，适合用石膏点浆。

（2）蹲脑。制作南豆腐蹲脑时间 15~18min，蹲脑中间不再破脑，这是与制作北豆腐的不同之处。蹲脑的容器要有保温设施，机械化生产南豆腐，蹲脑在保温隧道内行进。如果豆脑温度降得太低会影响成型，降低产品质量。

4. 包块压制（手工做法）

（1）包块。过去制作南豆腐都是手工包块，包块前准备好一个碗口直径为 12cm 的小碗，并准备 28cm×28cm 的豆包布数块，小勺一把。先将小块豆包布摊在小碗口上并把中心部分压入碗底，用小勺将豆脑舀入小碗，先把豆包布的两角对齐，然后分别压好，再将另外两角压好，拿出来反向放在木板上准备压制。

（2）压制。压制是在 50cm×50cm×2cm 的方木板，板上码放好南豆腐块，第一板码满后再放一空板继续码放，靠自重逐渐加压，码到第 8 板时压制时间在 18min 以上压在下面的一板已经压成，倒板把压好的南豆腐打开包布，放入装净水的容器中，经过两次换清水即可送到商店销售。但现在产品实现包装化，手工南豆腐要装盒封盒，进行杀菌冷却。由于手工南豆腐劳动效率低，手工操作多，所以这一产品只作为保留的传统产品，大量的产品改用机械化生产。

5. 切块装盒（机械化生产）

南豆腐使用机械化生产的，冲浆是在数个不锈钢小型箱内进行的，它在冲浆之后蹲脑，不再进行压制、排黄浆水，而直接切块装盒。因为不再压制排黄浆水，所以豆浆的浓度要比手工制作的南豆腐高出 1~2°Bé。蹲脑过程是在加热保温隧道内进行，保温成型要求比较严格，切块装盒与北豆腐相同，装盒后加入纯净水进入封盒包装机封膜，封膜后进行杀菌冷却。

6. 杀菌冷却

进入杀菌冷却工序之后与北豆腐的生产工艺相同，使用的设备也一样，所以后面工艺在此不细说。

7. 入库

盒装南豆腐在杀菌冷却槽杀菌并降低产品温度到 8℃ 以下，直接输送到冷藏库存放。盒装南豆腐的储藏、运输、销售与盒装北豆腐相同。

四、内酯豆腐

内酯豆腐是近些年畅销的新型豆腐产品。产品特点是采用葡萄糖酸-δ-内酯为凝固剂，这种凝固剂在与30℃以下温度的豆浆混合后不发生任何蛋白质凝固反应。利用这一明显特点，制作豆腐的工艺就可以有大的改革，并且适用于机械化生产。生产出的产品其硬度低于北豆腐和南豆腐，产品的细嫩程度高于北豆腐和南豆腐，产品口味香甜，颜色洁白如玉，保水性能好，有弹性，口感细腻，产品的出品率高，但是产品的硬度低，在制作菜肴上有所限制。由于加工采用混合液体先充填包装后加温成形，加温过程也达到灭菌的目的，是一种比较理想的包装豆腐，产品可以延长保藏期，并且方便、卫生。内酯豆腐最大的特点是保水性强，生产过程中不脱黄浆水，可以减少生产中的污水排放。

（一）工艺流程

豆浆 → 降温 → 混合 → 充填 → 封盒 → 杀菌冷却 → 入库 → 成品
　　　　　　　　↑
　　　　　　　凝固剂

（二）工艺操作及要求

1. 豆浆降温

生产内酯豆腐首先把经过煮沸、温度为98℃的热豆浆，降至30℃以下，送入下道工序。其降温方法大多使用板式热交换器进行，豆浆浓度调配为12°（折光度）。

2. 凝固剂调配

（1）葡萄糖酸-δ-内酯。本身颜色为白色结晶微小颗粒，呈甜味，加水分解成葡萄糖酸（$C_6H_{12}O_7$纯度为99%以上）。葡萄糖酸-δ-内酯本身不是凝固剂，它是在热豆浆中水解转变成葡萄糖酸后才会对豆浆中的大豆蛋白质发生酸凝固。低温时，水解现象很弱，高温时（pH值为7的条件下）葡萄糖酸-δ-内酯很快会被转变为葡萄糖酸，它可以使蛋白质充分凝固成型。

（2）葡萄糖酸-δ-内酯配制方法。葡萄糖酸-δ-内酯为白色结晶物，易溶于水，环境温度、湿度对其都有影响，要注意使用前的存放保护。使用时根据使用比例100:3（原料:凝固剂干粉），加水搅拌成凝固溶液，加水量为1:8（干粉:水），储存在凝固剂存放桶内，桶内有搅拌器使用时不停地搅拌，使液体浓度保持一致。

3. 混合

混合即是内酯豆腐的点浆过程，点浆前要把葡萄糖酸-δ-内酯粉溶解成葡萄糖酸-δ-内酯液体，然后混合在低温豆浆中，混合均匀后，把豆浆混合物输送到储存罐内暂时储存，储存罐要有冷却条件，以保持混合豆浆温度在30℃以下，一般使用有保温条件的冷热缸，需要时通过输送泵送到充填包装机，进行充填包装。葡萄糖酸-δ-内酯凝固剂与豆浆混合后，不能长时间存放，要在30min内使用、加工完毕。

葡萄糖酸-δ-内酯与蛋白质的混合后的豆浆温度小于30℃，葡萄糖酸-δ-内酯与豆浆不产生反应，温度超过35℃时，豆浆才开始出现细微的絮凝现象。

4. 充填、封盒

充填和封盒，是选用专用的盒包装机，混合豆浆经过包装机自动填充到包装盒内，封好膜进入下道工序。此时状态仍然是液态，蛋白质和凝固剂也没发生任何反应。

5. 杀菌冷却

经过充填包装的混合豆浆包装在塑料盒内，进入杀菌冷却工序。杀菌冷却工序由一台专用设备完成。内酯豆腐杀菌的作用比其他豆腐杀菌多了一层含义。装了混合豆浆的密封盒，进入杀菌槽内是逐渐升温的，当混合豆浆温度高于30℃时凝固剂与蛋白质开始发生反应，当温度升到65℃时反应强烈，温度升到80℃时豆浆已完全凝固，形成保水性好的嫩豆腐。行业上称之为"升温成型"工艺阶段。内酯豆腐在杀菌槽中继续行走，在80℃以上温度保持一定时间后，进入冷却水槽降温，完成杀菌冷却过程。

豆浆在加热成型的过程中，温度和时间要有明确的要求。温度越高、时间越长，凝固反应的速度越快，凝固得越紧密，保水性将会明显下降，内部组织结构将会出现类似蜂窝状的析水现象。

6. 入库

盒装内酯豆腐完成杀菌冷却过程后，送入冷藏库存放4~5h后，由冷藏车送到商店，在冷风幕柜中销售。内酯豆腐需在1~8℃低温条件下保存，可以存放7d不变质。

豆腐类产品还有很多品种，但目前所采用的生产工艺都没有超出这三种产品的典型工艺，只不过是在豆腐的软、硬，块型大小上变化。还有些产品添加其他营养物质，如菜汁、胡萝卜汁等。还可做成冻豆腐后，把冻豆腐脱水烘干后做成可以长期保存的脱水豆腐。豆腐如果改变包装材质，使材质可耐高温，做好的豆腐，经过高温灭菌还可以较长时间在常温下存放。随着科学技术的发展，今后在制作豆腐的工艺和产品品种、设备都会不断改革更新，会使豆腐这一传统产品更加丰富多彩。

第四节　豆腐干类生产工艺

中式豆制品目前粗略统计有 400 多个品种，但大部分品种是由豆腐干和豆腐片的白坯进行炸、卤、炒、熏等精加工调味而成的。所以要做出品质优良的豆制品，必须先制作出品质优良的豆腐干、片坯，再加工出各种豆制品。

一、豆腐干工艺流程

水　凝固剂
↓　　↓
豆浆→调浆→点浆→蹲脑→破脑→滤水→上板→压制→切块→半成品坯→精加工→

包装→灭菌→成品

二、工艺操作及要求

（一）调浆

经过煮沸的豆浆，温度在 95℃ 以上，这个温度是不能直接点浆的，同时豆浆浓度也根据产品不同而不同，所以要先进行温度、浓度的调整。

1. 冷点浆产品豆浆调整

制作不同的豆腐干白坯，对其硬度和含水量有不同的要求，例如，油炸类豆腐干白坯其含水量要求比白干高，硬度比白干低，所以一般点浆温度应控制在 70~75℃，俗称"冷点浆"。使蛋白质凝聚的网络结构的结合力较弱，易于抻拉延伸，增加网状结构中的膨胀空间，有利于油炸时膨胀，使得组织结构中呈现出蜂窝状和空心状。豆浆浓度控制在 7~9°Bé，豆浆调整的方法是在热豆浆中加入冷水，使其达到温度和浓度要求。

2. 热点浆产品豆浆调整

另有一部分豆腐干白坯半成品，要求含水量低，硬度高，点浆要求高温点浆，点浆温度在 80~85℃，豆浆浓度在 8~9°Bé，称为"热点浆"，对豆浆的调整就简单得多了，一般不加冷水。

豆制品品种比较多，在制作豆腐干白坯时要根据具体的品种要求调整豆浆，为下一步操作创造条件。

（二）点浆

1. 凝固剂

制作豆腐干点浆所用的凝固剂，以盐卤凝固剂为主，因为盐卤点浆豆脑保水性差，利于压制脱水，并能使豆腐干弹性、韧性、硬度达到要求。所用凝固剂（盐卤）的比例应在 100∶4.2 左右，比制作豆腐的凝固剂使用量大，为冷点浆准备的凝固剂液体浓度略低于为热点浆准备的凝固剂液体浓度，热点浆凝固剂液体浓度为 10~12°Bé。

2. 点浆的方式

点浆可用机械点浆，也可用人工点浆。其点浆操作及要求与制作豆腐的点浆相同，只是要根据具体产品要求，确定是采取冷点浆还是热点浆。

（三）蹲脑、破脑、滤水

1. 蹲脑

制作豆腐干点浆之后要蹲脑，使凝固剂与蛋白质充分反应，形成豆脑。蹲脑时间 10~15min 即可。

2. 破脑

当蹲脑 10min 后就开始破脑，破脑的程度要根据所做产品含水量及硬度要求进行，其目的是使豆脑中的部分黄浆水排出。

3. 滤水

破脑后 3min 就可以吸滤出上浮的黄浆水，容器内剩下的豆浆和部分黄浆水就可以进行下道工序。要注意吸滤黄浆水程度，豆脑内黄浆水滤得太干，豆腐干缺乏弹性，同时也不宜掌握其薄厚程度。黄浆水留得过多，不利于上板，板框内的容积有限，会使豆腐干达不到厚度要求，所以滤水应适宜，为下道工序创造条件。

将筛子或网眼滤水工具压在脑面上，待黄浆水溢出后用舀子将水撇出，按开缸方法和豆腐干白坯含水量的不同进行撇水即可。

（四）上板

制作豆腐干是用数块 500mm×500mm×20mm 的木板，配备 450mm×450mm

的方木框，上面放好豆包布，将滤水后的豆腐脑倒入板框内，封好豆包布撤掉板框，再继续放上木板及板框，重复以上 5~6 板后，将其放入专用压榨板框内，待 15~18 板时就可以开始压制。上板主要要求：豆脑的数量要根据所加工产品豆腐干坯的厚薄而确定，为达到厚薄一致，数量要掌握准确。每上一板，板框内厚薄一致，不留空角，才能使豆腐干坯方方正正，厚薄一致。如果采用机械生产线生产豆干坯，一般采用履带式压榨机，上板工作是在履带上自动、连续进行的。

上板压制成形。上板根据生产产品的厚度要求，将豆脑移至规定模具中压制脱水。上板要求：一是豆脑的数量偏差不能过大，否则会导致半成品的薄厚不均；二是要把模具的四个边角用豆脑充填满，不得出现糟边糟角的现象；三是每次豆脑从点浆容器转移到模具的过程中，要轻舀轻放，以减少掉撒造成的浪费。

（五）压制

1. 压制操作

压制工序是成型过程中的一个重要工序，压制过程要逐渐加压，排出黄浆水，使豆腐干坯结构紧密，弹性好，如果压力过急，豆腐干坯表皮很硬，但内部黄浆水没有排出，豆腐干反而又糟又软，无法进行精加工。冬季压制一定要注意保温，以利成型。从上板预成型到加压脱水，中间要有一个倒板的工序，自下而上倒板，使得压制程度一致。

（1）初压阶段时，施压表现应是豆包布的四个边有明显的黄浆水较快排出。初压时的压力保持在 0.1~0.15kPa，时间一般掌握在 2min 左右。

（2）中压阶段是指大部分黄浆水被挤出之后的继续脱水阶段，这一段的压力可以保持在 1.5~2.0kPa，时间一般掌握在 6min 左右。

（3）重压阶段被挤出的黄浆水量很小，这一段的压力可以保持在 2.5~3.0kPa，时间一般掌握在 3min 左右。由于所生产的品种不同，压力和时间会有一定的差异。

2. 压制设备的种类

豆腐干白坯含水量 60%~75%，要达到这一要求，就需要将豆腐脑浇制入模后通过加压，排出豆腐脑中包含的多余水分，同时通过加压使豆腐脑内部分散的蛋白质凝胶更易接近和黏合，使制品成型并具有需要的硬度，压榨设备是生产中不可缺少的重要设备之一。

目前使用的压榨设备种类很多，如手动千斤顶、手动丝杠压力榨、液压榨、电压榨、气动压榨设备，还有与生产线配套、机械化程度较高的自动旋转压制机等。总体上分为以下两种类型。

（1）手动操作的压榨设备。手动压榨设备是我国豆制品行业传统的压榨方式，因其手动加压柔和、适合豆腐脑泄水的特性，不论要求制品含水量的多少，都能通过人力根据压榨时的情况适当掌握。如用大箱制作豆腐，仍使用手动千斤顶进行加压成型。南方制作厚百叶，仍采用土榨床的方式压制。生产量小的企业压榨设备仍采用手动丝杠榨压制豆制品，它便于操作，设备构造简单，容易掌握。

（2）机械操作的压榨设备。机械压榨设备有电压榨、液压榨、自动压榨机等。使用机械压榨设备，可以减轻人力，提高生产效率。液压榨设备也称为油压榨设备，它节省电力、生产量大、操作方便，建立一个液压泵站，可带动多台压榨，满足产量的需求，适合生产各种含水量要求的产品使用。

3. 影响压制效果的因素

影响压制效果的因素主要有压制时豆腐脑的温度、压制时间和压力。

（1）温度。加压时必须要有一定的温度，温度太低，即使压力很大，蛋白质凝胶之间的结合仍然是松散的，做出的制品没有韧性，片类制品容易破碎。豆腐干类制品质地松散，易出现碎渣，豆腐干制品表面容易出现塌陷。所以加压时温度一般不能低于60℃，在冬季生产时，不仅要掌握蹲脑的时间，还要根据压制温度要求，做好豆腐脑的保温措施。

（2）时间。豆腐脑在一定温度下加压，制作成一定形状的制品，表面形成一层硬皮，需要有一个时间的要求，压制时间过长和过短都会影响制品的质量。压制时间短，不能使豆腐脑成型或定型，制品的表面不能形成一层包裹的硬皮，称为压不出面，制品的质地糟、麻，结构不紧密，加工时易碎；压制时间过长，会过多地排出制品中应含有的水分，不仅质地硬实，制品也会变薄，使制品的质量规格不符合要求。制品加压的时间应掌握在15~20min，由于豆制品的品种多样，要求含水量的程度也不一样，因此，在操作过程中还应针对不同制品的要求，掌握好压制时间，避免时间过长或过短对制品质量造成的影响。

（3）压力。压制时所施压力的大小是豆腐脑成型的关键环节。压力小，包裹在豆脑中的黄浆水则排不出去，制成的白坯软，不符合质量要求。压力过大，会把已经形成整体的蛋白质凝胶组织压破。压榨过急，豆腐干白坯表面迅速形成硬皮，堵塞豆包布细孔，使内部组织中的黄浆水排不出来，白坯中间含水过多，质量不合格；压榨过慢，豆腐脑表面不能形成硬皮，使内部组织中的水分流失过多，豆腐脑因黏合力不够，温度下降，会使制品散碎，颜色发白。正确的压榨方法一般先轻后重、逐渐加压，压制的压力要根据不同产品软硬程度要求而掌握。

（六）切块

比较大型的豆制品加工企业，切块都用专用切块机加工，这样块型整齐劳动效率高。较小规模的工厂用人工切制，就要特别注意块型整齐不破碎。切块之后的豆腐干坯要放在通风的包装箱内，松散开。每个包装箱内的坯块多少要称重，为精加工做好准备。

豆腐干坯称重后放入包装箱内，放在通风的地方就完成了豆腐干半成品坯的制作，送入精加工工序进行精加工。豆腐干精加工工艺在后面介绍。

第五节　豆腐片类生产工艺

豆腐片，在我国东北地区称之为干豆腐，长江以南称之为百叶，华北地区叫它豆腐片。豆腐片既可以作为直接产品包装后销售，又可以做成豆腐片半成品，它和豆腐干半成品坯一样，再经过精加工制作出更多的产品。

一、豆腐片工艺流程

　　　　　　　　　冷水　凝固剂
　　　　　　　　　↓　　↓
豆浆 → 调浆 → 点浆 → 蹲脑 → 打花 → 浇制 → 压制 → 揭片 → 切制 →
半成品坯 → 包装 → 灭菌 → 成品

二、工艺操作及要求

（一）调浆、点浆

煮沸后的豆浆要加入冷水降温，使温度降到 75~80℃，豆浆浓度为 8~9°Bé就可以开始点浆，机械化点浆和人工点浆均可，操作方法与豆腐相同。凝固剂的比例应为 100：3.5 左右。

（二）蹲脑、打花

制作豆腐片点浆之后也要蹲脑，蹲脑时间在 8~10min 后，开缸，用葫芦深入缸内搅动 1~2 次，静止后适量吸出部分黄浆水后，开始打花（打脑），打花的目的是把大块豆脑打碎成小球状，使其成为粥样的物质，以便波制比较薄的豆片。手工波制不用打花，在波制时适当破碎即可。

（三）波制

波制有手工波制和机械波制两种。

手工波制用专用模型箱和较长的专用豆片包布下铺上盖中间是豆脑，折叠数层后，压制成型。

机械波制是在一个网式输送带上铺布波制，豆腐脑上再盖好布，机械折叠进入模型箱，波制一箱之后送入压榨机进行压制成型。

无论手工或机械波制均要求薄厚一致。豆片成型后的厚度在 1.5~2mm。

（四）压制

豆腐片压制与豆腐干压制基本相同，只是豆腐片的压制压力要比豆腐干高。一般分为初压和加压两个压榨工序，初压的压力为 0.2kPa，加压的压力为 0.6kPa。加压时间为 16~18min。不同含水量的豆腐片加压压力不同。

（五）揭片

压制之后的豆腐片是在折叠的双层包布内，要把包布揭掉，而且不破碎豆腐片。采用机械揭片和手提式揭片，都要能够达到这一要求。

（六）切制

经过揭片工序之后，要对豆腐片进行整理，去掉毛边，如果直接作为产品的，送入包装机，按要求进行包装。不作为直接产品的按精加工要求进行切制，切丝或切块，这样就成为豆腐片半成品坯，称重后放入通风的包装箱内，送往精加工工序，即完成了豆腐片白坯的加工过程。

第六节　豆腐干（片）白坯精加工

豆制品精加工主要是指对豆腐干、豆腐片两类半成品坯进行再加工和调味，制作出多种形状、多样风味并且可直接食用的产品。

精加工的主要手段有炸制、卤制、炒制、熏制，其中有的产品是经过一种加工方式加工完成成品，有的产品是经过两种加工方式加工成成品的。

一、精加工豆制品工艺流程

精加工豆制品工艺流程见图 3-8。

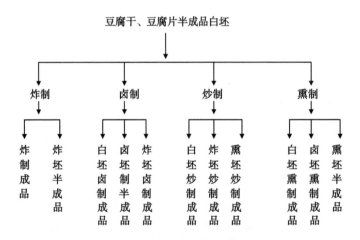

图 3-8　精加工豆制品工艺流程

二、工艺操作及要求

（一）炸制

1. 炸制品种类

炸制品是指经过热油炸制的豆腐干（片），按其炸制的程度不同可分为两类，一是炸制后即为成品，如豆泡、炸三角豆腐、油扬豆腐等；二是炸制后为半成品坯，再经过卤制、炒制后为成品。豆腐干坯切制的形状不同，炸制出来的形状也多种多样，如丝状、条状、球状、三角状、片状、菱形块状等。

豆腐干白坯又分为低温点浆豆腐干坯和高温点浆豆腐干坯，低温点浆豆腐干坯，炸制后内部结构呈海绵状，膨胀充分，外观油润有光泽，颜色浅黄。高温点浆的坯，炸制后内部结构仍为豆腐干本色，不膨胀，表面有硬壳和棱角，颜色为棕黄色，此类炸坯大多数是要经过后期的卤制和炒制才能成为成品。

2. 炸制工艺作用

豆腐干、豆腐片白坯为白色，回凉后表皮结成大豆油脂色，只有经过油炸表面的颜色才能成为浅黄色、金黄色或棕黄色等炸制品色，颜色的改变可使豆制品加工中添加辅料后色泽丰富。豆腐干坯压制后表皮很容易断裂，而炸制后的结皮不易断裂，再继续加热表皮仍然起着包裹内部蛋白质结构的作用。在适合的油温条件下蛋白结构可膨胀到空泡或蜂窝状，蛋白结构的膨胀，有利于卤煮调味料的吸收。白坯的拉伸度与炸制后制品的拉伸度差别很大，丝类白坯油炸后拉伸度很强，炸卤加工中都不容易折断。

白坯因表面水分大，受细菌污染后繁殖快，很容易渗入白坯内部。白坯在冬季只能当天使用，存放到第二天使用的也要冷藏保存。夏天数小时的时间表面就会发黏、变红。坯经炸制后水分减少，特别在夏季或温度较高的环境中，炸制后的坯要比白坯存放的时间长些，如片状和丝状的坯，则存放时间更长些。

3. 炸制操作

（1）炸制油质量鉴别。炸制中使用的油必须是符合国标强制规定的食用油，感观鉴别油脂要澄清透明，色淡有光泽。例如，花生油、豆油、色拉油等，应具有油料原有的香味，如果嗅到酸臭味或"哈喇味"，不能继续使用。另外，炸制油使用一定时间后就必须更换，不能再继续用于食品，否则会危害人的健康。

（2）炸制中的油温。炸制中的油温是炸制品质量好坏的主要因素之一，白坯投入油锅的油温掌握在120～140℃，后期炸制温控在170～190℃。如炸制中油温过低或过高，要采取措施，尽快调整油的温度，使油温符合炸制条件。生产量较大的企业，采用双锅炸制的操作方法，即第一锅油温在120～140℃，进行初炸，当白坯表面结出浅黄色的皮后，把坯捞出放入第二锅进行炸制，第二锅油温在 170～190℃。

（3）炸制中翻动制品。炸制中要勤翻轻翻炸制品，勤翻可以保持制品受热均匀，炸制颜色一致。通过翻动可以使坯受热均匀利于膨胀，轻翻可使制品块型保持一致，表皮不损坏，如果翻动力道过大，会使制品表皮受损，造成内部"喝油"，使耗油量增大，影响产品质量。

（4）清理杂质。炸制过程中及时清理杂质，是对炸制品色泽、质量的保证，是不可缺少的操作要求。在补充新油时，油温较低，要停火清底，以有效减少锅底煳渣。

（5）滤油。每次炸制工作结束后要对炸制油进行过滤，滤油可以及时清除杂质，防止碎渣在锅内反复经过高温而碳化变黑，混入炸制品中影响产品的质量和卫生，同时保持油的洁净，防止油的迅速老化。

4. 影响炸制品质量的因素

（1）炸制温度、时间对炸制品的影响。油脂在加热时通常引起油脂的分解、聚合、碘价下降、分子量与黏度增加、折光率改变、变色等性质变化，同时营养价值也会下降。例如，菜籽油加热到 250℃，经过 10h 后，制得的加热聚合油，营养价值显著降低。油炸食品用的油发生老化原因，是由于形成了过氧化物，在高温下加热的油脂中，产生有毒性的己二烯环状化合物。在一般的烹饪温度下，食用油脂加热时间短，几乎不产生环状化合物，炸制应注意避免 200℃ 以上的长时间高温。

油温过高或炸制时间过长，都会对炸制品产生影响。油炸时间是根据油温和油炸制品是否定型来确定，但时间也应符合炸制条件。如时间过短，炸制品膨胀不足、内心呈豆腐结构，没有伸展为海绵状，回凉后表皮回缩呈豆腐块状。如果炸制时间过长而温度低，耗油量会明显加大，坯吸油过多也影响膨胀效果。如果时间过长而温度高，炸制品表面过硬呈焦脆状，影响制品的口感。

（2）半成品坯对炸制成品的影响。油炸豆腐成品的外观色泽金黄，内心呈海绵状，富有弹性。这种结构首先来源于制坯要求，坯的含水量要适中，不宜过干。坯的水分丢失多，炸制时坯表面就会起小泡，膨胀程度达不到要求；而水分过多，油炸时坯表面结皮慢，耗油量多，还会因为坯太嫩，块型受到影响。其次在炸制时坯本身的温度高，会影响膨胀效果，一般情况下坯冷透后炸制效果好。这是由于热坯内部有一定的温度，置入热油中表面迅速脱水，凝胶或网络组织收缩结皮快，内部热气升压产生爆裂，影响坯充分均匀地膨胀。

5. 炸制温度和时间的控制方法

油炸制品一般在初级阶段炸制时，油温要适当低一些。因为炸制坯网络结构间的水分因受热汽化，坯表面失水慢，可利用体积逐步适度膨胀，网络结构完全撑开形成泡型。炸制初级阶段油温过高，水分的汽化在坯内部不均匀，超过网络结构的延伸能力，没能膨胀的坯表皮已变硬，就会出现爆皮现象，或成为死块。

初炸阶段应按照工艺要求及油炸锅的容量，半成品坯的一次投入量要灵活掌握，由于各地区的操作方法不一，建议采用双锅炸法，第一油锅的油温掌握在 120 ~ 140℃，第二油锅在 170 ~ 190℃ 为好。油炸时间可在 10 ~ 15min，在炸制过程开始阶段油温一定要低一些，但油温必须在摄氏 110℃ 以上，否则也会影响炸制效果。

炸制品定型阶段则要求油温在高温区上，促使坯充分膨胀定型，使坯表面的水分尽量挥发掉，定型的表皮成壳、不瘪、不塌。高温油达到 170 ~ 190℃ 时，表面的软膜会逐渐变硬成为定型的外壳，炸制过程结束。

油炸时间与温度的关系为：油温稍高，油炸时间可以适当缩短。但第一锅的油温最高不得超过 140℃，第二锅的油温不得超过 200℃，此时翻动的频率要加快，保证炸制均匀、颜色一致。炸制时间过短，颜色淡，炸制品外壳不成型或壳嫩易瘪；油温低，油炸时间可以适当延长，但时间过长会使坯块吸油过多，耗油量大，制品的外壳会失去弹性，影响口感、质地。

6. 炸制成品质量要求

（1）膨胀效果。不同炸制品的膨胀程度有所不同。需要膨起的制品质量要求：炸制时块呈充气状态，内部结构似海绵状，无实心，制品的皮薄，表面光滑，不会出现切制时的棱角边，代表性产品如豆泡。

不膨起的制品要求炸制的程度要合适，如丝状制品，进锅炸制时要抖开、松散着放入锅内，翻炸后便出锅不需长时间炸制。片状制品炸制时要松散、不成坨，大致定型后便可出锅。块状制品炸制时要松散、不粘连，炸制的程度一般在定型后便可出锅。

（2）色泽。炸制品的色泽应该是金黄色或棕黄色。炸制时，对使用油要有质量标准，一是要不断补充新油，二是要及时过滤。炸制过程中，每锅炸制后要用密笊篱捞尽残渣，否则炸制油会变黑，影响炸制品的色泽。

（3）炸制品成品质量参考标准。

产品感观指标要求如下。

色泽：金黄色。

气味：豆制品炸制香味，无其他异味。

外形：块形整齐，膨胀充分，无破碎。

结构：内有蜂窝且均匀，无杂质。

产品的理化指标要求如下。

水分（g/100g）：不得超过 55%。

蛋白质（g/100g）：不得低于 17%。

7. 耗油率和出品率参考值

（1）耗油标准参考值。耗油标准参考值每 100kg "半成品白坯" 耗油 13~16kg。耗油量在炸制品的标准中是一个很重要的指标。它涉及的环节很多，例如，油锅的温度接近闪点造成油蒸发；油温低升温慢造成炸制品 "喝油"；成品出锅时控油的时间不够；操作过程中的遗洒等都会影响耗油量。而耗油量的增加会加大生产成本，造成辅料的浪费。

（2）出品率标准参考值。每千克大豆应制成 "白坯" 1.7~2.2kg。每千克白坯可出油炸豆泡 1.1~1.2kg。

其他制品根据坯块含水量和含蛋白质多少不同，油炸制品的出品率各不相同。

8. 炸制设备

炸制工艺所用的专用设备有两大类：一类以明火为热源的铁锅或不锈钢锅。明火有煤火灶、天然气灶、电炸锅。另一类是单独加热食用油，用热油循环在输送槽内炸制产品，此种设备为自动油炸生产线。不论用什么方式或设备，炸制的工艺要求相同。

（二）卤制

将豆腐干白坯或油炸坯用卤汤进行热加工调味，使产品具有鲜香可口的味道，这种加工称为卤制。

1. 卤制品调味方法

（1）同时煮沸调味。在卤制小块产品时，调味料不能直接放在卤汤中，先用豆包布缝制一个袋子，将需要加入产品中的调味料装入布袋中，随产品一起加温，调味料通过高温煮沸，味道从包布散发到卤汤内，浸入产品中。如豆腐干、五香干等产品用此种方法较好，产品外观整洁，吃起来味道丰富，鲜香适口。

（2）先调味后卤煮。为使卤制品充分吸取调味料味道，先将调味料或分散或入袋放入汤中加温煮沸至味道浓厚时将调味料捞出后，再将需卤制的制品放入卤汤中，煮沸后微火卤制或延长时间浸泡。汤内的味道不仅可以充分被制品吸收还使制品的味道均匀一致，用传统方法制作的产品，还可以保留老汤，使味道更鲜美独特。

（3）分步调味。卤制品味道需要多种口味时，还可以分步骤对卤制品进行调味。分步操作时应先卤制五香味和咸味等，待制品入味后放入鲜香味的其他调料。对于这类分步卤制的品种，反复入汤卤制的次数多，不仅味道十足，还会使制品具有韧性，口感好。

卤汁的调味方法很多，地区风味也各不相同，可根据不同产品、不同区域的消费需求进行调配，丰富产品风味。

2. 豆腐干（片）白坯类卤制操作

豆腐干（片）白坯制品包括白干、苏州干、大方干等类产品和千张、豆丝、豆片等丝、片类产品。这类产品的特点为韧性小，产品的表皮结构只靠蛋白凝固联结，卤制时优点是易入味，缺点是易断、易碎，卤制温度过高或卤制时间过长，产品外形会改变，硬度和韧性受到影响，内部结构发生变化，俗称"煮飞了"，所以，此类白坯卤制温度不宜过高，时间不宜过长。一般情况下，豆腐丝、片的卤制，先制卤汤，待汤煮沸后再将制品放入卤汤内微煮5~10min，关掉热源浸泡30~60min。

掌握卤制时间是保证制品的色泽、味道和块型的关键。不同产品有不同的特点，含水量小的半成品坯比含水量大的产品卤制时间长，口味浓厚的产品要比口味以咸味为主的产品卤制时间长。总之，卤制时间的长短应以卤制的味道足和保证块型整齐不碎为前提。

3. 油炸半成品坯类卤制操作

油炸类品种较多，卤制方法各不相同。有的产品卤制后直接成为成品，有的卤制后还要进入炒制工序加工。因此，卤制时间要根据产品的不同分别操作。

（1）卤制冷温点浆炸坯的操作。冷温点浆炸制出来的坯，要求表面膨胀鼓起，内部结构呈海绵状，块型整齐无裂口，如辣块、素鸡等。这种坯在卤制时易吸汤入味，坯表皮结构柔软有韧性，吸汤后内部味道丰富，表面块型整齐不粘连。但由于这种坯只靠表皮连接，卤制时又易吸汤，因此，卤制温度不宜过高，以能卤透进味、柔韧整齐，不破碎即可。这种产品类可以采用微火轻炖，卤制炸起膨胀的制品只要将调配的卤汁煮沸，加入炸制好的坯煮开后片刻，即可以微炖。微炖出来的制品表皮不破损、口味好、卤得透，冷却后表皮厚实、柔韧，增强了制品的口感。

（2）卤制热温点浆炸坯的操作。热温点浆炸制出来的坯，不膨胀，表面结硬皮，内部结构丰满，如花干、干尖、辣丝等类的制品。这类制品的坯经油炸后水分蒸发较多，表皮发硬不易进汤入味，卤制的时间可略长。这种产品多数还需要再进入炒制工序加工后出成品。最好采用卤汁焖制。焖制时既要保证产品的外形不能有较大的改变，又能充分吸收卤汁满足口感的需求。

4. 老汤

卤制产品后剩余的汤可以继续使用，当天工作完毕后，对卤汤用密笊篱清除锅内碎渣子等沉淀物，加温煮沸 10min 后，自然冷却保存。第二天继续使用时，重新添加调味料煮沸，卤制产品，使用老汤对产品调味非常好，比使用新卤汁产品的味道更纯正醇厚。

5. 卤制设备

卤制加工所用的设备主要是卤锅、槽或桶等。其加热方式不同，有直接加热式和间接加热式两类。所用热源不同，热源有明火直接加热的煤火、柴火、天然气加热和蒸汽直接加热方法，有供给加层锅、槽、桶的蒸汽，导热油间接加热方法。间接加热的设备对卤制产品没有影响，而且节约能源，是推广使用的设备。

（三）炒制

炒制加工主要是将豆腐干白坯或油炸的半成品坯，在热锅内加入调味料与半成品坯，进行调味加工。炒制前需要根据不同产品的配料配方调制炒汁，将食用油和各种调味料放在热锅内炒制调汁，再放入半成品坯炒使其润味、上色，炒制产品北方地区比较多。

1. 炒制品特点

（1）突出炒制品的特味。豆制品炒制分清香、麻辣、甜咸、甜酸等口味，调制的炒汁要以突出制品的特色口味为主。如在炒制番茄类制品时，不可将盐放得过多，不加五香味的调料，以突出番茄汁的浓香味。

（2）突出炒制品的颜色。豆制品炒制的颜色分浅黄色（大豆本色）、酱色、暗红色、番茄色和卤汁色。如辣味的制品配制辣椒块或辣椒面，表现的颜色各不相同，辣椒块可以起到黄红搭配的颜色，而辣椒面则重点以红为主。使用不同的调味料及添加不同量，都会对颜色的深浅起不同的作用。

（3）突出炒制品的色泽。豆制品中的卤制品是经过卤汁的焖卤，制品的含汁量大，表面无光泽、不亮。炒制品是加入调料后进行炒制，制品表面光亮，添加的辅料较多，有的品种还需要通过炒汁勾芡，对制品挂汁，使味道更加浓郁。

2. 调味料的配制要求

选择炒制调味料，质量是前提，质量好才能达到调味的作用。调味料因其品种多，特性各不相同，要根据产品特色需要提前按照配料单配制，称重，以便加工时使用。使用需要提前加工处理的调味料，要在使用前做好处理。例如，香菇、木耳及蔬菜要加工干净剔除杂质，并按调料的特性提前泡制好，才能进入炒制环节。

调料的色泽直接影响食品的外观。在使用调味料时，要侧重一个调味料的颜色，两种以上调料的颜色会互相受影响。例如，酱油色与番茄酱的混合，辣酱与酱油的混合，以及蔬菜的色泽都要避免色泽的混合，使产品的外观色泽鲜艳。

3. 炒制方法

产品的炒制有两种方法，一种是热锅炒制，一种是热锅拌制。

（1）热锅炒制。热锅炒制是指炒制时，将锅烧热，加入食用油，再加入葱、姜、盐等辅料，然后加入水或老汤和其他需要的调味料，可将调味料溶到炒汁里，再放入坯，经过充分的炒制，炒汁进入到产品中。炒制重要的是掌握好火候和油温。炒制时要按照调味料下锅的时间顺序添加特殊辅料，待出锅前，可加入辣椒油、麻仁、笋片、明油等辅料，需要调糊勾芡的最后进行。热锅炒制的产品以油炸坯类较多。

（2）热锅拌制。热锅拌制是指经过卤制后的制品，需要拌入新鲜油及调味汁，保持色泽、味道。拌制时可直接将卤制好的制品放入炒锅内，并添加调味料时进行炒拌。加工方式适合于白货类炒制品，如香辣肚丝、麻仁肚片等，在炒制时以拌为主，以热炒为辅。

4. 不同制品炒制时间和温度控制

炒制时间和炒制温度的控制，在炒制中起很重要的作用，不同的产品需用不同的时间和温度。

（1）炒制热温点浆坯。先炒制调味料，再将卤制后的制品放入炒汁中充分入味，炒制时温度可稍高和时间稍长些，将炒汁融进产品中。

（2）炒制冷温点浆坯。炒制冷温点浆的坯，在卤制中很容易充分入味。炒制的作用是使其味道突出，因此不需要长时间炒制，将炒制中需加入的调味料加入后，翻炒均匀就可以出锅。

（3）炒制不经油炸的坯。炒制不经油炸的制品，可分为不经油炸但用卤汁上色或熏制的制品，还有的是经碱水抄白后需炒制的制品。卤汁上色的制品，将调味料对入后，经翻炒均匀完全入味就可以出锅。熏制后的制品表面水分少，炒制时间可稍长，但翻炒力度不能过大。经碱水抄白后需炒制的制品，炒制前要用清水冲净碱液，控净水分，用卤汁入味，但炒制时间不易过长，否则做出的产品会发糟、发黏。

（4）炒制需要勾芡的制品。炒制需要勾芡的制品时，水淀粉入锅后要轻轻地搅拌，使其熟化均匀，但不可快速搅动，糊熟后就出锅，在锅内不能时间过长。

（5）炒制后的制品出锅需要盛入适当的容器内，每个容器放量不要过多，放入容器后要回晾后再进行包装。

5. 炒制设备及工具

炒制使用主要设备是炒锅，炒锅有明火炒锅，热源有煤火、柴火、天然气等。有间接加热的夹层锅，其热源有蒸汽、导热油等。以明火炒锅加工效果最好。炒锅材质最好用不锈钢材质，避免炒锅生锈，炒制用的铲子最好使用不锈钢铲子。

（四）熏制

熏制豆制品是以豆腐干、豆腐片等半成品为坯料，经过泡咸、拉碱后放在专用烟熏炉中，点燃松木锯末进行烟熏火烤而成的产品。

1. 熏制豆制品特点

豆腐干、豆腐片坯熏制后再经过各种形状和口味的加工，制成带有烟熏味的各种豆制品，深受人们欢迎。

（1）通过熏制使制品表面形成一层硬皮，味道独特，略有咸味，制品内部为白色、外皮棕红色有光泽，特别的熏香味十分诱人。

（2）通过熏制可使制品延长保存时间，防止腐败变质。这是因为当熏制温度为 30℃时，浓度较淡的熏烟对细菌影响不大，温度 31℃而浓度较高的熏烟能显著地降低微生物数量，温度为 60℃时不论熏烟的浓淡，都能将微生物数量降低 0.01%。熏烟中含有像酚、醛、酸等类物质都具有杀菌与抑菌作用，有利于延长产品的储藏期。

2. 熏制方法

（1）热熏。将烟熏室内的温度升高，使熏制品表面形成一层很薄的硬皮，在高温熏烟的作用下形成褐色干膜，制品内的水分会有很少量的外渗。烟熏室内的温度超过 22℃称为热熏。使用木材和锯末进行熏制，正常情况下温度可在 100~400℃，豆制品的熏制多数采用这一方法。

（2）冷熏。熏制品周围的熏烟和空气混合气体的温度不超过 22℃称为冷熏。这种熏制方法，熏烟成分内渗较深，制品内水分外渗较多，熏制品易干缩变形没有光泽，豆制品一般不易采用这种方法熏制。

（3）液态熏制。液态熏制是一种先进的熏制方法，它不需要熏烟发生器，避免了烟尘的污染。液态熏制剂是从木质材料中经过特殊净化取得的物质，具有不含致癌物质的特点，熏制出来的产品色泽均匀。液态熏制是将熏液按比例配水加以稀释，喷涂在制品表面后做高温熏制，这种熏制方法受到熏制剂来源少、价格高的限制，豆制品行业使用很少。但这种方法便于操作和控制，能提高自动化程度，熏烟中致癌物质的消除程度较高，是熏制食品的发展趋势。

3. 熏制操作

在熏制操作上，主要是以干类和片类加工较多，这两类半成品在熏制加工过程中，因其质地不同熏制操作也不同。对熏制品一般对白坯需要进行泡咸和拉碱处理，主要是为产品提前调味和使产品容易上色。

（1）泡咸。泡咸是将盐同水按配方要求配制成盐水液体，将白坯倒入盐液中浸泡 10~15min 后捞出。泡咸的程度以白坯具有适当的咸味，并能够渗透到制品中即可，其目的是使熏制品有咸味。

（2）拉碱。拉碱是将碱面按 3%~5% 的比例放到容器内加水溶解，并煮沸为碱溶液，然后把熏制坯放进碱溶液中适度加温，待坯开始出现漂浮时捞出，摊晾降温，除去部分水分，此时坯表面光滑发亮，拉碱过程完成。

拉碱的作用主要有两点：一是豆腐干白坯含水量较大，熏制时受热膨胀后水分会析出形成细孔，产品表面不光亮，经碱水热处理后，内存的水分充分溢出，表皮的蛋白结构通过碱水的煮沸会更细腻均匀。二是拉碱后坯的表面会形成一层硬皮，在高温烟熏下很容易上色。

（3）豆腐片类半成品的熏制。豆腐片类熏制品分为使用千张或豆片制作的半成品。千张很薄，有柔韧性，在制作熏制品时要先进行卤制。卤制的目的是增加制品的口感味道，熏制后增加了熏香味。以千张作熏制半成品的产品有很多，如熏素鸡、熏素肠、熏素鸭等。

北方以豆片为坯料，因豆片含水量较大，制作的熏制品易进味，口味比较浓。熏制前同样要进行卤制进味，风干后拉碱再熏制。这类产品味道丰富，有很浓的烟熏香气，颜色棕红，略有光泽，呈现了熏制品的色香味。

（4）豆腐干类半成品的熏制。豆腐干类熏制品使用豆腐干做半成品坯料，也有使用豆腐作坯料。熏豆腐干、熏豆腐的制作方法基本相同，主要用于烹调时作为配菜使用，也可作为风味小吃直接食用。

4. 熏制要素控制

（1）熏制坯的温度。熏制时热坯比凉坯好上颜色，效率高节省能源。在熏制前的半成品要在热碱水中浸泡，行业术语称之为"抄白"，在摊晾过程中坯的表皮形成一层硬皮，外部、内部热时马上开始熏制，效果最佳。

（2）熏烟量和熏炉内温度。掌握好熏烟量和熏炉内的温度是熏制品上色的关键，熏烟室内要有一定的温度做保证，温度促使表面形成张力，利于半成品坯对熏烟吸收。要保证熏烟室的烟量，烟的密度大，制品表面接触的熏烟就多，熏烟能更好地附着在制品上。热熏豆制品一般在 20~30min 就可出成品。

（3）防止熏品结黑斑。使用天然熏烟会产生焦油或其他残渣的沉积，布满熏制炉和熏制筛网上，造成熏制品表面上出现黑色斑迹。熏制品沾染了黑色斑迹是不能食用的，这不仅影响产品的质量，还会造成产品的浪费。为避免这一问题，就需要经常对炉内的残渣进行清理，使用的筛网要每日用铁刷进行清理，只有保持每日清理，才能使制品不出现黑色斑迹或残渣。

（4）熏料。烟熏料使用的是木材加工的废料——锯末，要选择干燥的锯末，锯末中不能有其他杂质，选择松木锯末，如果有条件选择果树锯末更好，日常要保管好这些材料，特别在梅雨季节要避免发霉变质，以免影响熏制品的风味。

5. 熏制品质量要求

（1）熏制品的规格可按本地区要求的形状制作，但应是块型均匀、四角整齐。

（2）熏制品的颜色应符合熏制色泽，呈棕红色，有光泽，火候均匀，表面不应有起泡和焦煳迹。

（3）熏制品的内部组织结构要柔软，有劲，无蜂窝状。

（4）熏制品的味道应是咸香适口，具有熏香味。

（5）熏制品的质量指标。

◎水分：62%~68%（不得超过）。

◎食盐（以氯化钠计）：2%~3%（不得超过）。

◎蛋白质：16%（不得低于）~22%。

6. 熏制设备

常用的熏制设备有简易手工烟熏炉和机械烟熏炉，还有先进的全自动控制烟熏室。

（1）简易烟熏炉。简易烟熏炉熏制产量小，设备简易，使用和维修方便，较适合生产量不大的企业使用。简易烟熏炉是利用半燃烧的锯末所产生的烟进行熏制，由于炉内锯末燃烧具有一定温度，熏制时又在上面覆盖新的锯末产生出烟雾，制品在一定温度和烟雾中表面吸收温度和烟雾，待达到一定程度，便成为熏制色的制品。

简易烟熏炉的主体是由砖或钢板制作成熏箱式，正面安装开启式或翻板式炉门，用以点火、添加锯末和观察熏制情况，熏炉两侧各有一个门，用于进出熏制小车，熏炉内还有两条轨道供熏制小车在轨道上滑动。熏炉的下部是燃烧锯末的炉坑，平常工作时，锯末层距熏制小车的铁网约300mm，熏制小车是用木板或钢板制作四框,粗铁网做底,小车上面有一个轻型的盖子。一个简易熏炉一般准备两个熏制小车,轮流码坯,操作时可提高生产效率,避免炉内熏烟的浪费。

(2)机械烟熏炉。机械烟熏炉熏制产量大,熏制中一次熏成不用人工翻动,产品质量可保持稳定,工作环境比简易烟熏炉有很大的改善。

机械烟熏炉是在简易熏炉上革新改造的,它将人工翻动熏干坯、人工推拉熏制小车的繁重劳动通过机械传送带完成。烟雾发生装置采用电热板加热生烟。熏炉传动部分是一条铁网输送带,将制品码放在输送带上,输送带慢速经过熏炉内,不用翻动制品,就可将熏坯四面均匀地熏成棕红色,即为成品。不论用什么样的熏炉,都要具备一定的温度,应在 60~70℃,并有足够的烟量。

除以上四种精加工手段之外,在豆制品加工中还有辅助的加工手段,如煮、蒸、烤、晾、晒、淹、泡、冻等。全国各地风味各异,方法多样,可以在实践中探索,选用得当的加工方法,制作色、香、味、形上乘的豆制品。

(五)产品包装

随着人民生活质量的不断改善,对食品卫生和健康意识的增强,科学技术的不断发展,中式豆制品的包装化水平也在快速提高,绝大部分产品做到了标准化、包装化。

1. 当前豆制品使用的包装材质

在中式的非发酵豆制品中比较常用的包装类型有:托盘加保鲜膜包装、密封盒包装、拉伸膜包装和复合真空袋包装等。

(1)托盘加保鲜膜包装。一些豆制品采用托盘封保鲜膜的包装方式进行包装,包装之后在冷藏柜销售。这种包装方式是一种简易的过度包装方式,可以起到适当延长保存期,改善食品的卫生条件的作用,比散装暴露的产品有了很大的进步,但仍不是保证食品卫生安全的可靠包装形式。

托盘是用聚苯乙烯原料发泡制成方形或长方形的托盘,食品装入托盘后用聚乙烯(PE)或聚丙烯(PP)的薄膜包裹并进行热收缩,完成简易的包装。

(2)封闭盒包装。这种封闭的盒包装在豆制品行业多用于各种豆腐的包装。如,内酯豆腐、盒装北豆腐、南豆腐等。这种盒包装的豆腐,包装之后进行巴氏灭菌，灭菌后冷却到8℃以下进入保鲜库存放，并要求在冷藏条件下销售。各种豆腐经过包装灭菌冷却后保存时间：冷藏条件下 7d（过去散装只能保存 1d）。包装之后的产品运输、销售、携带方便，极好地适应市场的需要。

包装盒的材质为 PP，可以选择不同型号的盒型，用于封盒的盖膜是复合膜，材质为 PVC 和 CCP。

（3）复合真空袋。复合真空袋是多层薄膜制成的包装袋，它可以耐120℃的高温，装入产品后进行高温反压灭菌，大大延长了产品的保存期，使用复合真空袋包装食品并经高温灭菌的产品可以在常温下保存 3~6 个月。这种包装袋多用于豆制品的包装。

复合真空袋内层材料要求无毒、无味、耐油、耐化学药品，具有热封性和黏合性，通常用聚乙烯、聚丙乙烯—醋酸乙烯共聚物等材料。

复合外层材料要求光学性能好，便于印刷性，具有较高的强度和刚性。如聚酯（PET）、尼龙（PA）和铝箔（AL）等材料。

（4）拉伸膜包装。拉伸膜包装是一种介于定型盒和袋之间的包装形式。该种包装使用一定厚度的片材经加热在模具室中拉伸出基本形状后，装入产品抽空封上盖膜而完成包装过程，此种包装方式在豆制品中目前并不多。

拉伸膜的包装材质一般采用高密度聚乙烯（HDPE）片材，这种材料具有较高的机械强度、硬度和优良的耐热性能。

2. 包装机的种类

目前，豆制品产品包装使用的包装机有袋式包装机、盒式包装机、保鲜膜包装机、真空包装机、拉伸膜抽真空包装机、液体灌装机、粉状包装机、纸箱包装机等。使用什么样的包装形式要根据产品类型、特性、销售条件、保存期要求、消费者需求等因素确定。

（1）盒包装机。盒包装机是豆制品生产中使用比较普遍的包装机，内酯豆腐、盒装豆腐的包装都是由盒包装机完成包装过程的。

（2）真空包装机。真空包装机是将包装袋内抽成真空后自动封口，从而可使袋内真空度高，被包装食品达到隔氧、保鲜、防霉、防污染等目的，真空包装之后再进行反压灭菌，有效地延长食品保质期。

3. 包装前产品损坏现象及原因

豆腐类制品质地细腻柔软，在包装过程中很容易相碰损坏。豆制品因受包装环境、季节气温和包装物的影响而造成污染、受损。在包装操作中，由于工作的不慎对产品的保护不当，都会造成产品的污染、受损。产品保护，是包装过程中重要的工作内容。

产品在包装过程中受损的现象很多，较普遍的现象有破碎、污染、风干变色和腐败变质等。

（1）破碎现象。破碎现象出现在北豆腐、南豆腐和较软的白货类制品中，多数现象为掉角、开裂或因重压而破碎。掉角和开裂的制品，无法进入包装被淘汰，因产品缺乏保护失去了价值，会使出品率大大降低，企业的经济效益明显受损，出现的原因有以下几种。

①操作时动作太重或因产品含水量超过标准（俗称太嫩了）。

②周转箱内盛装的制品量过多，在搬运中码放错位造成挤压，出现压实和破碎现象。

③在产品搬运码放时包装物大小不一、推货中歪倒都会造成破碎现象。

（2）污染现象。产品加工后包装封口前这一段时间极易被污染，污染的环节主要有：

①包装物的污染。不清洁的周转箱和包装盒、膜，附带的污物会对产品造成污染。

②包装环境的污染。包装环境脏乱，防蝇、防虫、防鼠等措施缺乏，会污染产品。

③包装操作不规范造成的污染。例如，包装工作人员不注意卫生，包装操作不按要求执行，包装设备、工具的清洗消毒不严格，都可能造成产品污染。

（3）风干变色。这种现象在豆制品中出现较多，卤制品风干后变成黑褐色，表面失去光泽和水分。白货类风干后表面会出现黄色的斑迹，制品颜色灰暗。片类和丝类制品风干后颜色由白色变为黄色，严重时出现干硬现象。风干变色的原因，是在对产品降温时，吹晾的时间过长，产品降温的方法不当，使用风扇直接吹，产品的水分随热气蒸发，很容易形成风干现象。

（4）腐败变质现象。腐败变质现象是在产品包装前保管不善，造成产品通风不良，产品堆积过厚，存放温度过高，包装前滞留时间过长，造成产品腐败变质。这是最大的浪费，如果检验不严格还会造成严重的质量和食品安全事故。

4. 包装过程中产品保护

产品的保护可以分为三个阶段：包装前产品保护、包装中产品保护和包装后产品保护。

（1）包装前产品保护。根据产品在包装前受损的现象和原因，做好包装前产品的保护很重要，它可以减少和杜绝产品受损的现象出现。

①严格检查半成品质量，不合格半成品不进入下道工序。

②严格周转箱内的半成品数量，规范码放、搬运操作。

③改善半成品及产品通风、降温条件，保护产品品质。

④严格包装设备、工具及包装容器的卫生消毒制度。

（2）包装过程中产品的保护。包装过程中对产品的保护方法，主要是防止包装物、膜包装时使用的器具仪器对产品的污染。包装物可用紫外灯照射消毒，保证包装盒、膜的卫生。工作场地要做到清洁整齐，定期消毒。在包装过程中严格遵守包装工作规范和卫生工作规范。

（3）包装后的产品保护方法。包装后的产品就是可以销售的商品，因此产品包装后要及时装箱入库，妥善保存。搬运过程中防止挤压或在包装箱上码放重物。对于保质期短的产品要减短库存时间及时销售。存放中应避免强光，防止水浸蚀，确保食品存放中的卫生和安全。

（六）包装产品杀菌、冷却

包装产品的杀菌、冷却，是延长保质期的需要，是保护产品、保证食品安全的重要工艺过程。

1. 常压杀菌、冷却

灭菌温度在100℃以下的杀菌方式为常压灭菌。水煮是最简单的常压灭菌法，水可以用蒸汽加热到杀菌温度，并保持一定的杀菌时间达到杀灭微生物并使酶类完全失活，使成品在低温环境延长保存期。

目前，制作各种盒装豆腐产品，均采用常压杀菌的方法，原因有三点：一是制作盒装豆腐的包装盒材质耐热温度在100℃以下，超过100℃就会变形破裂；二是盒装豆腐成品存放、运输、销售是在一条冷链中进行的，存放温度在5℃左右，没有必要进行高温灭菌；三是目前广大消费者仍然愿意购买比较新鲜的豆腐产品，所以产品保存期没有必要过长。但是随着人们消费水平的提高和市场的不断扩大，以后会改变包装材质，生产在常温下能够较长时间保存的豆腐产品。

（1）常压杀菌的工艺要求。首先是对产品包装的要求，产品包装不破不漏，包装材质耐温95~100℃。产品进入加热槽内预热段，温度要控制在60~80℃，当产品达到80℃进入杀菌段，杀菌段的温度要控制在85~90℃范围内，杀菌时间在15~20min内使其充分达到杀菌目的，然后进入冷却段。经杀菌之后的产品，要冷却降温。冷藏库的温度为8℃以下，产品入库之前要将产品温度降到8℃以下进库。包装豆腐采用巴氏杀菌工艺，灭菌之后如果不迅速降温，细菌在40~50℃繁殖最快，不及时将产品冷却入库，就失去了杀菌延长保存期的作用。

冷却也分为两段，第一段为自来水降温，温度降到常温（配备冷却塔及水循环系统），然后进入冷却阶段，冷却阶段使用循环冷却水（配备冷水系统），产品冷却到8℃以下，就可以送入冷库冷藏，3~4h之后即可由冷藏车送到销售店销售。

（2）杀菌、冷却操作要点。

①杀菌温度。巴氏杀菌温度应在85~90℃可达到杀菌效果同时不破坏制品的营养成分。

②杀菌时间。从产品进入杀菌冷却槽到产品推出杀菌槽进入冷却槽之前的时间为40min，产品在稳定的温度85~90℃中持续20min，使制品中的细菌被杀死。

③冷却时间。产品从杀菌槽进入冷却槽开始到产品推出冷却槽的时间为冷却时间。这一时间为20~25min。

2. 高温杀菌工艺

高温杀菌可根据产品内容物、包装材质、设备三个方面情况分为三个等级，100~121℃、121~135℃和135~150℃杀菌温度。还有些杀菌设备可以达到更高的杀菌温度。温度越高杀菌的时间越短。

对包装豆制品进行杀菌，采用的方法是高压杀菌工艺，受豆制品品质的限制，其杀菌温度一般掌握在105~120℃之内。采用的包装袋是耐温耐压的复合蒸煮袋，运用抽真空工艺封装后进行杀菌。

（1）高温杀菌工艺要求。使用高压杀菌设备要配套蒸汽供应系统、冷水循环供给系统、空气压缩机及补充空气压力系统。通常设备采用反压灭菌的操作工艺。因为蒸煮袋在杀菌时随着温度升高，袋内物质和残留气体随之膨胀，袋内物质受热产生水蒸气不断增加，使袋内压力增高，当袋内压力大于杀菌罐内压力到一定限度时，就会产生破裂或爆裂现象。所以在杀菌过程中，要严格控制杀菌罐内的压力，使杀菌过程中袋内、罐内的压力平衡。调节压力的方法，可用压缩空气、蒸汽、水作为反压，使杀菌过程中包装袋不破裂。在包装物冷却时，也要严格控制罐内压力，用压缩空气和水反压调整罐内压力，冷却到一定程度时恢复常压，否则也会出现罐内压力和蒸煮袋内压力失衡而破裂。

蒸煮袋包装产品，除选择包装袋材质，耐热必须超过杀菌温度。产品装入蒸煮袋时，抽真空但不是绝对真空，一般产品真空度：产品热装时抽真空度在-0.095MPa，产品降到常温时装袋抽真空在-0.1MPa。在蒸煮杀菌过程中，一般温度升到70~95℃时开始加压，而加压是随着温度升高而逐步增加，到袋内袋外压力平衡时保持压力。

高压杀菌设备有比较严格的操作规程，是根据工艺要求和设备安全的要求综合确定的。使用时要根据产品工艺要求、设备使用要求、安全要求认真确定。

（2）高温杀菌冷却操作要点。高温压力杀菌冷却降温工艺操作要点为杀菌温度、升温时间、保温时间、冷却时间和反压压力。

①杀菌温度。根据产品特殊要求确定杀菌温度，豆制品一般杀菌温度在120℃左右，温度低杀菌不彻底，温度高会影响产品的内在质量使口味变化，不耐高温的包装变形。

②升温时间。指杀菌锅内放入产品，通入高温蒸汽，使锅内由初始温度上升至产品中心温度所需要的时间。一般为10min。在通入高温蒸汽前3~4min内，要打开排气阀，放尽锅内原有的冷空气。

③保温时间。杀菌锅在指示温度达到杀菌温度120℃，到杀菌结束所持续灭菌的时间为保持温度时间。在此时间内蒸汽量减小，保持温度20min。温度、压力小幅下降，可使锅内产品中心温度达到所指示的温度，在这一温度下被杀菌的制品，可杀死食品中所有细菌。

④冷却时间。当灭菌完成后，要向锅内注入冷却水和冷空气，锅内温度由高温降至常温（一般降至30℃）所需时间为冷却时间，约25min。

⑤反压压力。降温时需注入压缩空气保证锅内压力维持在 0.2MPa。当用压缩冷空气反冲降温时，锅内压力上升，此时要缓缓放出热蒸气，以维持压力和达到降温目的，锅内温度下降到100℃以下时压力维持在 0.15MPa，锅内温度下降到30℃以下时，可停止进冷却水或冷空气，待锅内余水压出，放尽余气后才可打开杀菌锅门取出产品。

3. 杀菌、冷却设备

（1）常压杀菌设备。常压式杀菌设备有两种形式，第一种是间歇式水浴杀菌设备，是用立式锅或长方形水槽，对产品进行水浴煮沸，达到杀菌目的，杀菌后抽去热水，马上加入冷水，冷却产品。但此种设备效率低、热损耗大，对工作环境也有不利影响，不适于规模生产。第二种设备是连续式杀菌冷却设备。设备一般是上下两层或多层输送装置，产品在输送带上先经过杀菌阶段，再经过冷却阶段，输送带在冷热水槽内行走，完成产品的杀菌冷却工艺。

目前盒装北豆腐的杀菌冷却和内酯豆腐的升温成型冷却降温，使用的杀菌冷却槽，属于常压杀菌设备。杀菌冷却槽主要由上下船型槽体、传送链、进盒机构、出盒机构、温度控制系统、循环给水系统、传动机构和电机、电气控制系统组成。

（2）高温压力杀菌设备。高温杀菌设备可根据产品品种、包装材质、设备形式 3 个方面特点划分为 3 个杀菌温度等级，即 100～121℃、121～135℃及135～150℃。高温杀菌设备有两类，一类是间歇式杀菌设备，另一类是连续式杀菌设备，目前豆制品生产中复合蒸煮袋包装产品使用间歇式杀菌设备比较多。间歇式杀菌又有两种形式，一种是静止式高压杀菌锅，另一种是卧式双筒体自动回转杀菌锅，即带有热回收的杀菌设备。不论哪种形式都属于压力容器。

包装豆制品适用于 100～121℃的杀菌温度。使用的高温高压杀菌设备是间歇式杀菌设备。该设备是卧式压力罐，配有装货专用小车。操作时，将产品放在小车的托盘上，将小车送入杀菌罐，进行杀菌和冷却。全过程完成后将小车拉出，产品放入包装箱入库。高温高压杀菌设备属于压力容器，并且有不少的配套设备，是比较复杂、先进的杀菌冷却设备。使用中必须严格按设备的操作规程操作。不经过正式培训的员工不能操作高温高压杀菌冷却设备。

（七）成品储藏

随着经济的发展和人们生活水平的提高，消费者对各种食品的新鲜度、保质期要求越来越高。随着冷藏销售链的形成，为食品提高保鲜度、延长保存期创造了条件。豆制品生产包装化使豆制品从生产→销售→消费者形成全过程的冷链系统。

1. 成品储藏库种类

（1）常温库。温度在5℃以上的库或没有温度限制的库为常温库。

（2）保鲜库（高温库）。保鲜库的温度为2~5℃，用于果蔬、乳品、鲜蛋、鲜肉的保鲜。自豆制品逐步实现包装化以后，大部分品种需要2~5℃的温度进行短时间的储存，以保证产品质量，待运输到销售店。这些产品不能冷冻，一旦冷冻其内部结构就会发生变化，失去原有产品的质地和口味。

（3）冷藏库。冷藏库库温是-18℃，冷藏库在豆制品中的主要用途是用作半成品周转存放和一些产品的生产，如冻豆腐等。

（4）低温库。低温库库温是-25℃以下，低温库在豆制品行业中主要用于特殊要求的产品生产和存放之用。

2. 成品储藏的工艺要求

食品是动、植物的加工制品，某些动植物机体内固有的酶常常会继续起作用，而多数食品又是营养丰富的物质，能成为微生物生长活动的良好基质。故食品腐败变质是因为酶和微生物的活动引起的。虽然食品种类不同，腐败变质情况各异，但是如何加以控制，以保证成品质量，是食品行业在加工、储运和销售过程中非常重要的问题。不同类型产品储藏的工艺要求不同。

（1）干制食品。合理包装的干制品受环境因素的影响小，未经特殊包装或密封包装的干制品在不良环境因素条件下，就容易发生变质现象。

干制品必须储藏在光线较暗的干燥库房内，储藏的温度愈低，能保持干制品品质的保存期也越长。空气越干燥越好，它的相对湿度最好在65%以下。干制品如用不透光包装材料包装时，光线不再成为重要因素，因而就没有必要储存在较暗的地方。这种储藏库一般是常温库。

（2）低温储藏食品。低温储藏食品能有效地减缓酶和微生物的活动，是一种保存食品原有新鲜度的有效方法。

低温储藏的工艺要求就是要阻止所有导致食品腐败变质的微生物和酶的

活动，因而对储藏工艺条件的要求更高更严，储藏温度在 5~14℃。

低温储藏食品要尽可能地采用不透气的包装材料以隔绝食品与空气的接触。而且包装之后尽可能地杀灭各种细菌，但实际生产中杀灭细菌是受各种条件限制的，有些包装材质不耐高温，有些食品不能高温杀菌，这就要根据具体食品的特点选择工艺，工艺不同，包装材质不同，储藏环境要求不同，产品的保质期也不同。

（3）冷藏食品。冷藏是低温储藏食品中一种常见的方法，它是冷却后的食品在稍高于冰点温度（0℃）中进行储藏的方法。食品冷藏温度一般为 -15~-2℃。4~8℃ 则为常用的冷藏温度，这种冷库称为高温库。

冷藏并不能阻止食品腐败变质，只能减缓食品变质的速度。所以冷藏食品要延长保存期还必须在入库前的工艺中进行杀菌处理。杀菌之后，对食品还要冷却，冷却到与储藏温度相符的温度才能入库储藏。

（4）冻藏食品。食品冻藏就是采用缓冻或速冻方法先将食品冻结，而后在能保持食品冻结状态的温度下储藏的方法，冻藏温度 -23~-12℃，以 -18℃ 为最适用，这种冷库称为低温库。冻藏是易腐食品长期储藏的主要方法。

3. 豆制品储藏条件选择

（1）腐竹类和油炸类豆制品储藏。

①腐竹属于干燥类豆制品。生产之后装入塑料包装袋内，外包装为纸箱或木箱。储藏时应选择有良好通风条件的干燥库，即常温储藏。

②油炸类产品。如炸素虾、油炸面筋等生产之后装入塑料包装袋。但油炸制品不能长期保存，特别是夏天容易酸败氧化，可以选择干燥库内短期储藏。

③油炸豆泡含有一定水分，很容易变质，因此不能常温放置，应选择低温库或冷藏库存放，以保证长期保存而不变质。

（2）不经杀菌的豆制品储藏。豆制品散装销售时，应为当天生产、当天销售。在通风干燥库内暂时存放几小时，就应销售到消费者手中，但在夏季几个小时内就有可能变质。包装豆制品有些产品不能进行高温杀菌处理，所以采用抽真空包装而不杀菌的方式处理。如熏制品，一旦高温灭菌就失去了原有的风味而无法食用。这类豆制品有条件时，可在冷藏库内放置，如果没有冷藏库，可以选择低温库存放，但储存期较短。

（3）包装后杀菌的豆制品。豆制品采用高压蒸煮袋进行包装经高温杀菌后，产品可以在常温下放置 1~6 个月。保存期的长短取决于 3 个因素，一是产品能否经高温后保持原有的色、香、味；二是包装材料是否能耐 121℃ 高温；三是杀菌设备是否能够达到杀菌工艺要求。

①以上三方面全部达到要求的包装产品，常温库内能存放 3~6 个月。

②实际生产中有些豆制品不能经受高温杀菌处理，只能采用巴氏杀菌工艺方法，这些产品就只能在保鲜库内短期储存。

③有些包装材料耐温能力能达到 121℃，但是高温杀菌设备达不到工艺要求，这类产品也只能在保鲜库内短期储存。

（4）豆腐类产品的储藏。目前，大城市的豆腐产品都已经实现包装化，包装的类型多采用聚丙烯塑料盒，这种包装材料不耐高温，生产中采用包装后进行巴氏灭菌并冷却到 8℃ 以下入库。所以包装豆腐储存要选择保鲜库短期储存，一般可存放 7d。但在销售过程中，消费者愿意选择当天或第二天的产品。所以包装豆腐仍然应该生产后短期储存及时销售。

（5）冷冻食品储藏。凡是冷冻的豆制品必须在冷冻库内存放，生产中有些半成品也可放入冷冻库内，使用时再解冻。但不提倡这种做法，以免产品质构发生变化。

4. 储藏库使用要求

（1）保鲜库的使用。保鲜库存放的成品是要求 2~5℃ 存放的成品，这些成品，在库中是短时间周转性存放。存放时间过长产品同样会变质。例如，盒装豆腐、袋装豆制品等。这些产品包装后虽然经过巴氏杀菌，但仍然有些细菌无法灭除，如果在 2~5℃ 的条件下，可保存 4~5d。生产后进入保鲜库存放几小时后，由冷藏车运送到商店，在冷柜中销售，消费者购买后，即可食用。也可暂时放在家内冰箱中，3d 内可保持产品良好品质，保证食品安全。

对存入保鲜库的产品，入库前有一定的要求，产品在入库前要将产品的温度降到 8℃ 以下，才可运入保鲜库，其原因有三点：一是产品不降温运入保鲜库，会使库内温度急剧升高，库内的冷风设备无法承受。二是库内的其他成品会因库温升高，不能及时降到规定的温度，而影响保存时间或提前变质。三是浪费能源。

另外入库的产品要分排码放，留有足够的通道，便于产品的均匀降温，同时也便于出库的运输。

（2）冷藏库的使用。有些产品需要在冷藏库存放，或是在冷藏库生产，例如，冻豆腐既在冷藏库冷冻，又在冷藏库存放。有条件的工厂都在冷藏库前设置预冷间，以预先降低产品的温度，也可以利用保鲜库作为冷藏库的预冷间，待产品降到5℃以下时再进入冷藏库，以加快冷冻速度，减少冷藏时间，节约能源。

不论是进入保鲜库还是冷藏库，在入库前尽量利用自然条件降低产品温度，自然条件不允许的要在生产中增加产品降温工艺，使产品个体温度降低到可以入库的基本温度。

5. 产品入库标准

经过多环节生产出的产品，降温后要迅速入库储存。入库后，产品在适宜的环境中存放，可达到卫生、清洁、保质、保鲜的要求。

（1）不同产品入库的温度标准。

盒豆腐入库标准：盒豆腐采用巴氏杀菌工艺，需要在保鲜库储藏。保鲜库温度为1～10℃，盒豆腐入库温度应在8℃以下。产品经过冷却后必须快速入库，否则，受环境温度影响制品温度会快速回升。

包装豆制品入库标准：目前豆制品包装后灭菌有两种工艺，采用巴氏杀菌的产品仍然需要入保鲜库，标准与盒豆腐一样；采用高压高温杀菌的产品，在常温库保存，入库温度为30℃以下。

（2）产品入库质量标准。

①检查生产日期，包装产品必须打印或喷印生产日期，没有生产日期的产品不能入库。

②检查包装质量，不符合包装要求的产品，不能入库。

③检查周转箱或纸包装箱内的数量，数量不准确的包装不能入库。

（3）产品入库统计是企业管理体系运行的重要数据，必须准确记录。产品入库统计记录的内容包括品名、规格、数量、入库时间、入库人员、接收人员等。

6. 产品入库搬运规则

（1）对成品箱轻搬轻放，防止产品的损坏。

（2）在推车上按规定的高度码放成品箱，成品箱不能挡住操作人员的视线。

（3）对各种成品分别运送，准确统计数量，并做好各项记录。

7. 产品库内码放规则

产品合理码放是为配货、出库创造条件。库房内产品码放有如下规则。

（1）按产品的类型码放。豆制品种类多，码放时要区分产品类型码放。

（2）按产品的品种码放。可在产品配送时准确快捷地选择品种、数量，便于每天对每个品种的数量变动进行统计。

（3）按产品的生产日期码放。包装豆制品的储存期各不相同，按生产日期码放，可根据不同的储存期限出库。

（4）按库房码放标准高度码放。在码放产品时，不能将产品码放得过高，码放过高，底部的箱子就会受压变形，一般不应超过10箱。

（5）按卫生要求码放。不得将产品直接放在地上，要隔墙离地，留足通道。

8. 成品储藏过程中的监测和检测

在成品储藏过程中要进行质量监测和检测。一般监测的方法是储藏期内质量监测。检测有出库成品留样检测和定期送国家检测机构检测。

（1）储藏期内质量监测和控制。豆制品由于其营养成分丰富一旦储藏条件不符合要求或食品受到污染，就会造成微生物大量快速繁殖，导致食品在储藏期内变质。因此对储藏期内的产品进行质量监测是保证产品从生产到消费终端食品安全的重要环节。储藏期内质量监测内容分为对储藏条件、环境的监测，对产品的监测。

①储藏条件和环境控制。包括产品储藏时储藏库内的温度与湿度的检测，产品的码放形式及储藏库内卫生状况的检查。

储藏库内配备温湿度表，并分别放置在库内不同位置，保证检测结果的全面和客观，检测时间可根据储藏库内温湿度的稳定程度来制定。

储藏库内的卫生状况检查包括检查地面卫生，墙壁发霉物，过期产品的清理，制冷机的清洁，产品码放垫衬物的清洁，昆虫、老鼠等的预防，储藏库内运输人员的着装和个人卫生等。

②产品的监测。包括产品包装检查、产品外观和产品微生物抽样检测。产品包装物表面应光泽无油污，产品喷码清晰，包装无变形无破损。

（2）出库存留样品的检测。出库产品按批次应抽3件作为留存样品，保存在企业产品检测部门，在保存过程中应按照产品的储存要求进行放置，以备在产品进入市场后在保质期内出现问题时作为追溯产品问题的证物和分析产品质量问题的依据之一。

食品卫生监督检验、检疫部门在对食品企业进行定期检查时，除了会对生产现场进行采样以外，有时也会抽取存留样品，因此对存留样品的存放、保管和记录应由专人负责。

（3）储藏问题处理。在监测过程中如果发现储藏环境存在问题，应立即查找原因进行纠正，如果在短期内不能纠正，就要将产品转移到符合条件的储藏库。

在监测过程中如果发现产品可能存在食品安全问题，应立即对产品进行封存，进一步进行产品检测，根据产品问题的严重程度对产品进行降级、返工或报废处理，并通过降级处理单、返工单、报废单等记录形成产品的处理情况记录。

9. 库内操作原则

（1）先进先出原则。食品的储藏有严格的保存时间要求，产品包装都印有生产日期和保质期。所以食品入库必须分日期码放，并有明确的标识。食品入库一定要先进先出，即先入库的产品先出库。

（2）隔墙、离地、通风、透气的原则。包装食品入库后应放置在隔离垫上，防止地面清扫或清洁时污染产品，并且隔离垫可以使下层的产品通风透气。产品码放要与墙壁保持最少 0.6m 的距离，并分组码放整齐，其目的是通风透气，便于运送和通行。

（3）分区分类易于出库的原则。豆制品的品种多样，产品包装后放入周转箱，为便于出库要按类型分类码放。另外，码放高度要与运送工具相匹配，人工小车运送时，码放高度为 1.5m 以内，不能超过人的高度；使用插车运送可以根据需要高度码放。

（4）防蚊蝇、防鼠、防虫的原则。不论什么类型的储藏库，都要具有防蚊蝇、防鼠、防虫设施。在进行灭蚊蝇、灭鼠、灭虫的工作时，不能使用有毒的杀灭剂，且库内不能有成品储藏，应提前清空储藏库。

（5）严格入库人员管理。各类食品储藏库，都有严格的进出库管理制度。非操作人员不能随便进入储藏库，一是防止外界污染物被带入库中，二是防止人员破坏造成不应出现的食品事故。

三、精加工豆制品实例

(一)炸制品

1. 炸豆腐泡

炸豆腐泡是用豆腐干坯切成 2cm×2cm×2cm 的正方体块,经油炸制而成,色泽金黄,体轻,柔软有弹性,气味油香并具豆香。

(1)点浆。将豆浆煮至 95℃以上,用豆包布滤掉细豆渣,每 100kg 豆浆内加入 15kg 凉水,浆中添加凉水的目的一是降温,二是使豆浆点脑后保水,促使炸制的豆腐泡内部蜂窝状组织增大。豆浆温度降至 70℃左右时,使用盐卤为凝固剂点浆,业内称为冷点浆。

(2)压制。点浆后蹲脑 15min 后上板压制豆腐干白坯,压好的白坯应表面亮无麻点,每 100kg 原料出白坯 200kg。

(3)炸制。将豆腐干白坯切成规格方块,分散在周转箱内降温。待到常温时进行炸制。采用双锅方法炸制,第一锅油温 120~140℃,第二锅油温 160~180℃,炸好后捞出,控净炸油即为豆腐泡成品。炸豆腐泡质量参考标准见表 3-10。

表 3-10　炸豆腐泡质量参考标准　　　　　(单位:g/100g)

项目	水分	蛋白质	脂肪
含量	≤52	17~24	16~24

2. 炸豆腐卷

炸豆腐卷是用白豆腐片内放馅料卷成长卷,然后切段,油炸而成。

(1)炸豆腐卷配料。用白豆腐片 120kg、碎豆腐 180kg、淀粉 50kg、食用油 40kg(炸制过程耗油 28kg)、精盐 6kg、酱油 8kg、花椒粉 0.3kg、葱花 14kg、姜末 6kg、味精 1.2kg、香油 1.6kg。

(2)加工过程。

绞碎→拌馅→选皮→卷馅→切段→油炸→成品

绞碎:将豆腐绞碎并添加葱花和姜末。

拌馅:用食用油 40kg、绞碎豆腐、淀粉及其他调味品一起搅拌均匀成馅。

选皮：挑选优质的豆腐片，切成长 30cm、宽 5cm 的长方形片。

卷馅：先在长方形片上刷附一层淀粉液，并在其中铺附拌好的馅，再用皮加馅卷成卷，并将长卷的外皮封口处按牢粘严。

切段：将卷好的长卷，用刀斜切成 3cm 的卷块，并在中间斜切两道口。

油炸：将切段成型的生豆腐卷放入油中炸制，油温需在 170℃ 左右，炸制时间需 3~5min，待炸品着色均匀并自然上浮后捞出，即为成品。

成品：炸豆腐卷外观棕黄色，外焦里嫩，口感香脆。

3. 炸丸子

炸丸子是将豆腐绞碎，加上各种调料，挤成球形炸制而成。

（1）炸丸子配料。豆腐 200kg、淀粉 50kg、食用油 40kg（炸制过程耗油 20kg）、精盐 3kg、酱油 4kg、葱花 2kg、姜末 2kg、花椒粉 0.2kg、味精 1kg、香油 0.5kg。

（2）加工过程。

绞馅→拌馅→油炸→成品

绞馅：将豆腐绞碎。

拌馅：将绞碎的豆腐块与淀粉及其他调味料一起用食用油 40kg 调和，搅拌均匀后，将馅放入挤丸子机内，挤出馅团。

油炸：将馅团放入 180℃ 油温的锅内炸制。炸制时要用铲子沿锅底铲动，防止扒锅底，待丸子炸至棕黄色后捞出。

成品：油炸丸子呈球形，直径约 3cm，大小形状要均匀，口感外焦里嫩，酥松适口，不黏不散，具有五香味。其卫生标准与其他产品相同。

4. 炸卷块

（1）炸卷块配料。豆腐片 40kg、豆腐 60kg、淀粉 15kg、食用油 16kg（每 100kg 耗油 8kg）、精盐 1kg、酱油 7kg、葱花 5kg、姜末 1.8kg、味精 0.5kg、五香粉 0.5kg。

（2）炸卷块的加工过程。

选皮→拌馅→卷制→切块→油炸→成品

选皮：与炸豆腐卷选皮要求一样，不同之处是其皮要切成长 3cm、宽 6cm 的片。

拌馅：与炸豆卷拌馅方法相同。

卷制：与炸豆卷方法相同。

切块：将卷好的卷切成长约 5cm 的块。

油炸：要求与炸豆卷相同。

成品：块型（长 5cm、粗 2cm）整齐，大小均匀，外观为棕黄色，口感外焦里嫩，香脆适口。

5. 炸素虾

炸素虾是用豆腐干薄坯切成小条，拌上调料糊后炸制而成。

（1）炸素虾配料。炸素虾的配料以每 200kg 白胚计算，应添加虾油 24kg、豆腐粉 25kg、鲜姜 1kg、味精 0.2kg、精盐 2kg。

（2）加工过程。

切条→炸坯→拌糊→油炸→成品

切条：炸素虾是用 0.5cm 厚的豆腐干坯，切成 6cm 长、0.3cm 宽的细坯条，要求切条大小一致，不碎。

炸坯：将切好的坯条放在 150℃ 油温的锅内炸制，当坯表面出现微黄色后立即捞出，松散地放在包装箱内。

拌糊：按比例将调料配好，加水搅拌成糊状，然后将炸好的坯放入，搅拌均匀，使坯外面都粘上调料糊。

油炸：将拌了调料糊的坯放入 170℃ 油温的锅内炸制，当坯变成黄色时捞出。此时要防止小条之间粘连及炸品扒锅底。

成品：炸素虾表面金黄色，口感里外酥脆，虾香味浓。其出品率为每 100kg 白胚出 80kg 成品。成品质量参考指标见表 3-11。

表 3-11　素虾质量参考标准　　　　　　　　　　　（单位：g/100g）

项目	水分	蛋白质	脂肪	食盐
含量	≤5	≥40	≥30	≤3

6. 虾油条

虾油条是用薄豆腐干白胚切成条状，炸制成外观茶色、口感鲜脆、具有虾油味的产品。

（1）虾油条配料。豆腐干白坯 100kg、淀粉 10kg、面粉 5kg、虾油 3kg、食用油 15kg、精盐 2kg、味精 0.5kg。

（2）加工过程。

配料→切条→搅拌→油炸→成品

切条：将豆腐干白坯切成长 5cm、宽 0.5cm 的小条。

搅拌：将其他的面粉、淀粉、调味料等调成糊状，然后将小条放入搅拌，调糊不可太黏，以拌条后发散并成条为好。

油炸：加工方法与炸素虾方法相同。

7. 金丝

（1）金丝外观。金黄色，外形长 20cm、粗 0.2cm 的细丝状，丝条均匀，乱而不碎，口味鲜香。

（2）加工过程。

配料→切丝→水焯→油炸→成品

配料：优质薄豆腐片 100kg、食用油 15kg。

切丝：将豆腐片用机器切成丝状，再切成 20cm 长的段。

水焯：将豆腐丝投入 40℃的五香盐水中焯丝，然后将丝捞出，将水控净。

油炸：将控净水的豆腐丝放入到 100℃左右的热油中炸制，炸制时翻滚豆腐丝，使其着色均匀，待手感发硬时捞出，控油，即为成品。

（二）卤制品

1. 香干

它是将豆腐干白坯，放在配好调味料的卤汤内煮制而成的产品。

（1）卤汤配制。根据卤煮锅的容积确定加水量，可按每 400kg 水加酱油 20kg、大盐 3kg、白糖 4kg、味精 0.3kg。将花椒、大料、桂皮、茴香各 0.1kg 共装于一个布包内，将口封好放入汤锅内。

（2）加工过程。

切块→煮汤→卤制→成品

切块：将厚度 1cm 的豆腐干白坯，手工或机器切成 5cm×5cm 的方块，切好后将坯抖开放在通风的豆腐屉内。

煮汤：将卤汤按比例配备好后，加热煮沸 3~5min。

卤制：卤汤煮沸后将切好块的豆腐干坯倒入锅内浸泡，并开微火或微汽，保持锅内卤汤的温度。卤制 10min 后捞出即成香干。

成品：香干外观呈棕黄色，柔软有劲。口感五香味，咸度合适。一般每

100kg 原料出产品 140kg。其质量参考标准见表 3-12。

表 3-12　香干质量参考标准　　　　　　（单位：g/100g）

项目	水分	蛋白质	脂肪	食盐
含量	≤65	≥16	≥5	≤4

2. 花干

是用豆腐干白坯经专用机器切成拉花的长方块，再经炸制、卤制而成。是一种味道非常鲜香，外观非常好看的产品。

（1）卤汤配制。卤制花干类产品时，一般用老汤，再添加调味料和水。老汤配方按每 100kg 原料（约 140kg 白坯）配制如下：食用油 12kg、味精 0.15kg、白糖 2kg、食盐 2kg、酱油 10kg，花椒、大料、茴香、桂皮各 0.04kg，装在一个料包内并加 200kg 清水煮沸。使用时根据卤煮的产品数量，按比例陆续添加调味料和水，料包每煮 10 次更换一个料包。

（2）加工过程。

切块→切花→炸制→卤制→降温→成品

切块：花干的切制是比较复杂的，首先将大块豆腐干坯切制成 8cm×5cm 的长方条块。要求切块大小一致，坯的薄厚一致。

切花：切花的方法分机器和手工两种。手工切花是用一块长方木板，把长条豆腐干坯按 45°角的斜度切成 4mm 宽的刀口（只切厚度的一半），将一面切好后，翻过来按相反的斜线切另面（也只切厚度的一半）。两面全切好后，用手轻轻拉开放在板上送到下一工序。用机器切制就比较简单，把大块坯放在机器的输送带上，送入切制部分，从另一头输送出来，便切好了两面。

炸制：炸制前先将油升温到 160~170℃，用 1~2 块坯试试油温，油温合适就可将化干几片几片地送入锅内，用笊篱抖动，使花干松散开。下锅后 5min 左右看坯的刀口炸成微黄色，就可捞出，放在筛子内控去多余的油，进行下道工序卤制。

卤制：卤制时先将卤汤煮沸 5min，然后将炸好的花干坯放入锅内翻动，以微火加温，卤制 20min 后放入 0.1kg 味精，2min 后即可出锅。

降温：出锅后的花干放在可以通风的包装屉内降温。屉内不可多放，防止挤压变形。卤汤控干后即为成品。

成品：成品花干为棕黄色，味道鲜美，香气浓厚。要求产品火候均匀，卤制透彻，无硬心，不并条、不断条，拉得开。1kg 成品一般为 24 块左右。每 100kg 原料出产品 140kg。产品质量参考标准见表 3-13。

表 3-13 花干质量参考标准 （单位：g/100g）

项目	水分	蛋白质	脂肪	食盐
含量	≤65	≥13	≥13	≤3

3. 鸡腿

鸡腿这个产品又叫卤豆腐条，它是卤制品中具有代表性的产品，其味鲜香，食用方便，深受广大消费者欢迎。

（1）卤汤配制。按每 100kg 原料的产品添加食用油 10kg、味精 0.1kg、白糖 2kg、食盐 2kg、酱油 8kg 以及花椒、大料、茴香、桂皮各 0.04kg 装在料包内，加清水 250kg 煮沸。

（2）加工过程。

切块→炸制→卤制→降温→成品

切块：将大块的豆腐干白坯切成 60mm×10mm×10mm 的长方体小块，然后将切制后的白坯抖散，准备炸制。

炸制：鸡腿白坯的炸制方法与花干完全相同。

卤制：按配料将卤汤调好煮沸。将炸好的坯放入锅内，翻倒。锅内卤汤保持微沸状态 2min 后，放入味精 0.1kg 再翻倒一次即可出锅。

降温：用笊篱将鸡腿捞出后，放在可通风的包装屉内降温，并控去多余的卤汤。

成品：鸡腿成品为棕黄色，味道鲜香可口。要求产品炸得起，焖卤得透，块形整齐，不破肚，不裂口，含汤量适当。一般每千克 100~120 块，每 100kg 原料出产品 150kg。产品质量参考标准与花干相同。

4. 圆鸡

它是用豆腐片卷制，经煮、炸、卤等工艺加工而成，具有独特的风味。

（1）圆鸡配料。选用优质豆腐片 200kg、食用油 14kg、酱油 12kg、白糖 3kg、食盐 2kg、纯碱 1.5kg、味精 1kg、蟹粉 1kg。

（2）加工过程。

切块→浸泡→卷制→捆卷→煮卷→切片→油炸→卤制→成品

切块：将豆腐片切成边长 30cm 的正方形片。

浸泡：取纯碱加 10 倍水，并温热溶解，再将切好的豆腐片放入碱水中浸泡 5~10min 后捞出，控净碱水。

卷制：将浸泡后的豆腐片铺平，在表面刷敷一层蟹粉、辣椒粉（或五香粉），然后卷成直径 3cm 的圆卷。

捆卷：将圆卷用豆包布包住，并用绳捆紧，使之不散包。

煮卷：捆卷后将布包放入沸腾盐水中煮制，约煮沸 30min，捞出并解除布包。

切片：将煮好的圆卷切成 5mm 厚的圆片。

油炸：将切好的圆片放入油温 160℃的油锅内炸制，待圆片呈金黄色后捞出，控净油。

卤制：先将锅加热，然后放入食用油 4kg，油热后再加入酱油、盐、糖，调制成卤汁，并加入 40kg 老卤汤煮沸。再将炸好的圆鸡坯放入卤汤内，并开微火卤煮。卤 20~25min 后加入味精，片刻后出锅即为成品。

成品：外观棕红色，不松散呈圆片状，厚度均匀，口味鲜咸适宜，口感松软芳香。其出品率每 100kg 原料出产品 130kg。圆鸡质量参考标准见表 3-14。

表 3-14　圆鸡质量参考标准　　　　　　　　（单位：g/100g）

项目	水分	蛋白质	脂肪	食盐
含量	≤65	≥13	≥7	≤2.5

5. 五香豆腐干

又称香干，外观淡褐色，具有浓厚五香味。

（1）卤汤配制。卤汤是按 100kg 水，加入酱油 10kg、白糖 1.5kg、食盐 2kg、五香粉 0.4kg 或调料包一个（内装花椒 0.2%、大料 0.3%、桂皮 0.3%），用水调制而成卤汤。

（2）加工过程。

切块→卤煮→成品

切块：将大块豆腐干白坯，切制成 5cm×5cm 的方块。

卤煮：方块豆腐干坯倒入汤煮锅，煮卤 15min 左右捞出，控净卤汤即为成品。

6. 五香豆腐片

五香豆腐片是将白豆腐片调味加工而成，是豆腐片再加工量比较大的卤制豆制品。

（1）卤汤配制。用 100kg 水，加食盐 5kg、料包一个（内装花椒 0.2kg、大料 0.4kg、桂皮 0.5kg），加热煮沸成卤汤。

（2）加工过程。

打捆→卤煮→成品

打捆：称取白豆腐片 110kg（约 100kg 原料的白坯），每张叠三折，叠折后每三张捆一捆。

卤煮：将捆扎好的白豆腐片放入卤汤中煮卤 40min，取出沥水即为成品。

（三）炒制品

1. 炒干尖

它是一种传统产品，是用豆腐干白坯切制成菱形片状，经炸、煮、炒制而成，色香味美。

（1）配料。每 130kg 豆腐干白坯（原料 100kg），食用油 17kg、白糖 6kg、酱油 9kg、味精 0.3kg、姜粉 0.3kg、卤汤（卤鸡腿老汤）40kg。

（2）加工过程。

切块→炸制→煮制→炒制→成品

切块：将豆腐干白坯切成 0.3cm 厚、3cm 长的菱形片，并松散开。

炸制：将菱形片放入 170℃ 油温的锅内炸制，当坯出现黄皮后立即出锅。

煮制：把炸好的干尖坯放入锅内，加老卤汤煮 15~20min，部分老汤被坯吸入，坯变得柔软，此时将坯捞出控净卤汤。

炒制：先将炒锅烧热，放入食用油、姜粉、酱油等煮沸，然后放入干尖坯炒制，要不停地翻动坯，4~5min 后将白糖放入继续翻动，5~7min 后将味精放入锅内，翻动两次后即可出锅，放在铺好布的包装屉内。

成品：炒好后的干尖呈棕黄色，块型整齐、不碎，口感无异味，鲜甜芳香。每 100kg 原料可出成品 135kg 左右。炒干尖质量参考标准见表 3-15。

表 3-15　炒干尖质量参考标准　　　　　　　（单位：g/100g）

项目	水分	蛋白质	脂肪	食盐
含量	≤54	≥15	≥15	2~3

2. 炒辣块

用豆腐干白坯切制成菱形体块，经炸、炒而成的辣味产品。

（1）配料。每 140kg 豆腐干白坯（原料 100kg），配备食用油 16kg、酱油 17kg、白糖 4.5kg、味精 0.2kg、姜 0.2kg、辣椒 1kg、卤汤 40kg。

（2）加工过程。

切块→炸制→煮制→炒制→成品

切块：将豆腐干白坯切成 1.5cm 边长的菱形块，并松散开。

炸制：白坯的炸制方法与炸鸡腿的方法相同。

煮制：将卤货的老汤烧开，把炸好的辣块坯放入锅内煮 5~8min。煮制时要轻轻地翻动，使上下坯吸汤一致。

炒制：先将炒锅烧热，放入食用油。油热后放入辣椒炸，当辣椒发黄后放入酱油煮沸。将煮制后的坯按数量标准倒入锅内，翻炒 4min 后放入白糖继续翻动，5~8min 后放入味精，再翻动 2~3 次便可出锅。

成品：辣块的成品呈菱形块，棕红色，味道甜辣鲜美。产品出品率为每 100kg 原料出产品 135kg。产品质量参考标准与炒干尖相同。

3. 炒金丝

是用豆腐片白坯经切丝，炒制而成的产品。

（1）配料。每 90kg 豆腐片白坯（原料 100kg），配备食用油 4kg、白糖 4kg、酱油 18kg、味精 0.2kg、姜 0.4kg。

（2）加工过程。

切丝→炒制→成品

切丝：用切丝机将豆腐片白坯切制成长 12~14cm、宽 0.1~0.2cm 的细豆丝，并抖散。

炒制：先将炒锅加热放入食用油 3kg，然后陆续加入酱油、白糖、姜、味精，煮沸。把切好的细丝按规定数量倒入锅内，用铁叉翻动，将豆丝与调味汤搅拌均匀。炒制 7~8min 后调味汤已基本上被豆丝吸进，这时立即出锅，用铁叉把金丝放在铺好布的包装屉内，放满后淋一些熟食用油（即明油），翻动均匀。

成品：炒金丝外观为棕黄色，有光泽。其味鲜美，咸度适口。每 100kg 原料出产品 95kg。炒金丝质量参考标准见表 3-16。

表 3-16　炒金丝质量参考标准　　　　　　　　　　（单位：g/100g）

项目	水分	蛋白质	脂肪	食盐
含量	≤65	≥18	≥7	≤3

4. 素什锦

它是由多种半成品炒制而成。

（1）配料。素什锦的主要原料是由 7 种以上的半成品坯及部分成品组成。按 130kg 坯料，其中，熏薄豆腐干坯 80kg、熏花干 5kg、豆腐片 8kg、白干条 20kg、熏素鸡 2kg、五香干 10kg、成品素干尖 5kg。调料有食用油 4kg、酱油 13kg、白糖 4kg、味精 0.2kg、食盐 1kg、葱 0.5kg、姜 0.2kg。

（2）加工过程。

切制→炒制→成品

切制：将熏薄豆腐干、白干、五香干切制成规格 5cm×1cm×1cm 的条状，熏花干切成 2cm×2cm 的方块，熏素鸡切成 0.3cm 厚的半圆片，豆腐片切成 3cm×2cm 的菱形片。

炒制：将炒锅烧热放入食用油，食用油热后放葱和姜，炸 1~2min 后放入酱油煮沸后放入白糖，当白糖全部熔化后先将豆腐片放锅内炒拌 2min，再把熏薄活条等放入锅内炒 4~5min，最后把成品素干尖放入锅内炒，4~5min 后放入味精炒拌一次后即可出锅。

成品：素什锦内形状多样，颜色多样，品味丰富。炒制之后要求各种坯不碎，每 100kg 原料出成品 130kg 以上。其质量参考标准见表 3-17。

表 3-17　素什锦质量参考标准　　　　　　　　　　（单位：g/100g）

项目	水分	蛋白质	脂肪	食盐
含量	≤55	≥18	≥10	1.5~2

（四）熏制品

1. 熏干

它是熏制品中最主要的产品，是用豆腐干白坯经过熏制加工而成。加工过程如下。

切制→泡咸→拉碱→熏制→成品

切制：将豆干白坯切制成 6cm×2cm×2cm 的长方体块，将其倒入包装屉内通风。

泡咸：将白坯块倒入盐水箱内浸泡 10min 后，捞入专用铁筐内。泡咸的程度以白坯块具有适当的咸味为标准。

拉碱：拉碱一般用长方形水槽，水槽内每 150kg 水放 3kg 碱面，将水烧开使碱面溶化。水槽继续加温，将铁筐连同豆腐干白坯一起放入槽内，5min 后坯出现光滑的表面，立即将筐提出，把坯倒入包装屉内使其通风冷却，在通风时要适当活动坯，防止粘在一块，当水汽基本没有后，坯表面光滑发亮即可熏制。

熏制：熏制豆腐干必须有专用的熏炉。熏炉有两种类型：手工操作的土熏炉和机械传送熏制炉。如果用土熏制炉，先将炉内锯末点燃，使炉内具有一定的温度，再往燃着的火底上均匀地撒锯末，使炉内生烟。把熏干白坯整齐地码在熏制铁箅子上，将其放入炉内盖上盖，10min 后底面已经熏好，取出箅子将豆腐干坯翻过来重新码好，熏另一面。两面全熏好后即为成品。

成品：熏干的成品外观为棕红色。油光发亮，火候均匀，有浓厚的熏香味，咸度适当。每 100kg 原料出成品 150kg。其质量参考标准见表 3-18。

表 3-18　熏干质量参考标准　　　　（单位：g/100g）

项目	水分	蛋白质	食盐
含量	≤67	≥16	≤2

2. 熏鹅脖

用豆片加馅卷成圆柱形，由圆柱切制成马蹄状，再经熏制而成。加工过程如下。

卷制→煮制→切制→熏制→成品

卷制：将豆腐片白坯切成 30cm×30cm 的方形，切后的碎片放在热碱水内浸泡 3min 后捞出，控干碱水后按每 100kg 碎片加食用油 2kg、酱油 4kg，搅拌为馅。卷制时先将切好的豆腐片白坯沾碱水，然后放在工作台上，在豆片中间放上馅，由一角向前推卷，卷到中间时把两侧的片角折到中间，卷好后成一圆柱形，用布把卷包好，用布带捆紧。

煮制：将捆好的豆卷放入开水锅内，煮 15min 捞出，打开布包放在包装屉内散热。

切制：将圆柱形的豆卷切成马蹄形，长为 7cm，直径为 2.8~3cm。

熏制：将马蹄形块码在熏制铁箅上熏制，其操作方法与熏干相同。

成品：熏鹅脖外观为棕红色，看去像煮熟的鹅脖块一样。成品要求块形整齐，大小一致，不散碎，熏香味浓，咸味适度。每 100kg 原料出成品 100kg。其质量参考标准见表 3-19。

表 3-19　熏鹅脖质量参考标准　　　　　　　　（单位：g/100g）

项目	水分	蛋白质	食盐
含量	≤60	≥18	≤2.5

熏制的产品很多，但归结起来，基本上与上面介绍的两种相同。如熏素蟹、熏花干等，不同之处在切制的形状各异，外形不一样。又如熏素鸡、熏圆鸡与熏鹅脖的加工方法基本相同，在此不作重复介绍。

四、风味产品介绍

北京全素斋的素菜产品是南北风味的典型代表。它是在民间传统食品与清宫素菜加工技术的基础上发展起来的，工艺独特，品种繁多，风味各异，名荤实素，味道鲜美，色、香、味、形俱佳，不仅享誉京华，而且名扬海外。产品既有北方料大味重的醇厚又有南方鲜甜可口的风格，南北一体、天然浑成。全素斋的素菜品种共由三类组成，分别是：卤菜类、炸食类、仿形类。下面每类以实例介绍。

（一）卤菜类

以豆制品和面筋为主要原料，并配入玉兰片、腐竹、香菇、口蘑、黄花、木耳及各种调料卤制而成的。味道清香鲜美，咸甜适口，产品既不带汤，也不煳锅，是颇受欢迎的品种。其中，香菇面筋曾于1982年被评为北京市优质产品。

1. 香菇面筋

（1）原料。水面筋、香菇、腐竹、玉兰片、花生油、香油、砂糖、食盐、酱油、味精、花椒、大料和桂皮。

（2）加工过程。将水面筋切成小块，过油炸好，捞出后再切成直径5~6cm长的小条；香菇用水发好，择净；腐竹泡好，切成3cm左右的薄片；把花椒、大料、桂皮煮水待用。把香菇、腐竹、玉兰片、酱油、砂糖、食盐放入锅中，加适量的水和浸泡香菇的清汤，煮沸后再放入炸面筋条，煮软，待汤汁收尽时，把花椒、大料、桂皮水、味精和香油放入翻炒均匀，即可出锅。

（3）成品质量。浅琥珀色，味道鲜美，咸甜适中，清香可口。

2. 素烧鱼翅

（1）原料。玉兰片、淀粉、面粉、砂糖、酱油、食盐、味精、食用油。

（2）加工过程。把用水发好的玉兰片切成6cm左右的薄片，淀粉、面粉、食盐掺和搅成糊，把切好的玉兰放在糊里拌匀，过油炸熟，出锅后用砂糖、酱油、味精、淀粉做的汁浇上，即为成品。

（3）成品质量。色泽黄中透白，质地脆嫩，清香爽口，形如鱼翅。

3. 素三丝

（1）原料。豆腐片、水面筋、海带、砂糖、酱油、食盐、味精、食用油、香油、花椒、大料、桂皮。

（2）加工过程。将水面筋切成小块，过油炸好；再切成细丝；把豆腐片切成细丝，过油炸熟；将海带用水发好洗净，切成细丝；把花椒、大料、桂皮煮水待用。炒锅中放入炸好的豆腐丝，加水煮软，然后放入炸面筋丝和海带丝，再加入食盐、砂糖、酱油，煮至汤汁快收干时，放入味精、香油、花椒、大料和桂皮水，翻炒均匀，即可出锅。

（3）成品质量。色泽鲜艳，黑、黄、白三色分明，咸甜适口。

4. 素辣鸡丝

（1）原料。腐竹、香菇、砂糖、食盐、辣椒面、味精、花椒、香油、大料和桂皮。

（2）加工过程。将腐竹用水发好，切成3.3cm长的斜丝；香菇用水发好洗净，摘去根，切成细丝；将花椒、大料、桂皮煮水待用。将腐竹丝、香菇丝置锅中添水煮软，然后加入砂糖、食盐同煮，当汤汁快收干时，放入花椒、大料、桂皮、辣椒面、味精和香油，翻炒均匀，即可出锅。

（3）成品质量。色白味鲜，甜咸适口，微带辣味，形如鸡丝。

5. 素熘干尖

（1）原料。豆腐干、淀粉、酱油、砂糖、食盐、味精、食用油、花椒、大料和桂皮。

（2）加工过程。将豆腐干切成菱形片，然后裹上淀粉糊，过油炸成金黄色捞出；把花椒、大料、桂皮煮水待用。锅内放入适量的水及酱油、砂糖、味精、花椒、大料、桂皮水，用淀粉勾成汁，再放入炸豆腐干，翻炒数次，淋香油后即可出锅。

（3）成品质量。色泽酱紫，味道鲜美，甜咸适口，形如肝尖。

6. 素烩虾仁

（1）原料。山药、淀粉、酱油、食盐、砂糖、味精、香油、食用油。

（2）加工过程。将山药蒸熟去皮，放入淀粉糊、食盐，一起捣烂成泥糊状。油锅烧热后，用小勺将山药做成虾仁状，过油炸熟捞出。在炒锅内放入适量的水、酱油、砂糖和味精。用淀粉勾汁，倒入已制成的"虾仁"，翻炒均匀，淋香油后即可出锅。

（3）成品质量。呈浅黄色，味道鲜美，甜咸适中，形如虾仁。

7. 素熘肥肠

（1）原料。北豆腐、面粉、淀粉、山药、油皮、食用油、香油、酱油、食盐、砂糖、味精、桂花和姜粉。

（2）加工过程。将北豆腐切成 1cm 厚、10cm 见方的块，过油炸成焦黄色，捞出；把姜粉、砂糖、酱油、食盐沏成汤，将炸豆腐浸泡好；把山药蒸熟去皮，放入桂花、砂糖、捣成泥状。将油皮摊开，抹上一层面糊，放上一层豆腐，上面再涂上一层山药泥，然后将油皮卷成直径约 1.5cm 的"肥肠"状，再过油炸至焦黄色，捞出装入盘中。将泡豆腐的汤、淀粉、砂糖、味精放入锅中勾汁，淋香油后浇到所制"肥肠"上即为成品。

（3）成品质量。色泽焦黄，甜香松软，形如肥肠。

8. 素烧牛肉

（1）原料。水面筋、砂糖、酱油、食盐、味精、食用油、香油、花椒、大料和桂皮。

（2）加工过程。将水面筋蒸熟后切成长方块，过油炸成浅黄色时捞出；把花椒、大料、桂皮煮水待用。将油炸面筋块加水煮软，再放入食盐、酱油、砂糖、同煮。待汤汁快收干时，放入花椒、大料、桂皮水和味精，淋香油后即可出锅。

（3）成品质量。呈深琥珀色，口感像酱牛肉，味道鲜美。

9. 素五香花干

（1）原料。豆腐干、食用油、酱油、花椒、大料、桂皮、山奈、茴香、食盐和味精。

（2）加工过程。将豆腐干两面切成腰花状，过油炸成金黄色，并翻出大花，然后置锅中加水卤制，同时加酱油和食盐，再把花椒、大料、桂皮、山奈、茴香放在袋中，与炸花干同煮，取其味，不见其形。煮至炸花干绵软，再加味精，即可出锅。

（3）成品质量。色泽棕红，咸香适口。

10. 素什锦

（1）原料。水面筋、口蘑、木耳、腐竹、玉兰片、栗子、花生米、荸荠、藕、酱油、砂糖、食盐、味精、食用油、香油、花椒、大料和桂皮。

（2）加工过程。将一部分水面筋蒸熟后，切成7~8cm长、1cm厚的长方片，过油炸成焦黄色；把另一部分水面筋切成5g重的小块，直接过油炸熟，再切成小块；将口蘑用水发好，去根，洗净泥沙；把腐竹泡好，切成3cm长的段，将玉兰片用水发好，切成3cm左右的片；把栗子、荸荠洗净，去皮，切成片；藕洗净切片；木耳洗净；花生米泡好；花椒、大料、桂皮煮水待用。将炸面筋片、花生米用水煮软，然后放入口蘑、玉兰片、腐竹、栗子、荸荠、藕、酱油、砂糖、食盐和一半花椒、大料、桂皮水再煮。待汤汁剩下不多时，放入炸面筋块和木耳，并改为微火，卤至汤汁快干时，放香油、味精和另一半花椒、大料、桂皮水，翻炒均匀，即可出锅。

（3）成品质量。呈深琥珀色，味道鲜美，清香利口，甜咸适中，配料齐全。

11. 腐乳肉

（1）原料。北豆腐、酱油、砂糖、食盐、味精、腐乳、食用油、香油、花椒、大料和桂皮。

（2）加工过程。将北豆腐切成长 1.5cm、宽 3cm、厚 2cm 的长方块，入油锅炸至黄色后捞出；把花椒、大料、桂皮煮水待用。在炒锅内放入水、酱油、砂糖、食盐，烧开后将炸豆腐倒入煮软，当汤汁快收干时，将腐乳用水调稀，与花椒、大料、桂皮水、香油和味精一并倒入锅内，翻炒均匀，即可出锅。

（3）成品质量。为浅红色，咸甜适中，细腻可口。

（二）炸食类

炸食类主要是以面粉、面筋，加上各种辅料，经油炸制成。具有咸香酥脆，外焦里嫩等特点，随制随吃，不宜久存。

1. 素炸虾

（1）原料。面粉、水面筋、苏打、酱油、食盐、味精、五香粉和食用油。

（2）加工过程。先将水面筋剪成小块，过油炸好，捞出后晾凉切成丝，再用酱油、食盐、五香粉和味精拌匀；把面粉、苏打用凉水和成面糊，然后把拌好的炸面筋丝倒入面糊中，搅拌均匀，铲起后拨入油锅内，炸至金黄色捞出，即为成品。

（3）成品质量。色泽金黄，味道可口，外焦里嫩，形似碎虾。

2. 素炸香椿

（1）原料。面粉、鲜香椿、苏打、酱油、食盐、味精和食用油。

（2）加工过程。将鲜香椿用开水洗烫好，去掉老根，切成 3cm 长的段，用酱油、食盐、味精拌好；把面粉、苏打用水打成面糊，再放入拌好的香椿一起调匀，然后铲起，用木筷扒入烧热的油锅中。形状不一，多为长条形，炸熟捞出，即为成品。

（3）成品质量。呈琥珀色，外焦里嫩，咸淡适中，有香椿味。

3. 素肉松

（1）原料。油皮、酱油、食盐、砂糖、味精、食用油、花椒、大料和桂皮。

（2）加工过程。将花椒、大料、桂皮煮水，加入酱油、食盐、砂糖煮沸，倒出时加味精，制成卤汤，再把油皮浸到卤汤中，泡透后取出挤干，切成细丝，放入烧热的油锅中，炸至棕红色，出锅后即为成品。

（3）成品质量。色泽棕红，咸甜适口，味香酥脆，形如肉松。

4. 炸什锦丸子

（1）原料。水面筋、面粉、黄花、玉兰片、五香粉、姜粉、味精、食盐、苏打和食用油。

（2）加工过程。将水面筋炸熟，与黄花、玉兰片一起切碎拌上食盐、味精、姜粉、五香粉，再把以上原料与面粉、苏打加水拌匀，做成重为1.5g左右的小丸子，放置烧热的油锅中，炸至呈焦黄色，即可出锅。

（3）成品质量。色泽焦黄，味道鲜美，微咸，外焦里嫩。

（4）食用方法。可直接冷食或者热食，也可在外面浇汁，做焦熘丸子下酒、佐餐皆宜。

（三）仿形类

以面筋和豆制品为主要原料，仿照熟肉制品形象制成。名荤实素，形态逼真，味道独特，有熟肉制品的韵味。

1. 素鸭

（1）原料。水面筋、豆腐片、淀粉、香菇、玉兰片、油皮、土豆或山药、黑豆、酱油、砂糖、味精、食用油、香油、花椒、大料和桂皮。

（2）加工过程。把水面筋剪成小块，炸熟后切成丝；豆腐片切丝炸干；香菇发好洗净；玉兰片用水发好切成边长3cm左右的片；花椒、大料、桂皮煮水待用。将豆腐丝加水煮软，然后加酱油、砂糖、香菇、玉兰片、炸面筋丝，与花椒、大料、桂皮水同煮。开锅后放入淀粉，待至五成熟时，淋食用油，放味精，炒熟出锅后做馅。最后用油皮包成鸭形，再蒸15min即可。

鸭头、鸭翅膀、鸭脚：以土豆或山药为原料，将其煮熟去皮，加入桂花、砂糖、淀粉，擦成泥状，再做成鸭头、翅膀、鸭脚形状，上锅蒸15min，晾凉修整好过油炸。出锅后放盘内，成鸭形。最后在表面刷一层香油，使之光亮，鸭眼可用黑豆一对煮熟配制。

（3）成品质量。呈紫红色，清香适口，滋味甜咸，外形似鸭。

（4）食用方法。适合冷食，配套上席，可做酒菜，也可佐餐。

2. 素鸡

（1）原料。水面筋、豆腐片、淀粉、口蘑、玉兰片、油皮、土豆或山药、黑豆、酱油、砂糖、味精、食用油、香油、花椒、大料和桂皮。

（2）加工过程。把水面筋剪成小块，炸熟后切成丝；豆腐片切成丝并炸干；口蘑发好洗净；玉兰片用水发好，切成长 3cm 左右的片；把花椒、大料、桂皮煮水待用。

将炸豆腐丝加水煮软，然后加酱油、砂糖、口蘑、玉兰片、炸面筋丝和花椒、大料。桂皮水同煮，开锅后放入淀粉，至五成熟时，淋食用油，放味精，炒熟出锅后做成馅，最后用油皮包成鸡形，再蒸 15min 即可。

做鸡头、鸡翅膀、鸡腿形状，用土豆或山药为原料，将其煮熟去皮，加入桂花、砂糖、淀粉，擦成泥状成形，上锅蒸 15min，晾凉修整后，过油炸。出锅码放盘内，成鸡形。最后在表面刷一层香油，使之光亮，鸡眼可用黑豆一对煮熟配制。

（3）成品质量。色泽紫红，清香适口，滋味甜咸，外形似鸡。

（4）食用方法。适合凉食，配套上席，作冷荤酒菜，也可佐餐。

3. 素火腿

（1）原料。油皮、酱油、砂糖、食盐、味精、香油、花椒、大料和桂皮。

（2）加工过程。用花椒、大料、桂皮和酱油、砂糖、食盐煮沸，倒出时加味精，做出卤汤。然后把油皮摊开，把浸泡过卤汤的油皮卷在内，并用细绳一道一道地捆紧，再蒸 1h，出锅后晾凉，解开绳子，表面刷上香油即可，食用时切成薄片。

（3）成品质量。色泽深紫，滋味甜咸，有烟熏香味，外形似火腿。

4. 酱肘子

（1）原料。水面筋、豆腐片、黄花、木耳玉兰片、酱油、砂糖、味精、红腐乳、淀粉、油皮、食用油、香油、花椒、大料、桂皮。

（2）加工过程。将水面筋剪成小块，炸好后切成丝；豆腐片切成丝并炸干；将木耳、黄花择洗干净，黄花切成长 3cm 左右的丝。

把炸豆腐丝加水煮软，然后放酱油、砂糖、黄花、木耳、玉兰片、炸面筋丝，与花椒、大料、桂皮水同煮，开锅时放入用水调稀的腐乳，并用淀粉勾汁，至五成熟时加食用油和味精，翻炒成馅后出锅。

把油皮放在口径 12cm 的碗中摊开，放入炒好的馅，包好，上锅蒸 15min，从碗中扣出晾凉，表面刷一层香油即可。

（3）成品质量。色泽紫红，滋味鲜香，甜咸适口，外形似酱肘子。

（4）食用方法。既可冷餐，也可热食，还可浇汁做成水晶肘子。佐酒下饭皆宜。

5. 辣肠

（1）原料。豆腐片、面筋、淀粉、辣椒面、油皮、酱油、砂糖、味精、食用油、香油、花椒、大料、桂皮。

（2）加工过程。把豆腐片切成丝炸干，将水面筋剪成小块，炸熟后切成丝，再加水煮软。然后放酱油、砂糖，与花椒、大料、桂皮水同煮，开锅后放入煮软的面筋丝和辣椒面，放入淀粉，炒至五成熟，再放食用油、味精，并改用小火翻炒成馅。

将油皮摊开，刷一层淀粉糊，放上一张油皮，然后裹上馅，卷成直径约3cm、重500g左右的辣肠形状，再上锅蒸15min，晾凉后刷一层香油即可。

（3）成品质量。色泽酱紫，味道鲜美，甜咸适口，微带辣味，外形似肠。

（4）食用方法。冷食为佳，可配制凉菜，下酒佐餐皆宜。

6. 素烧鱼

（1）原料。水面筋、豆腐片、木耳、玉兰片、黄花、淀粉、食用油、油皮、酱油、味精、砂糖、香油、花椒、大料、桂皮。

（2）加工过程。将豆腐片切成丝炸干，水面筋剪成小块，炸好后切成丝；黄花用水发开切好，木耳择洗干净；玉兰片用水发好切成3cm多的片。将炸豆腐丝加水煮软，放入酱油、砂糖、黄花、木耳、玉兰片，与花椒、大料、桂皮水同煮，煮沸时放入炸软面筋丝，再煮沸时放入淀粉炒，再加入食用油和味精，炒熟成馅，即可出锅。

把四张油皮摊开，放上1 000g左右的馅，包成鱼形，上锅蒸15min，晾凉后再用油皮做成鱼鳍和鱼尾形状，用两颗黑豆煮熟做成鱼眼，用刀划上鱼鳃及鱼鳞，最后在表面刷上一层香油即可。

（3）成品质量。色泽棕红，味道鲜美，甜咸适口，外形似鱼。

7. 素牛肉

（1）原料。油皮、水面筋、淀粉、酱油、砂糖、味精、食用油、香油、花椒、大料、桂皮。

（2）加工过程。将一部分油皮剪碎，用油炸干；水面筋剪成小块，炸熟后再切成丝；将花椒、大料、桂皮水和酱油、砂糖加水煮沸，放入炸好的碎油皮同煮，再放入炸软面筋丝，煮沸，搅拌均匀后用淀粉勾汁，放入味精、炒成馅出锅；将两张油皮摊开，刷上一层淀粉糊（淀粉糊中加点酱油），再放上两张油皮，然后再放上馅，摊薄至 2cm 左右，把四周的油皮折叠整齐，包成长方形的片，再上锅蒸 15min，出锅晾凉，在表面刷一层香油即可。

（3）成品质量。色泽酱紫，味道鲜美，甜咸适口，形似牛肉块。

（4）食用方法。既可冷餐，也可热食，热食时需过油炸一下，使之外焦里嫩，酥脆香软，佐酒下饭皆宜。

8. 素鸡（薄片）

（1）原料。水面筋、豆腐片、淀粉、酱油、砂糖、食用油、香油、油皮、香菇、玉兰片、花椒、大料、桂皮、味精。

（2）加工过程。把水面筋剪成小块，炸熟捞出后切成丝；豆腐片切成丝，并炸干；香菇剪去根洗干净；玉兰片用水发好，切成 3cm 左右的薄片。

将炸豆腐加水煮软，然后放入酱油、砂糖、香菇、玉兰片和花椒、大料、桂皮水煮至沸时放入炸软面筋丝，再煮沸时放入淀粉炒，再放入食用油和味精，炒熟成馅，即可出锅。

将一张油皮摊开，包成六角形的片，再上锅蒸 15min，晾凉后表面刷上一层香油，使之光亮。

（3）成品质量。色泽紫红，味道鲜美，甜咸耐嚼，清香利口，为六角形薄片。

（4）食用方法。以冷食为主。

目前，北京全素斋又有了更大的发展，扩大了车间，增加了产量，还对素菜进行了复合塑料包装并生产素菜软罐头产品，具有携带方便、清洁卫生、体积小、耐储藏的特点。除在本店销售外，还在多家副食店开设了专柜销售。特级技师侯宝华得到刘海全真传，亲自掌锅，并带出了徒弟，使素菜特味生产后继有人。全素斋的食品不仅供应首都人民，也为外地和国外旅客的食用提供了方便。

第七节　豆浆及豆奶生产工艺

一、豆浆

豆浆是传统产品之一，我们祖先很早就把黄豆加工成豆浆食用，后来才发明了豆腐。过去豆浆生产，就是制作豆腐的前半部制浆工艺，制浆后不再进行其他的加工，直接销售豆浆。现在生产的鲜豆浆或包装豆浆，要比过去复杂，消费者对豆浆的品质和口感及包装要求都比较高，因此生产豆浆增加了相应的工艺流程。

（一）豆浆生产工艺流程

原料→制浆→煮沸→过滤→降温→均质→瞬时灭菌→降温→储存→灌装→成品→入库
　　　　　↓
　　　　豆腐渣

（二）工艺操作及要求

1. 制浆、煮沸

生产豆浆的制浆、煮沸工艺与生产豆腐制浆、煮沸相同，豆浆浓度7~8°Bé，在此不细述。

2. 过滤

在制浆工艺中已经进行浆渣分离，但是经过煮沸的豆浆中细豆渣膨胀，需要再过滤，把细豆渣分离出去，使豆浆口感更好。热豆浆过滤的设备有船形振动筛或圆形振动筛，过滤网筛孔选择80~100目。

3. 降温

经过煮沸的豆浆温度在95℃以上，要把温度降到60℃以下才能进入下道工序——均质。豆浆降温使用的设备是板式热交换器。

4. 均质

均质的目的是把豆浆中的纤维颗粒和豆浆中的油脂分离物进一步粉碎，否则豆浆会有沉淀物和浮油脂，口感不好，影响豆浆质量。经过均质的豆浆乳化程度好，口感细腻，而且油脂成分与蛋白质充分混合，不会出现油脂分离现象。均质机一般选择20~25MPa的压力范围内。

5. 瞬时灭菌

豆浆在灌装前需要再次杀菌，以保持豆浆无菌状态灌入包装袋，所以要进行瞬时灭菌，即UHT杀菌，瞬时灭菌设备具有杀菌和降温的双重功能，豆浆可以在进出设备内，进行热交换，豆浆流出瞬时灭菌机时温度在50℃左右，进入下道工序。瞬时灭菌温度125~135℃，灭菌时间4~6s。

6. 降温

经过瞬时灭菌机的豆浆温度在 50℃ 左右，需要进一步降温到 8℃ 才能灌装，豆浆温度在 8℃ 以下不易生菌，保证了豆浆的无菌状态。豆浆降温仍然使用板式热交换器，板式热交换器的冷水由制冷机组供给。

7. 储存

灌装前需要有暂时储存低温豆浆的容器，保证后面的灌装机连续工作。一般使用冷热缸储存，冷热缸带有夹层，夹层内通冷水系统。豆浆存入冷热缸可以保持豆浆的低温状态。

8. 灌装

灌装机是根据使用的包装材料和形状确定，目前豆浆有三种包装材质：三层复合膜袋装、塑料瓶或玻璃瓶装及七层复合的利乐盒包装。不同的包装材质使用不同的包装机和不同的灌装工艺。使用三层复合膜袋装的豆浆成品仍然需要保鲜储藏，因为这种包装材质及灌装工艺包装的豆浆还达不到商业无菌标准，所以需要保鲜储藏。

9. 入库

使用三层复合膜袋装的豆浆成品，生产后要及时送入保鲜库存放，送到商店需要冷藏车运输和冷风柜销售，才能保证产品在保质期内不变质。保鲜库温度控制在 0~5℃。

二、豆奶

豆奶是以豆浆为主要基料，添加各种营养物质或各种果汁调制加工成饮料，或是不加任何物质的纯豆浆饮料。它是近十几年兴起的一种植物蛋白饮料。

（一）豆奶生产工艺流程

豆腐渣　　　　　　　　　营养物质
↑　　　　　　　　　　↓
豆浆 → 过滤 → 调配 → 灭菌 → 降温 → 添加物质 → 过滤 → 均质 → 高温瞬时灭菌 →
灌装 → 入库 → 成品

（二）工艺操作及要求

1. 过滤

煮沸后的豆浆中有一部分比较细的豆渣膨胀，不利于豆奶的生产，需要用100~120目的耐热不锈钢网筛过滤设备，再次过滤，把细渣滤掉。制作豆奶有些品种要添加其他营养物质或添加果味料。添加之前也要进行过滤。

2. 调配

生产豆奶的豆浆浓度一般在5~6°Bé，所以要对豆浆进行调配，一是调配浓度，二是添加营养物质和果味料。经过调配之后的豆浆要放在专用的保温罐内暂时存放，进入下道工序。

3. 灭菌降温

经过调配之后的豆浆，因加入其他的营养物质需进一步杀菌，杀菌采用板式热交换器，并利用板式热交换器冷水降温，将豆奶的温度降到50℃以下，进入下道均质工序。

4. 均质、冷却

均质化处理，就是通过机械力的作用将豆奶液体中的固形物颗粒打碎，以改变产品的口感与稳定性。均质一般使用专用均质机进行。均质时重要的工艺数据是压力与温度。为提高均质效果，均质压力在14~22MPa。均质温度在50℃左右。

均质之后豆奶需要继续降温，将温度降到8℃以下。使用板式热交换器，要配备冷却水系统进行降温冷却。冷却之后的豆奶暂时存放在保温罐内，待后续灌装。

5. 高温瞬间灭菌

经过前面的工序，豆奶在灌装前需要再次杀菌，以保持豆奶无菌状态进入包装袋，所以要进行瞬时灭菌，即UHT杀菌，瞬时灭菌设备具有杀菌和降温的双重功能，豆奶可以在进出设备内，进行热交换，豆奶流出瞬时灭菌机时温度在50℃左右，进入下道工序。瞬时灭菌温度125~135℃，灭菌时间4~6s。

6. 降温

经过瞬时灭菌机的豆奶温度在50℃左右，需要进一步降温到8℃才能灌装，豆奶温度在8℃以下不易生菌，保证了豆奶的无菌状态。豆奶降温仍然使用板式热交换器，板式热交换器的冷水由制冷机组供给。

7. 储存

灌装前需要有暂时储存低温豆奶的容器，保证后面的灌装机连续工作。一般使用冷热缸储存，冷热缸带有夹层，夹层内通冷水系统。豆奶存入冷热缸可以保持豆奶的低温状态。

8. 灌装

灌装机是根据使用的包装材料和形状确定，目前豆浆有三种包装材质：三层复合膜袋装，塑料瓶或玻璃瓶装和七层复合的利乐盒包装。不同的包装材质使用不同的包装机和不同的灌装工艺。使用三层复合膜袋装的豆奶成品仍然需要冷藏，因为这种包装材质及灌装工艺包装的豆奶还达不到商业无菌标准，所以需要冷藏。

使用玻璃瓶装或七层复合的利乐盒包装，采用无菌灌装工艺，需要在无菌条件下灌装，可以常温存放，产品可以保存 3~6 个月。

9. 入库

使用三层复合膜袋装的豆奶成品，生产后要及时送入保鲜库存放，送到商店需要冷藏车运输和冷风柜销售，才能保证产品在保质期内不变质。冷库温度控制在 0~5℃。

使用玻璃瓶或利乐盒包装材质并采用无菌灌装工艺的产品，可以在常温库存放，不需要保鲜或冷藏。

有些豆奶产品为了去除豆浆中的豆味，对黄豆去皮、灭霉后再浸泡制浆，煮沸后增加真空脱臭工序和设备，此种工艺生产的豆奶没有黄豆特有的味道。

第八节　腐竹生产工艺

腐竹是由煮沸后的豆浆，经一定时间保温，表面产生软皮，挑出后下垂成枝条状，再经过烘干而成。因其形状像竹笋，所以叫腐竹。它是一种营养价值高、易于保存、食用方便、可以加工出多种美味佳肴的产品。不仅受到国内消费者的欢迎，而且远销世界很多国家。

腐竹名称很多，各地叫法不同，有圆枝竹、枝竹、豆腐皮、豆腐衣、腐皮和豆笋等称谓。腐竹由中国传入日本后，日本人称它为汤皮。生产腐竹的副产品叫甜片、糖竹或月片。

一、腐竹生产工艺流程

豆浆→煮沸→挑竹→烘干→回软→包装→成品

二、工艺操作及要求

1. 豆浆、煮沸

生产腐竹从原料到制成的生产工艺与前面制作豆腐、豆腐干等完全一致，只是豆浆的浓度要控制在 11~12°Bé。豆浆要煮沸后在 95℃ 以上温度保持 2min，后放入专用的腐竹成型锅开始挑竹。

2. 挑竹

腐竹的成型锅是一个长方形浅槽，槽内每 50cm 为一方格，格板上隔、下通，槽底下层和四周是夹层，用于通蒸汽加热。豆浆经过加热保温后，部分水分蒸发，起到浓缩作用，表层遇空气而凝结成软皮，用小刀把每格的软皮切成 3 条后挑起，使其自然下垂，呈卷曲立柱形，挂在竹竿上准备烘干。每 7~8min 后可开始挑皮，一般可挑 16 层软皮，前 8 层为一级品，9~12 层为二级品，13~16 层为三级品。剩余的稠糊状，在成型锅内摊制成 0.8mm 的薄片即甜片。当甜片基本上成干饼后，从锅内铲出，成型锅内再放豆浆，如此循环生产，完成腐竹的成型工艺。

3. 烘干

腐竹成型后，需要立即烘干。烘干的方法有两种：一种是采用煤火升温的烘干房，烘干腐竹。另一种是以蒸汽为热源的机械烘干设备。后一种方法适用于大规模生产和连续作业。不论采用什么方法，都应较准确地掌握烘干的温度和烘干时间。烘干温度一般掌握在 74~80℃，烘干时间为 6~8h。湿腐竹重量每条 25~30g，烘干后每条重 12.5~13.5g，烘干后的腐竹含水量 9%~12%。

4. 回软

烘干后的腐竹，如果直接包装，破碎率很大，所以要回软。即用微量的水进行喷雾，以减少脆性，这样既不影响腐竹的质量，又提高了产品的外观形象，有利于包装。但要注意喷水量要适中，一喷即过。

5. 包装

腐竹的包装，分为大包装和小包装。小包装是采用塑料包装，每 500g 一袋，顺装在袋内封死。将小包装袋再装入大纸箱，为大包装。包装时要注意，严格质量，分等级包装，保证腐竹的等级标准。包装之后即为成品。腐竹和甜片的主要成分见表 3-20。

表 3-20 每 100g 腐竹和甜片主要成分

项目	水分/g	蛋白质/g	脂肪/g	糖/g	热量/kJ	粗纤维/g	灰分/g	钙/mg	磷/mg	铁/mg
腐竹	7.1	50.5	23.7	15.3	8 357.89	0.3	3.1	280	598	15.1
甜片	5.6	0.7	13.3	82		1.0	0.6	22	61	2.7

腐竹除制作成枝竹状外，还有做成平面单张的，称为油皮。油皮与腐竹的区别主要在外形不一样，油皮是单张平面，不折不皱。另外油皮的烘干方法除用腐竹烘干方法之外，还可以自然干燥，油皮的含水量大于腐竹，蛋白质含量低于腐竹。油皮与腐竹生产工艺大致相同，在此不详细叙述。

第九节 豆粉类生产工艺

一、中式豆粉（豆面）

中式豆粉（豆面），是大豆经过热炒后去皮，再用石磨粉碎过筛后成细面状，所以人们也叫它豆面。大豆经过热炒后基本成为熟豆，加工后的豆面实际是熟豆面。在制作主食时，加入豆面能使主食更加醇香适口，同时增加了蛋白质成分，提高了营养含量。豆面还可以添加到多种菜肴里，使其具有独特的香味，用豆面拌凉菜是非常好吃的小菜。

20 世纪 60 年代，北京一家豆制品厂，成功研制了豆腐粉，产品为生豆粉。可用它冲调豆浆、制作豆腐脑和豆腐。这在当时市场方便食品很少的情况下，普遍受到欢迎。它为家庭自制豆浆、豆腐脑或豆腐提供了条件。人们还把豆腐粉添加到主食中，提高主食的营养和美味。因此，一段时期内，豆腐粉的销量很大。

二、豆腐粉（全脂）

（一）豆腐粉生产工艺流程

大豆→选料→烘干→冷却→脱皮→粉碎→收集→包装→成品

（二）工艺操作及要求

1. 选料

生产豆腐粉选料比较严格，目的是去除原料中的各种杂质，如草木、石头、金属等，同时去除坏豆、虫蚀豆、杂粮等。选料采用两种专用设备，首先是筛选机，去除混在大豆中的各种杂质；再用我国比较传统的粮食分级设备"螺旋塔"（螺旋塔中间一根 3~4m 高的立柱，立柱外是 0.75mm 镀锌板螺旋环绕的滑道，螺旋板直径从上向下呈从小到大，在螺旋立柱的不同位置，再在螺旋道中增加 3~4 道不同直径的螺旋板，一直通到柱底，形成有多道螺旋片、不同角度、不同直径的塔式螺旋柱），当大豆进入螺旋塔后，向下流滚向外扩散，利用不同物质的比重不同、产生的离心力不同、分别进入不同的螺旋道的原理。颗粒丰满的优质大豆沿螺旋滑板外沿滚动到塔下面收集入袋，达到精选原料的目的。螺旋塔没有任何机械动力，但确实是最好的大豆分选器，能把虫蚀豆、坏豆、杂质分选出去，获得所需要的原料。制作螺旋塔有一定的难度，需要有经验的钣金工完成。

2. 烘干

烘干的目的是为了降低大豆中的水分，以利于大豆脱皮和粉碎。原料原有水分一般在 12%~13%，要通过烘干把大豆的水分降低到含水量 7%~8% 的程度。

烘干可选用多种专用烘干设备，经过实践，选用沸腾式烘干机比较理想。沸腾式烘干机由箱体、网式传动带、散热器、风机等组成，烘干机内温度一般控制在 80℃ 左右，烘干 20min 可将大豆水分降到 8% 以下。如果原料水分高于 13%，应适当延长烘干时间，以达到大豆脱皮的水分要求。

3. 冷却

经过烘干后的大豆，需要立即强制冷却 20min 左右，这样热大豆经冷却后，豆皮开裂，水分进一步降低，为脱皮和粉碎创造了条件。冷却采用风冷，风机吸入经过滤的自然空气，使大豆降到环境温度。

4. 脱皮

冷却后的大豆，选用钢磨或混麦机，将大豆的豆皮破碎，使豆皮、豆肉脱离，并配用专用脱皮机将豆皮与豆肉脱离。

5. 粉碎

经过脱皮的豆肉进入粉碎工序，粉碎一般要经过 2~4 次的粉碎过程，才能使豆肉粉碎成 8~14μm 的粉状。粉碎是选用 280 型多用高速锤片粉碎机，粉碎机有带过滤网和不带过滤网两种，前两次粉碎用不带过滤网的机型，后两次选用带过滤网的机型。达到要求细度的豆腐粉，经粉碎机过滤网进入下道工序，完成粉碎过程。

6. 收集

从粉碎机吹出的豆腐粉进入沙克龙（旋风除尘器）等集粉设施，豆腐粉落入沙克龙集粉器，打开集粉器将豆腐粉收集到专用大袋，进入包装工序。

集粉设施是由几组"沙克龙"和布袋过滤器、风机、管道组成，含有豆腐粉和空气的气粉流，经过集粉设施，把豆腐粉收集，将干净的空气排出。

7. 包装

加工好的豆腐粉，采用人工或专用包装机，分装成每袋 0.5kg 的小包装，再装入大包装纸箱内。小包装袋选用纸袋或塑料袋均可，因为豆腐粉较细，吸附性强，用纸包装袋较好。

8. 成品

成品豆腐粉是未脱脂的浅黄色细粉，其质量要求见表 3-21。

表 3-21　豆腐粉质量标准　　　　　　　　　　（单位：%）

项目	水分	粗蛋白	粗脂肪	碳水化合物	粗纤维	灰分
含量	7~8	38~42	18~22	20~24	2~3	4~5

现代市场上有各种大豆粉类产品，如大豆蛋白粉、脱脂豆粉、半脱脂豆粉、速溶豆粉、豆浆粉、速溶多维豆奶粉等，都属于新型豆制品的范围，在此不做介绍。

第十节　豆芽菜类生产工艺

在我国，豆芽菜生产与食用有 2 000 多年的历史，豆芽菜清脆鲜嫩味美可口，而且营养丰富。例如，黄豆芽的蛋白质含量是一般蔬菜的 10 倍以上，脂肪、碳水化合物、维生素含量丰富，特别是维生素 C 含量很高，同时还含有多种人体极为需要的氨基酸。现代研究发现，长期食用豆芽菜，能够有效防止衰老和动脉硬化。

与其他蔬菜相比，豆芽菜生产容易，周期短，营养价值高。早在 20 世纪 60 年代前，农业种植还没有出现蔬菜大棚种植方式时，北方冬季蔬菜缺乏，豆芽菜是一种非常好的淡季补充蔬菜。现在，虽然蔬菜种类常年丰富，但豆芽菜仍然是人们日常餐桌不可缺少的美味佳肴。

一、黄豆芽（大豆类）

用黄豆生产芽菜，称之为黄豆芽。在黄豆刚发芽还未展开时，就可以食用，称之为豆咀。豆咀继续生长 7d 后，长出根、茎、叶成为黄豆芽。

（一）黄豆芽生产工艺流程

原料黄豆→筛选→漂洗→杀菌→浸泡→育芽→淋水→出芽漂洗→成品

（二）工艺操作及要求

1. 原料黄豆

用于生产黄豆芽的原料，必须是当年成熟、颗粒饱满的当年豆，其发芽率应在 95% 以上，不宜使用陈年豆。

2. 筛选

原料生产前首先要进行筛选，去除碎豆、虫蚀豆、金属物和泥沙等杂质。筛选一般用专用筛选机进行筛选。

3. 漂洗

经过筛选后，大部分杂质已去除。但仍然有与黄豆颗粒一样的"并肩石"、嫩豆、霉豆、虫蚀豆未能彻底清除，粘在黄豆颗粒上的灰尘、泥土等需要经过水的漂洗除去。

原料的漂洗是在一个容器内放满清水，再把黄豆放入。放入黄豆的数量是少于容器的一半，然后用笊篱漂洗，同时捞出上浮物。漂洗均匀后从容器底部排水口放出脏水，再放入清水漂洗 2~3 次，黄豆已经清洗得很干净了。放掉漂洗水，进行下一工序——杀菌，杀菌可用漂洗容器，也可另设杀菌容器。

4. 杀菌

为了不使原料上沾染的杂菌带入下一工序，减少发芽后的烂缸、烂根现象，所以在漂洗后对原料要进行杀菌。

杀菌一般选择用热水杀菌，也可以用石灰水杀菌，要根据生产条件确定杀菌方式。

采用热水杀菌，是把漂洗后的黄豆放入 65~70℃ 的热水中浸泡 1min 后，立刻捞出放入冷水中迅速降温，并不断补充冷水，使原料降至常温，进入下道工序。

采用石灰水杀菌，是把漂洗后的黄豆放入 3% 的石灰水中，浸泡 3min 后捞出，用清水冲洗干净，进入下道工序。

5. 浸泡

黄豆经过杀菌后，放入容器中用清水浸泡 4~6h。放掉浸泡水，用清水冲洗干净就可以育芽了。浸泡时间根据季节、室温进行调整，环境温度高时，可适当减少浸泡时间，并在浸泡时更换 1~2 次新水。环境温度低时，可适当延长浸泡时间，但不超过 6h，浸泡时容器内一定要保证充足的水量。

6. 育芽

经过浸泡的黄豆，体积膨胀，种皮软化，此时可以将黄豆放入育芽容器中开始育芽。育芽容器可用木箱或塑料箱，要求箱底有网，可排水、透气。箱体要有一定的高度，足够发芽后的膨胀生长空间。箱内放入黄豆 4~5cm 厚，不可放过厚，否则会影响豆芽生长。黄豆上面可以加盖竹盖（竹盖有大孔，透气）或盖湿布，此时开始育芽或称催芽。

育芽过程中必须控制育芽箱的温度，育芽温度范围在 22~25℃。温度调节，一是靠调整生产厂房温度，二是靠淋水调整生产过程中的豆芽温度。

7. 淋水

育芽过程中淋水是非常重要的操作环节，如果淋水不及时或淋不透，就会使豆芽变质、腐烂。豆芽在生长过程中需要大量的水分、空气和适合的温度，才能健康地生长发育，而淋水正是满足豆芽生长所需要的条件。淋水可以给豆芽不断地补充水分，降低豆芽生长过程中上升的温度，打通豆芽之间的透气通道，使豆芽顺利生长。淋水的时机和次数，要根据不同的生长时间，采取不同的淋水次数。生长第一天，每 12h 淋一次水。生长第二天、第三天，每 8h 淋一次水。生长第四天、第五天，每6h淋一次水。在炎热的夏天，淋水次数要相应增加，在寒冷的冬天，适当减少淋水次数，水温控制在18~24℃。

黄豆在育芽过程中不能有阳光照射，所以育芽车间要避光，还要有可控的通风口，湿度要求控制在90%，温度控制在22~25℃。

过去生产条件差，育芽车间秋冬季节都是用煤火调节温度，现在用暖气来调节室温，但不可用热风，要保持车间的高湿度。

8. 出芽漂洗

豆芽经过7d已生长到8~10cm，就可以出移了。在出芽的前一天，逐步减少淋水次数，剩余半天基本不再淋水，使豆芽的根不再生长，甚至收缩，行业上称之为切根。此时可以将豆芽慢慢从箱中取出，进行清水漂洗，去除豆皮及黏液，使豆芽干净、漂亮。

9. 成品

成品豆芽应是芽茎色白，芽长8~10cm，子叶未展或始展，无烂脖，无异味，茎嫩脆，根须短，无豆壳。一般黄豆芽的出成品率为1:6。

二、绿豆芽

绿豆芽与黄豆芽的食用方法相同，生产工艺基本相同。但是，工艺过程控制比黄豆芽更加严格，因为如果绿豆芽在生长过程中控制不好，更容易烂根。

（一）绿豆芽生产工艺流程
原料绿豆→筛选→漂洗→杀菌→浸泡→育芽→淋水→出芽漂洗→成品

（二）工艺操作及要求

1. 原料绿豆
筛选、漂洗、杀菌、浸泡与黄豆芽相同，在此不细叙述。

2. 育芽
生产绿豆芽在育芽阶段，育芽箱温度控制在23~26℃，温度比黄豆芽高1~2℃。

3. 淋水
绿豆在育芽时因其体积小，颗与颗之间空隙小，生产过程中更容易生热。因而淋水的次数比黄豆多一倍以上，淋水的水温控制在18~22℃。

4. 出芽漂洗

绿豆经过 4~5d 育芽后，就可以出芽漂洗了。绿豆芽比黄豆芽更脆，更容易折断，所以出芽必须分层出，轻漂洗。但为了去除豆皮，要宽水、慢放、轻出，以保护绿豆芽不折断。

5. 成品

绿豆芽芽身洁白，挺直，茎长 76~90mm，根须短，无异味，无豆壳。绿豆芽的出成品率为 1∶8。

（三）豆芽菜生产过程中烂根、烂茎的原因及控制方法

1. 烂根、烂茎的原因

在育芽过程中，出现豆芽菜烂根、烂茎，甚至全部腐烂是生产中常见的问题，原因一般有以下几个方面。

（1）原料清洁和杀菌不到位，使虫蛀豆、破豆、嫩豆混入，造成局部发育不良，逐步腐烂。杀菌温度低、时间不够，使原料中的杂菌混入，造成豆芽生长过程中的腐烂。

（2）育芽过程中温度、湿度控制不好，温度过高，使中心部分豆芽烧坏，腐烂。

（3）淋水时水温不稳定，淋水浇不透或浇不及时，使局部不透气、缺氧，造成烂根、烂茎。

（4）用于生产豆芽菜的水质不好，硬度过高，碱性大，既影响豆芽的生长，也容易出现烂根。

（5）生产场地或设备未进行必要的消毒，造成交叉污染，使豆芽菜染菌腐烂。

（6）操作人员卫生条件不符合要求，造成豆芽腐烂。

2. 控制方法

要使豆芽菜生产过程中不出现腐烂或烂根，就必须严格工艺操作，并从以下几个方面采取防范措施。

（1）选择符合食品生产规范的生产环境。豆芽菜生产环境一定要符合标准《食品企业通用卫生规范》GB 14881—2013 的要求。

（2）从事豆芽菜生产的人员，必须符合人员健康要求。工作时必须按食品生产规定的洗手、消毒等程序进行。

（3）豆芽菜生产车间，必须有良好的给排水设施，配备加温、加湿设备。安装可控通风设施、紫外线杀菌灯、防蝇、防虫、防鼠等设施、设备。

（4）每一生产周期后，必须对育芽箱、桶、工具、用具进行彻底消毒，并用清水冲洗干净，再投入新的生产循环。生产场所可用紫外线杀菌灯杀菌，场地用 0.1%～0.3% 的漂白粉溶液消毒。工具、用具、箱子、桶等用 1% 的漂白粉溶液浸泡 1h 以上，然后用清水冲洗干净，有些箱、桶等还可以经太阳暴晒。

（5）使用符合饮用水标准的水进行生产，增加可调节淋水温度的设施、设备。较准确地控制制品温度，根据不同温度调节淋水温度。

（6）严格按照工艺操作规程操作，确保每一道工序的工艺质量，确保豆芽生产过程的有效控制。

（四）根长、茎细豆芽产生的原因及控制方法

1. 根长、茎细产生原因

豆芽菜根长、茎细不符合质量要求，如果出现这样的豆芽菜，市场上是卖不出去的。产生这种问题的原因有以下两个方面。

（1）育芽过程温度偏高，淋水次数过多，箱内放豆薄等，可能出现豆芽生长过快，根系发达，芽茎纤维化。

（2）违反规定过量添加增长剂或违法添加化学物质，促使豆芽过快生长。

2. 控制方法

（1）生产豆芽不能违法添加化学物质，添加剂的使用必须严格按《食品安全国家标准　食品添加剂使用标准》GB 2760—2014 国家标准执行。

（2）严格工艺控制，掌握好温度、湿度、淋水。还可以在豆芽上适当压一定重量又透气的上盖，就能使豆芽根须短、茎粗壮。

现在市场上有很多型号的豆芽菜生长机，能够较准确地控制育芽过程的温度、湿度、淋水。但是常出现根长、茎细的豆芽，应加以改进，使机械生产豆芽质量更好。

第四章　杂豆食品

第一节　豌豆制品类

一、饹馇

饹馇是用豌豆面摊制而成的产品，可以直接制作多种菜肴，或经炸制再加工，可制作出更多的花色品种。

(一) 饹馇生产工艺流程

工具准备→调糊→摊制→冷却折叠→成品

(二) 工艺操作及要求

1. 工具准备

制作饹馇产品，目前还是手工操作为主。

生产中所用的工具有：煤球灶或煤气灶，摊制铁铛 2 个，柳木制作的马勺 2 个，铁质小铲 2 个，硬纸托板 2 个，油碗 1 个，油刷 1 个，调糊容器 1 个，铁勺 1 把，竹帘及支架，小糊桶 1 个。以上工具准备齐全后才能生产饹馇。

2. 调糊

在容器内按 1∶3 的比例放入豌豆面和水，用竹棍搅拌直到没有面疙瘩为止。

3. 摊制

打开灶火，烧热铁铛后，用油刷在铛上刷上一些油，然后用小糊桶舀一桶糊提到灶台上，用小勺将糊舀入左右两个铁铛内，放下糊桶和铁勺，两手分别拿起马勺在两铛糊中转圈晃动，把糊摊圆，待糊熟透后用小铲将各铛中的糊集到中间摊平，并用小铲将周围的毛边铲下放在糊中。摊好后底皮直径应在 40cm 左右。出铛时先用小铲沿四周转起一圈，使饹馇底皮翘起，然后右手拿起托板，左手用小铲将饹馇铲上托板，放到竹帘上。

4. 冷却折叠

饹馇放在竹帘上，将四周的底皮向内折叠成长 21 ~ 22cm、宽 15 ~ 16cm 的长方形。当饹馇凉后将其翻过来码入包装屉内。

5. 成品

饹馇成品为深黄色。要求成品薄厚一致，四角整齐。每 100kg 原料可出成品 350kg 以上。其质量标准见表 4-1。

表 4-1　饹馇标准　　　　　　　　　　　　　　（单位：%）

项目	水分	淀粉
含量	≤75	≥18

二、薄饹馇

薄饹馇是用豌豆面摊制而成的薄片饹馇，用它可以卷馅制成多种美味产品。

薄饹馇的加工过程与饹馇一样，不同之处是薄饹馇在摊制时往铁铛内放的豆糊量少，只够摊制一个 1 ~ 1.5mm 厚，直径 350mm 的薄片。另外摊好的薄饹馇，如果用于再加工其他产品时需要在调糊时加少许食盐，摊好后的薄饹馇放在湿布上，将其软化，以利于再加工其他产品时不破碎。

成品薄饹馇要求圆片大小一致，薄厚均匀，不带豆糊，火候合适。每 100kg 原料出成品 120kg。其质量指标见表 4-2。

表 4-2　薄饹馇标准　　　　　　　　　　　　（单位：g/100g）

项目	水分	淀粉
含量	≤40	≥45

三、饹馇盒

饹馇盒是用薄饹馇卷后，炸制而成的产品。

（一）饹馇盒生产工艺流程

备料→卷制→切制→炸制→成品

（二）工艺操作及要求

1. 备料

每100kg豌豆面用食用油35kg、食盐2kg、豆面20kg，并将豌豆面摊制成薄饸饹馇。

2. 卷制

将一张薄饸馇铺平，将另一张对折后放在底张后侧，然后将底张卷起来，卷好后用豆面浆粘住。卷制时应注意不要卷过紧，要使层与层之间有一定的空隙，这样有利于炸制。

3. 切制

卷好后的饹馇便可切块，切块宽度为2.5cm，斜度60°的马蹄形块状。切制时要宽度一致，刀口整齐，不散不碎。切好的块，单层码放在木板上。

4. 炸制

将油加温到160℃时，将饹馇块用手轻拿迅速放入油锅内，下锅后要不断轻轻翻动，观察火候。炸好后的饹馇盒捞到筛子内，控净余油倒入包装屉内。

5. 成品

饹馇盒要求炸得酥脆，不散不碎，块型一致。每100kg原料可出成品120kg。其质量指标见表4-3。

表4-3　饹馇盒标准　　　　　　　　　　（单位：g/100g）

项目	水分	淀粉	脂肪
含量	≤15	≥30	≥40

第二节　豆沙制品类

一、赤豆沙（红豆沙）

利用红小豆制作成豆沙馅，再将豆沙馅包裹在白面或玉米面内制作成豆包，是我国人民最喜爱的主食之一。还可以用豆沙馅制作成糕点、元宵、汤圆等，是我国传统的风味食品。

制作豆沙传统工艺比较复杂，其中制沙和洗沙是加工工艺的关键环节。对设备和技术条件要求比较高。

（一）生产工艺流程

原料红小豆→清理→浸泡漂洗→煮豆→破碎→分离→脱水→炒沙→冷却→包装→成品

（二）工艺操作及要求

1. 原料清理

制作赤豆沙要选择无病、无虫、无霉烂、无霜冻的当年优质红小豆，在使用前要对原料清杂，除去石头、泥沙、残破豆、霉豆。红小豆的清杂一般使用粮食加工专用筛选机进行清杂，以得到符合要求的原料。

2. 浸泡漂洗

红小豆种皮比较坚硬，对外部水分主要靠胚芽处吸入，为了缩短蒸煮时间，要对红小豆进行浸泡。浸泡水温控制在 18~22℃，浸泡时间 4~6h。

浸泡后的红小豆要用清水进行漂洗 2~3 遍，清除浸泡残留水，使红小豆干净、鲜亮。

3. 煮豆

煮豆是制作豆沙的关键环节，首先控制好加水量，加水量是豆的 2.5 倍。控制煮豆温度和时间，煮豆开始时用大火，煮沸后改用中小火。煮到 30%豆皮脱开，用手捏豆成粉末状，说明已经煮好。煮豆时间一般为 35~45min，煮豆时间和温度控制不好，直接影响到出沙率。

4. 破碎

将煮好的豆进行破碎，破碎可采用石磨、砂轮磨、小钢磨等设备，只要能够满足工艺上豆沙的细度要求即可。豆沙的颗粒一般在 0.5mm 以下。破碎时除煮豆水外还要适当加一定的冷水，以利于破碎。

5. 分离

经破碎的豆已成糊状，豆皮混在其中，使用分离机对豆沙糊加水进行分离，除去豆皮，获得纯净豆沙。分离机网可选用 40~50 目分离网。

6. 脱水

煮好的豆经过破碎、分离，得到的豆沙含水量较高，一般为 75%左右。必须脱掉部分水分，使水分含量在 50%~55%，才能进入下一工序。

脱水可选用单独的离心机，或用上道工序的分离机，更换 100~120 目分离网进行脱水。

7. 炒沙

炒沙是生产豆沙的另一个关键环节，经过脱水的豆沙，加入食用油和白砂糖，在锅内翻炒将近 60min，使豆沙水分降至 15%～18%，产品油亮、细腻、沙性极好。

添加食用油最好选用精炼棕榈油，分两次或三次添加，添加量为红小豆的 10%。添加白砂糖是在炒沙的中期加入，添加量是红小豆的 30%，不能甜度过高，否则失去了豆沙特有的风味。

炒沙可用明火锅或用不锈钢蒸汽夹层锅，炒沙时要不停地翻动，防止糊锅和脱水不均匀。

目前在炒沙工艺上，出现不少的创新和改进，如在炒沙时不加油，生产出清水豆沙，但对加工设备要求比较高。

8. 冷却包装

炒制好的豆沙，放在托盘上进行自然冷却，降至常温。生产量比较大的可采用冷却隧道，快速冷却。

冷却后即可对豆沙进行包装，采用的包装材质不同，保存的温度和保质期也不同。如果选用复合袋抽真空包装，再进行二次反压灭菌，就可以延长保存期至半年。如果用一般塑料包装材质包装，则需要在 5～8℃ 的环境中保存。

过去传统的延长保存期的方法是回沙，即：将炒好的豆沙放置 2d 后，再次放入锅中加热，用文火加热翻炒。炒后放置 2d，再重复加热翻炒，使豆沙中的水分进一步降低，同时起到再次杀菌的功效。这样豆沙耐储性增强，可在常温下保存 2 个月左右。

9. 成品

赤豆沙的成品水分含量控制在 15%～18%，色泽深红，质地细腻，风味甜美。

二、绿豆沙

绿豆沙是极受人们喜爱的甜品，以其香滑、清甜，清热解暑，别具一格的风味而独树一帜，而且还有解毒消痛、利尿除湿的特殊功效。

（一）生产工艺流程

原料绿豆→清理→浸泡→煮豆→破碎分离→脱水→炒沙→冷却→包

装→成品

（二）工艺操作及要求

从绿豆沙的工艺流程可以看出，它的生产过程与红豆沙相似，所不同有以下几点。

（1）绿豆浸泡时间 2h 即可。

（2）煮豆时间为 20~25min。

（3）破碎和分离两个工序可以选用带分离网的砂轮磨，一次完成两个工序过程，绿豆比红小豆破碎后更好分离。

其他的工艺环节与赤豆沙操作相同。

第三节　绿豆淀粉加工食品类

一、机制粉皮

粉皮是用绿豆淀粉加工而成的片状半透明产品，是夏季极好的菜肴原料。

（一）生产工艺流程

淀粉过滤→冲调→制皮→成品

（二）工艺操作及要求

1. 淀粉过滤

将湿淀粉加一定量的水搅拌，当搅拌均匀后用泵抽到另一容器，容器上口加过滤布把淀粉乳中的杂质过滤干净。淀粉乳在容器内还要继续搅拌，不能停止，如果停止淀粉就会沉淀。

2. 冲调

把容器内的淀粉乳取出 1/5，加入 95℃ 的热水冲调，使其成为半熟的糊状，温度为 80℃。将半熟状的淀粉糊对入淀粉乳中，搅拌均匀无疙瘩。淀粉糊与淀粉乳对比为 1：4，混合之后温度为 62℃ 以上。冲调过程中要严格控制加水的比例，湿淀粉在加水前含水分 44%，1kg 湿淀粉应加入 4kg 水。在对淀粉糊时要同时对入白矾水。白矾的用量为每 100kg 淀粉加 2.5kg 矾，先将白矾用热水溶解后再对入淀粉乳中。淀粉糊与淀粉乳经过搅拌后，全部成为糊状液体后就可以制作粉皮了。

3. 制皮

开动粉皮机前应清洗传动铜板，并将铜板用布浸食用油擦一次，以利揭皮。开机时将调好的糊状淀粉液放入料斗，打开料斗节门，将其匀速地放入传动铜板的调节槽内。调节槽出料口调到 0.6cm 高，行走的传动铜板将液体带走。进入蒸汽加温箱，将淀粉糊蒸熟。出加温箱后，用冷水喷淋降温。至机器终端，揭皮滚把粉皮揭下来，并切成方块，人工折叠后放入包装屉内。制皮工序中必须掌握好粉皮薄厚程度一致，控制好加热的温度，调节好冷却水，才能制出高质量的粉皮。

4. 成品

绿豆粉皮呈碧绿色、半透明、有光泽、柔嫩且有弹性。切制尺寸应是 17cm×28cm 为好。1kg 约为 6 张，每 100kg 淀粉出粉皮 400kg 以上。其质量标准见表 4-4。

表 4-4　粉皮标准　　　　　　　　　　　　（单位：g/100g）

项目	水分	淀粉
含量	≤88	≥15

机制粉皮具有生产效率高、质量稳定的特点。近几年粉皮机又在不断完善，冲调淀粉糊也由人工变为机械化冲调，使粉皮生产全部实现机械化。

二、手工粉皮

手工粉皮使用的工具有热水锅、凉水桶、淀粉乳容器、铁勺 1 把、铜旋子 10~15 个。

1. 生产准备

生产前先将淀粉按 1∶4 的比例加水调成淀粉乳，并按 1∶0.02 的比例加入白矾水。将热水锅加热使其沸腾，凉水桶内放满凉水。一切准备工作完成后即可开始旋皮。

2. 手工旋皮

旋皮时将淀粉乳用小勺按量舀进铜旋子内，把旋子放在开水锅水面上，正转和反转数次。热水的温度经铜旋子传到淀粉乳，淀粉乳受热后糊化凝结。由于是在旋转过程中加热，淀粉均匀地分布在铜旋子的底部，3~5min 后即成粉皮。

成皮后将铜旋子拿出放入凉水桶水面，并浸入少许凉水，在凉水桶内冷却 3min 后，将粉皮从铜旋子内揭下来，挂在竹竿上，短时自然冷却后，便可折叠放入包装屉内。

3. 操作要求

手工制作粉皮要注意几点：①淀粉乳调制时比例要准确。②生产前必须将铜旋子擦洗干净。③操作时铜旋子旋转要快，不能停转，转动越快粉皮薄厚越均匀。④凉水桶内的水要不断更换，以保持粉皮的冷却温度。

手工生产粉皮出品率一般比机制粉皮高，每 100kg 淀粉可出成品粉皮 450kg 以上。其质量标准、卫生标准与机制粉皮相同，但生产效率比机制粉皮低得多，大生产时多用机械生产。

三、凉粉

凉粉是由不同品种的淀粉配比后熬制而成的产品，常用原料也有杂豆粉。物美价廉，极受欢迎。

（一）生产工艺流程

配料→调浆过滤→熬制→冷却→切块→成品

（二）工艺操作及要求

1. 配料

由于各种淀粉的性质不同，在制作凉粉时为了获得理想的产品，一般都不是用一种淀粉，而是用几种淀粉配在一起，几种淀粉配比分别见表 4-5、表 4-6、表 4-7。

表 4-5　配方一 （单位：kg）

品种	杂豆粉	白薯粉	加水量	白矾
数量	50	50	600~650	2

表 4-6　配方二 （单位：kg）

品种	玉米粉	白薯粉	加水量	白矾
数量	50	50	600~650	2

表 4-7　配方三　　　　　　　　（单位：kg）

品种	杂豆粉	玉米粉	白薯粉	加水量	白矾
数量	30	20	50	600~650	2

2. 调浆过滤

原料按表 4-5 至表 4-7 的配方配好后放入容器内，加水搅拌，并用布过滤，清除杂质。加入白矾水，将淀粉乳用泵输送到熬粉锅内，准备熬制。

3. 熬制

淀粉乳送入锅内后，将锅盖盖好，开动锅内的搅拌器，搅拌淀粉乳。淀粉乳搅拌起来后，打开蒸汽节门，开始熬粉。熬制时搅拌器不停地搅拌，10min 后，锅内会发出砰砰的响声，说明淀粉已熬熟。关闭蒸汽节门，停止搅拌。

4. 冷却

将包装屉内铺好湿豆包布，打开放料口，将熬好的淀粉糊放入屉内。放满后置于通风处自然冷却 12h 后，用凉水喷淋，10min 后就可以切块了。

5. 切块

预备一个木案子，将凉粉屉翻扣在案子上，取下空屉，揭去豆包布，用刀将凉粉切成 15cm×10cm 的块，放入包装屉内。

6. 成品

成品凉粉要求不糟不软、富有弹性。颜色乳白，每 100kg 淀粉出成品 700kg 凉粉。其质量标准见表 4-8。

表 4-8　凉粉标准　　　　　　　（单位：g/100g）

项目	水分	淀粉
含量	≤92	≥8

四、粉鱼

粉鱼实际上是改变了形状的凉粉，因而粉鱼的生产工艺在熬制之前与凉粉完全一样，使用的熬制设备也一样。不同之处是在熬制之后增加一个漏鱼设备，将漏鱼机安装在熬粉锅出料口下面，熟淀粉糊可直接放入漏鱼机。漏鱼机下面放一个凉水槽。漏下的粉鱼立刻进行冷却，使其成型，防止互相粘连。粉鱼冷却 15min 后即可捞在包装容器内，包装或散装销售。

粉鱼成品要求条形整齐不碎、不软、不生、不黏，似小鱼条状。每 100kg 淀粉出粉鱼 650kg，其质量标准与凉粉相同。

第五章　豆制品加工专业设备

第一节　原料清杂设备

一、提升、输送设备

原料清理设备是豆制品生产第一道工序的设备，这些设备与粮食存储和加工所用设备相近或相同。

在大豆的清理过程中要经过几道不同类型的清理过程，从一个过程到另一个过程有可能选用原料水平输送或是垂直输送。当需要垂直输送时使用比较普遍的是提升机。

（一）提升机

将原料垂直输送的设备类型很多，如斗式提升机、螺旋式输送机、刮板输送机、气力输送系统。在没有特殊要求时，皮带斗式提升机是最经济耐用的。斗式提升机及传动设备如图 5-1 所示。

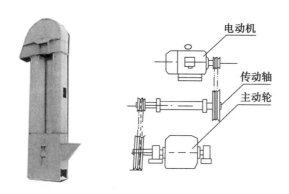

图 5-1　斗式提升机及传动设备示意图

1. 斗式提升机特点

斗式提升机占地面积小，输送量大，机器结构简单，而且维护方便，维修的费用低。存在的缺点是输送水分低于14%的原粮会产生一些破碎粒。

2. 皮带斗式提升机工作原理

该设备是利用垂直环形运转的平皮带，带动皮带上的料斗，当料斗运转到提升机底部时，料斗装满原料，运转到上部，利用支撑滚筒转动的离心力，将原料从料斗内抛出，经出料口流出，达到垂直输送的目的。提升机的平皮带在一个密封性能较好的垂直套内运转，以防止粉尘和原料外扬而破坏环境。在选择皮带斗式提升机时，要根据输送高度、输送产量、输送内容、环境条件综合考虑，确定设备的具体技术要求。

3. 主要结构

斗式提升机主要组成：头部、底部、中部、电机及传动部分、皮带及料斗。

机头部是提升机主动滚筒安装部位，也是出料部位，电机和变速机构一般安装在机头部位。主滚筒直径根据提升机产量、皮带宽度、卸料需要速度选择。滚筒加工成鼓型，以防止皮带运转时跑偏。卸料口是在滚筒横向中心线以下，能使抛出的物料基本上从料口流出。卸料口的位置如图5-2所示。斗式提升机结构如图5-3所示。

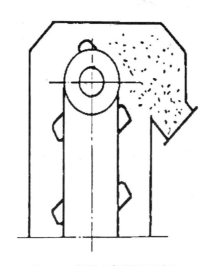

图 5-2 提升机卸料口示意图

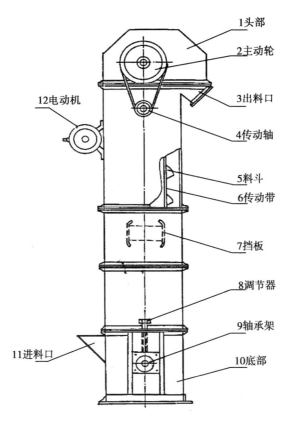

1—头部；2—主动轮；3—出料口；4—传动轴；5—料斗；6—传动带；7—挡板；
8—调节器；9—轴承架 ；10—底部；11—进料口；12—电动机

图5-3　斗式提升机结构简图

　　底部是提升机的基础，主要由被动滚筒、进料口、机座、张紧调节机构和外套组成。被动滚筒和主动滚筒直径一样，但是固定方式不同，被动滚筒是弹力固定，对皮带有一定的张紧力，而且可以调节皮带的松紧。进料口一般安装在被动滚筒中心线以上20cm处，进料角度在30°左右。进料口形式如图5-4所示。

　　中部是提升机外套部分，根据检修的需要设置一定的检修孔，以便检修时接皮带换斗等。提升机外套如果是单套，中间要加隔板，防止皮带有大的颤动。电机及传动部分是提升机的动力源，当提升机动力需要较大时，采用齿轮减速箱变速，动力小时可以皮带二级变速。

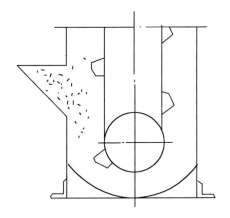

图5-4　进料口示意图

　　皮带和料斗要配合选用，皮带必须用挂胶皮带，皮带宽度一般比料斗宽3~4cm。料斗用平机螺钉固定在皮带上，料斗大致有3种形式：深斗、浅斗及尖角斗，根据所输送物料不同，产量不同选择其中一种形式。输送黄豆产量不大时选择浅斗比较适合，浅斗形式如图5-5所示。

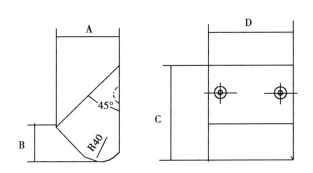

A—伸距；B—深度；C—高宽；D—宽度

图5-5　浅斗形式

4. 技术性能（以24t/h，提升高度6m为例）

输送产量：24t/h

输送高度：6m

皮带线速度：1.68m/s

上下滚筒直径：∅270mm

料斗容重：1.05kg（黄豆）

料斗数量：55 个

电机功率：1.5kW 6 级

5. 使用与维修

提升机对过载较敏感，在使用时要注意均匀供料，要设置供料调节板。提升机底部要经常清理积料和杂物，以减少不必要的功率损耗。要经常检查料斗和紧固螺钉，防止掉斗，以保证提升机正常运转和输送产量。

（二）螺旋式输送机

螺旋式输送机可用于垂直输送或水平输送。在豆制品生产中废料、豆渣多采用螺旋式输送机。

1. 螺旋式输送机特点

这种设备具有制造简单、安装方便，对容重比较轻的粉状及有一定黏度的物料输送，有其独特的优点。目前行业选用比较广泛的有两类，一类是旋片式螺旋输送机，另一种是弹簧式螺旋输送机（主要用于粉、片类物料及干饲料等）。该设备形状如图 5-6 所示。

图 5-6 螺旋式输送机

2. 螺旋式输送机工作原理

该设备是利用在输送槽内一根旋转的主轴，主轴上按一定间距和角度焊接旋片，旋片随主轴旋转，将物料向前推进。在垂直输送时，物料向上运动，其进料口要不断供给物料，如供料不足，会使推出去的物料下滑。该设备缺点是，输送机停止后料管内积存物料多，不易清除干净。在工艺要求不能积存物料工序不适用。螺旋式输送机结构如简图 5-7 所示。

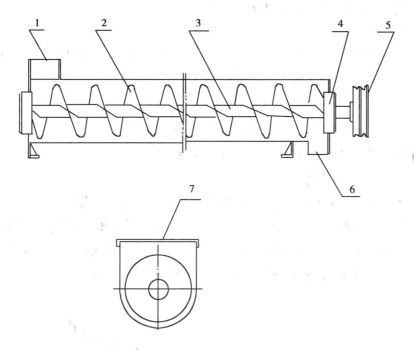

1—进料口；2—绞龙片；3—绞龙轴；4—轴承盒；5—皮带轮；6—出料口；7—上盖

图 5-7　螺旋式输送机结构简图

3. 主要结构

螺旋式输送机主要由外套、螺旋片、螺旋轴、传动轮、调速电机联轴器传动或电机和变速箱组成。外套形式有圆筒式和 U 型槽式两种。干原料的输送可以用圆筒式，湿原料因为随时需要清洗，所以采用 U 型槽式比较适宜。两种外套都可以用 2mm 的铁板制作绞龙是由轴和绞龙片焊接而成，轴一般用铁管两端加焊轴头，绞龙片的直径是根据螺距、绞龙内外直径决定的，做成单片而后焊接在一起。螺旋方向分左旋、右旋两种。螺旋线有单线、双线、多线几种，可根据实际需要选择。

4. 技术性能（举例）

输送产量：2.5t/h

绞龙直径：160mm

主轴转速：70r/min

电机功率：0.6kW　6级

外形尺寸：3 000mm ×180mm ×200mm

5. 使用与维修

螺旋式输送机安装使用都比较方便、简单。日常维修时要注意定期清洗轴承，更换润滑油，并做好轴承的密封。

（三）带式输送机

带式输送机是很多行业广泛采用的水平式倾斜方向（低高度提升）的物料输送设备，可输送块状、颗粒、袋式包装物等。

1. 带式输送机特点

带式输送机是有挠性牵引构件的运输机构中的一种型式，它的工作范围广泛，输送距离长，生产效率高，所需动力不大，结构简单可靠，使用方便，检修容易，无噪音，能够在全机身中任何地方装料或卸料。主要缺点是：不密闭，输送粉状物料时易飞扬。带式输送机如图5-8所示。

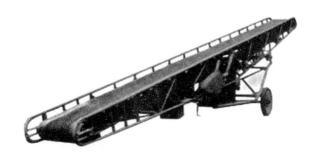

图 5-8　带式输送机

2. 带式输送机工作原理

带式输送机主要是靠机架及托滚驱动滚筒，带动环形平橡胶带转动，平带上层水平方向前行，其行进速度在 0.02～4.00m/s。物料通过料斗或直接放在环形带上随带一起前行。当平带转到滚筒处，改变方向，将物料送出，达到向一个固定点输送物料的目的。输送带可根据需要，选择橡胶带、纤维织带、钢带及网状钢丝带，但使用最广泛的还是橡胶带。带式输送机结构如图5-9所示。

3. 主要结构

带式输送机主要由封闭的环形带、驱动滚筒、改向滚筒、张紧滚筒、卸

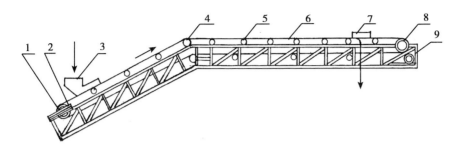

1—活动滚筒；2—调节装置；3—装料漏斗；4—改向滚筒；5—支撑滚柱；

6—环形带；7—卸料装置；8—驱动滚筒；9—驱动轴

图5-9　带式输送机结构简图

载装置、机架支撑滚柱、装料漏斗、电机组成。

（1）输送带。目前常用的有橡胶带、各种纤维编织带、钢带及网状钢丝带，还有塑料带。其中最普遍的是橡胶带。对传送带的要求是强度高、挠性好、本身重量轻、拉伸率低、吸水性小，对分层现象的抵抗性能好、耐磨性高。

（2）托辊。托辊的作用是支撑输送带和上面的物料的平稳运行。托辊分上托辊（即载运托辊）和下托辊（即空载托辊）两种，上托辊有平型（一个固定支架和一个辊柱）和槽型（一个固定支架和三个或五个辊柱组成）之分，空载段的下托辊用平型的。平型和槽型的托辊总长度应该比带宽100~200mm。托辊的间距和直径与带宽及运送物料的情况有关，当物品为大于20kg的成件物品时，间距不要大于物料在输送方向长度的1/2，以保证物料至少支撑在两个托辊上，通常取0.4~0.5m。物料比较轻时，托辊间距取1~2m。对于较长的橡胶带输送机，为了防止皮带跑偏，每隔若干组托辊装一个调整托辊，这种托辊横向可以摆动，两边有挡滚，防止皮带脱出。

（3）驱动装置。驱动装置是由电机和减速器和驱动滚筒组成，在倾斜式输送机上还配有制动装置和或急停装置。驱动滚筒通常是用钢板焊接而成，为了防止打滑，增加滚筒和皮带之间摩擦力，可以在滚筒表面镶嵌木板或皮革、橡胶等，滚筒做成鼓型，能自动纠正胶带跑偏。

（4）张紧装置。使用带式输送机。由于输送带具有一定的延伸率，在拉力作用下，本身会伸长，增加的长度需要得到补偿，否则滚筒和皮带就会打滑，甚至无法正常运转。常用的张紧装置有重锤式和螺旋式两种。

4. 技术性能（举例）

输送长度：15m

胶带宽度：500mm

最大输送高度：5.3m

最大倾角：19°

输送能力：104m³/h

电机功率：4kW　4级

整机重量：1 660kg

外形尺寸：15 700mm×2 004mm×5 300mm

（四）L型埋刮板输送机

图5-10　I型、L型埋刮板输送机

在直接输送散装物料时，短距离可以采用皮带输送机或螺旋输送机，但水平输送和垂直输送由一台设备完成，且要求密封，无粉尘外扬，其他输送设备就很难达到要求。而L型埋刮板输送机是比较理想的设备。

刮板式输送机的输送链由铁链加刮板、铸钢勾组合链、尼龙组合链等组成。可根据物料种类和相关要求选择。I型和L型埋刮板输送机如图5-10所示。

1. L型埋刮输送机特点

该机输送方向灵活，可以进行多点进料，多点卸料。使用方便，产量高，占地面积小。由于外壳封闭，输送各种物料对环境都没有任何影响或污染。缺点是物料破碎比某些输送设备大，输送道内残存物料多。

2. L型埋刮板输送机工作原理

该设备是采用铸钢链勾连接组合成输送链，在矩形壳体内运动，和物料发生摩擦带动物料运动，达到输送的目的。刮板输送机可以往复、弯曲、垂直水平几种形式，同在一个机器内完成输送目的。L型是水平和垂直两种输送距离一体的输送机。选用多台直线型输送机还可以达到任意方向的输送。L型埋刮板输送机结构如图 5-11 所示。

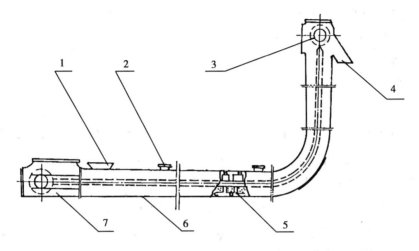

1—进料口；2—检查口；3—机头；4—出料口；5—链条；6—外壳；7—尾部

图 5-11　L 型埋刮板输送机结构简图

3. 主要结构

L 型埋刮板输送机主要由机头、机尾、中间壳体、链勾和传动部分组成。头、尾部的壳体由 5mm 铁板焊接而成，头部用于安置传动轴和轮，尾部安装被动轴、轮和弹力调节器。进料口设在尾部，出料口设在头部。外壳每一个活节都有 1~2 个检查口，平时用盖封死。输送链条是用单个链件组装成专用链条，单个链件是用 45# 铸钢直接铸造而成。传动部分是由电机和变速箱组成。链件形状如图 5-12 所示。

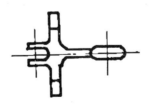

图 5-12　链件

4. 技术性能（举例）

输送产量：15t/h

输送距离：水平 15m　垂直 2m

输送道断面尺寸：366mm×246mm

链条线速度：0.53m/s

电机功率：2.2kW　4级

机器全长：15.8m

全机重量：1 550kg

5. 使用与维修

L 型埋刮板输送机在安装输送道时，要将各连接部位对齐，防止出现链道不平卡住链勾，出现设备事故。安装在地下的输送道要注意接口和检查口的密封，防止进水受潮。该机的电气控制部分要有较灵敏的过载保护，当链勾或机械传动部分出现问题时，能够快速及时切断电源停机。机械空转时有的钢铁摩擦噪音，当输送道内充满物料后，噪音就会减小，有人员操作的环境应该做适当的消音处理。使用该设备要定期给轴承、变速箱添加润滑油，定期检查链勾，更换破损件。

（五）吸引式气力输送设备

1. 设备特点

气力输送设备在粮食行业使用比较广泛，在无法使用提升机或其他输送设备时使用。气力输送的特点是输送产量大，输送速度快，特别是输送粉类及轻物料比较适合，但是输送颗粒物料破碎率大，有一定的噪音，耗电比提升机高。

气力输送的形式大致有三种：吸引式气力输送、压送式气力输送、混合式气力输送。吸引式气力输送也称为负压气力输送，比较适宜于垂直输送物料。

2. 吸引式气力输送工作原理

吸引式气力输送（负压输送）是利用风机进口的吸引力，把一定浓度比的物料吸到输送终点，然后通过卸料器把物料卸掉，风则通过除尘器除尘净化。除尘后的风通过风机出口排往室外。

3. 主要结构及组成部分

采用吸引式气力输送（负压）设备输送黄豆，所用的设备由接料器、物料管、卸料器、关风器、除尘器、风机、排风管组成。接料器采用诱导式，物料管用 2mm 铁板卷筒焊接，用法兰盘连接在一起，并在适当的位置安装透明观察管，以便随时观察物料输送情况。卸料器是采用大弯头和喷泉式卸料器组合的方法卸料。关风器根据输送产量选配。除尘器大小根据风量选配。风机选择大风量低风压机型。吸引式气力输送设备如图 5-13 所示。

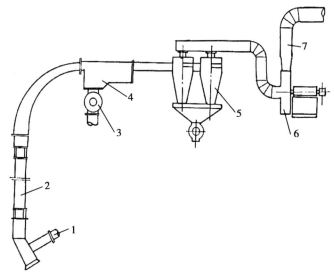

1—接料管；2—料管；3—关风器；4—卸料器；

5—除尘器；6—风机；7—排风管

图 5-13　吸引式气力输送设备简图

4. 技术性能（举例）

输送产量：15t/h

输送高度：28m

风管直径：250mm

风机型号：6-30-6 型

风机风量：6 020m³/h

风机风压：500mm 水柱

配用电机：17kW　2 级

关风器：63L

除尘器：45 型沙克龙 4 个分两组并联使用

5. 使用与维修

吸引式气力输送设备主输送管道安装要注意管道的密封，防止中间出现进风点而减小输送能力。管道安装要垂直，接口对正，减少硬阻力。使用气力输送物料时要掌握好风与物料的浓度比，浓度比过高会出现掉料甚至无法输送，浓度比太小又会浪费能源。气力输送管道如果使用薄铁板制作，管道外部要做消音装置。风机要做防震、防噪音装置，风机外做隔音罩。输送系统要定期清理，特别是卸料器风网上的杂物，防止风网堵塞，影响卸料。

二、筛选设备

筛选机是粮食加工的专用设备，在豆制品加工中主要是用于原料大豆的粗清理和分级清理。设备的形式比较多，有机械式振动筛、自衡振动筛、电磁振动筛等。机械式振动筛见图5-14。

图5-14　机械式振动筛

（一）机械式振动筛

1. 机械式振动筛特点

机械式振动筛是粮食行业使用比较早的筛选机。其特点是耗电低，筛选粮食范围广泛，维修方便。

2. 机械式振动筛工作原理

该机是由电机带动偏重体转动，偏重体与筛船固定在一起，整体挂在机架上。当偏重体转动产生离心惯性力，由于旋转改变方向，离心力方向也随之改变，使悬挂筛船形成快速的往复运动。筛船上装有三层不同孔径的筛板，第一层筛板单孔为 ϕ12mm 孔；第二层筛板上单孔为 ϕ8mm 孔；第三层筛板单孔 ϕ2.5mm 孔。黄豆通过第一层筛板到第二层筛板，又到第三层筛板，然后振出筛船。三层筛板，分别除去大、中、小杂质，并经过吸尘风机把筛选过程中的轻质灰尘吸去，达到原料清杂的目的。

3. 主要结构

机械式振动筛主要由进料部分、除尘部分、筛船、振动部分、支架五部分组成。进料部分有三道斜板、一道压力门，控制进料量，并经斜板把物料均匀地分布在筛板上。除尘部分有风机和调风门等。筛船内有三层筛板，筛板面积一层比一层大，三层筛板均向出料口倾斜 10°~15°，第一层和第二层筛板前端安装清杂槽，第三层筛板直通出料口。振动部分是振动筛的振源，振动器是由偏重铁块组成，由电机带动旋转从而带动筛船前后往复运动，筛船是用 40×4 扁钢吊挂在支架上，支架是用槽钢组焊而成，船体用 1.5mm 厚的钢板焊接。除尘风机和振动器是用一台电机带动运转。机械振动筛结构如图 5-15 所示。

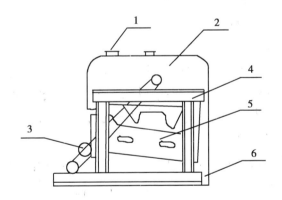

1—进料口；2—吸尘器；3—偏重铁；4—机架；
5—筛船；6—出料口

图 5-15　机械式振动筛结构简图

4. 技术性能（举例）

筛选产量：1.5t/h

筛板面积：0.6m²

筛船振动频率：640/min

筛船振幅：5mm

风机转速：920r/min

电机功率：1.5kW　6级

全机重量：600kg

外形尺寸：1 510mm×810mm×1 420mm

5. 使用与维修

豆制品生产行业一般选用 600 型筛麦机，改变筛板孔径并调整振幅后，用来筛选黄豆。因为黄豆和小麦形状不一样，黄豆颗粒圆易于滚动，所以振幅调整要小，使黄豆在筛板上滚动而不能跳动，并且适当调整二层及三层筛板的斜度使筛选机达到理想效果。筛选机自身配有吸尘的风机，但是吸出的灰尘无法除掉，所以要配备旋风除尘器或布袋过滤器，把带有灰尘的空气净化，防止污染环境。

每一层筛板都备有帆布帘，用于阻挡黄豆跳进杂尘槽，使用时要调整好压帘的铁棍重量，使杂质可以通过而黄豆不能通过。对筛选机要定期清理筛板，定期检查各部位轴承，添加润滑油。

（二）自衡振动筛

1. 自衡振动筛特点

自衡振动筛是消化吸收了瑞士布勤公司筛选机的技术优点改良制作的新型筛选设备。与机械式振动筛相比，结构紧凑、耗电低、噪音小、筛选效果好，维修方便、简单，而且是在物料封密的条件下工作，对工作环境影响小。

2. 自衡振动筛工作原理

自衡振动筛采用振动电机作振源，筛体架在空心橡胶垫上，两个振动电机安装在筛体两侧，并可以转动角度，调节电机的激振力大小、振动方向。筛体倾角可随意调整。筛体内三层筛板与机械式筛选机筛板相同。由于该设备使用振动电机为振动源，故可以获得高频率、小振幅的筛体往复运动，对筛选物料非常适用。同时另配有吸尘系统，是目前比较理想的筛选设备。自衡式振动筛见图 5-16，自衡式振动筛内部结构见图 5-17。

3. 主要结构

自衡振动筛主要由筛体、进料机构、出料机构、机架、振动电机和吸风

图 5-16　自衡式振动筛

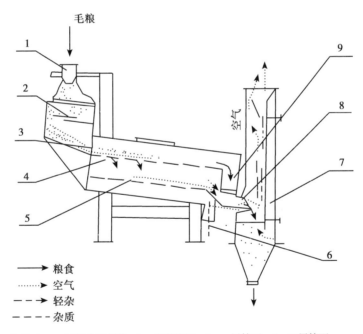

1—入料口；2—可调分料挡板；3—均布挡板；4—一层筛面；5—二层筛面；
6—小杂质出口；7—垂直吸风分离器；8—粮食出口；9—大杂出口

图 5-17　自衡式振动筛内部结构简图

管组成。筛体是用钢板焊接和螺栓紧固连接，两侧中心位置设有安装振动电
机的固定盘，可调节角度。筛板由夹紧装置固定在筛体上，整个筛体由空心

橡胶弹簧支撑在机架上。进料及出料机构由钢板焊接，用螺钉连接在筛体上，清理筛板时可以随时拆卸。机架是用槽钢焊接，机架带有横梁，横梁可以调整高度，以便调整筛体和角度。振动电机是筛体作直线振动的动力源，其结构简单，安装方便，可以在筛体固定板上调节角度和抛掷角。吸风管内有风门和调节板，可通过手轮调节风量和出料角度。吸风管设有玻璃钢板，可以随时观察筛选效果。

4. 技术性能（以 TQLZ60 型为例）

筛选产量：5t/h

筛板面积：0.6m²

筛面角度：6°

筛体振幅：5mm

振动电机：2×0.25kW　6 级

外形尺寸：1 550mm×1 640mm×1 455mm

5. 使用与维修

使用该设备需要对振动电机定期更换润滑油，定期检查橡胶弹簧，对出现裂纹的部件及时更换。每天工作结束时清理筛板。

6. 筛选机配套设备

筛选机工作需要的配套设备有：电气控制部分、提升机、给料器、风机、除尘器。

提升机主要是将原料提升到筛选机进料口所在的高度，供给筛选机进料。提升机有多种形式，如斗式提升机、皮带输送机、螺旋输送机和风力输送机等。使用比较普通的为斗式提升机。

给料器的作用是控制给料的流量，流量过大筛选不干净，流量过小影响工作效率。给料器可以是电磁振动给料器，也可以是简单控制板，控制流量。风机和除尘器是将筛选过程中的灰尘轻体杂质，用风力吸引到除尘器中，将杂质和灰尘留下，干净的风排出室外。黄豆筛选机配套的除尘器有：沙克龙（旋风除尘器）、脉冲除尘器、布袋过滤器等多种。为了能更好地除尘，一般做法是用旋风除尘器加布袋过滤器串联使用，见图 5-18。

（三）电磁筛选

1. 电磁筛选机特点

电磁筛选机是在冶金行业电磁振动给料器的基础上研制的，它的结构更

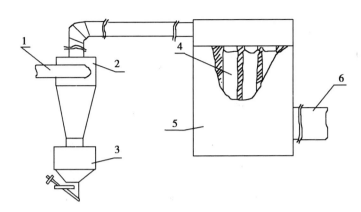

1—进风口；2—旋风除尘器；3—集尘器；4—布袋过滤器；5—集尘箱；6—出风口

图 5-18　除尘系统示意图

加简单，耗电低，维修非常简单。

2. 工作原理

该机是把电磁振动器与筛船固定在一起，电磁铁振动带动筛船振动，筛船悬挂在一个支架上，筛船随着电磁铁的高频振动达到筛选原料的目的。筛船与机械式振动筛和自衡振动筛相似，另配吸尘系统。

3. 主要结构

电磁筛选机主要由电磁铁、筛船、支架三部分组成。电磁铁一般选用冶金行业电磁振动给料器的电磁铁部分，根据筛选机的大小，选择合适的功率。筛船是用钢板组焊，内装三层不同筛孔的筛板（φ12、φ8、φ2.5），筛板倾斜度8°~10°。支架是用5#和10#槽钢组焊而成。电磁铁和筛船用弹簧钩挂在支架上，组成整个筛选机。安装时在整机下面垫4块橡胶板隔震。电磁筛选机结构见图5-19。

4. 技术性能（举例）

筛选产量：2.5t/h

筛板宽度：600mm

电磁铁型号：GZ3　200W

振动频率：3 000 次/min

最大振幅：1.7mm

机器外形尺寸：1 460mm×600mm×970mm

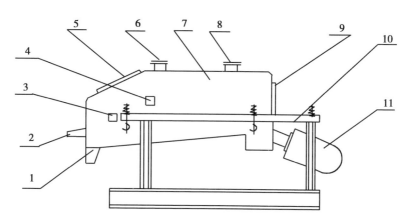

1—细杂质出口；2—出料口；3—中杂质口；4—大杂质口；5—观察口；
6—吸尘口；7—筛船；8—进料口；9—清理筛板口；10—支架；11—电磁铁

图 5-19　电磁筛选机结构简图

5. 使用与维修

电磁筛选机最大振幅 1.7mm，调整时不可调过最高值，否则不但噪音大而且筛选效果不好，还容易烧毁电磁铁线圈。在安装时需要配备除尘设备，防止污染环境。要定期清理筛板，防止杂物将筛板孔堵死影响筛选效果。

（四）比重去石机

比重去石机是粮食加工行业和豆制品生产行业普遍选用的原料专用设备。

1. 比重去石机特点

原料经过筛选后，比黄豆大的和比黄豆小的及比黄豆体轻的杂质均可去除，但是与黄豆体积一样大小的杂质很难通过筛选去除，这些杂质专业名称为"并肩石"，去石设备就是专为去除"并肩石"的专用设备。去石设备目前也有几种类型，如比重去石机、螺旋塔等。

2. 比重去石机工作原理

该设备采用振动和风力分层相结合的去石方式，比较巧妙地利用了物料和石头的比重差异分层。它也有一个带筛板的振动体（筛船），振动体也是靠振动电机为振动源，但振动电机装在振动体后面。而风是从筛板下面通过，当物料均匀地散在筛板上，风力把物料吹起暂时离开筛板，石头仍留在筛板上，筛板有一定的斜度，由于筛体的往复振动，使石头与物料形成反方向运动。风力把原料吸起，再落下，靠振动和筛板斜度向出口方向运动。而石头不能被风吸起，在

图5-20　比重去石机

筛板上靠振动向反方向运动，从筛船尾部排出，达到去石的目的。该设备风机配备和风力的调节是去石效果的关键控制部位，同时也要配备除尘系统。比重去石机见图5-20，比重去石机内部结构如图5-21所示。

3. 主要结构

比重去石机是由一个完全密封的振动体，由两台振动电机、进料口、出料口、机座、风管等组成。振动体是靠后端八字形弹簧和前端可调支撑杆三点支撑在机座上，振动体内装有两层抽屉式筛格，上层筛格有三段筛面，第一段为弹簧钢丝编织网，第二段

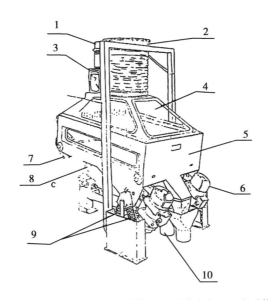

1—进料口；2—排风口；3—料箱；4—观察窗户；5—振动体；

6—振动电机；7—出石口；8—支撑杆；9—支撑弹簧；10—出料口

图5-21　比重去石机内部结构简图

为长形孔筛板，第三段为圆孔筛板，第一层为物料分级层，分级后的物料从振动体后端排出机外。下层筛格主要是去除石头、泥块，通过筛网的石头、

泥块从振动体前端两角排石口排出，去石后的物料从振动体后端出粮口排出。两台振动电机固定在振动体后端圆轴上，两台电机相向转动，带动振动体作直线振动。振动体前端安装进料口，后端安装出料口。吸风罩安装在振动体上部，罩四面有观察玻璃窗。振动体、进料管、风管固定在机座上，采用软连接与机外管道相连。

4. 技术性能（以 TQSF60 型为例）

产量：6t/h

筛板宽度：600mm

振动频率：940/min

振动电机：2×0.25kW　6 级

振幅：4～5mm

筛面倾角：5°～9°

吸风量：4 500m³/h

风压：<980Pa

设备外形尺寸：1 450mm×876mm×1 800mm

5. 使用与维修

使用该机器定期对振动电机更换润滑油，定期清理筛板，防止网孔堵塞。经常检查所有设备上的固定螺钉，防止因振动松动。

6. 比重去石机配套设备

比重去石机工作必须有相适应的风机和除尘系统与之配套，才能完成去石工作。比重去石机配套设备有：风机、风力调节装置、旋风除尘器、通风管。风力调节装置是用于调节风力大小的碟形风门，安装在观察窗上部风管道上，通过把手进行调节。

（五）旋转取石器

旋转取石器是比较简单的取石设备，要达到取石效果，是要借助水力输送过程中安装旋转取石器，将黄豆中的并肩石去除。所以使用这种取石方法，要在干料采用水力输送的条件下，才能安装取石器，因而受到限制。

（六）磁选器

磁选器主要是清除原料中的钢、铁等金属物，一般企业选择了比较理想的筛选机、比重去石机后，还应在系统中安装磁选器，用于清除磁性金属物。

磁选设备有几种，一种是电磁选器、永磁滚筒和在输送管道内安装的简易磁选器。磁选器是安装在输送管道中的，如果是金属输送管道，就要在中间改变成木制，或塑料管道，最好是矩形或方形管道，在管道的底面、两侧安装数块永久磁铁，管道的倾斜度必须在 45°～55°，原料自流通过管道，黑色金属物被磁铁吸住，定时对磁选器进行检查，保证其处于正常状态，定时清除金属杂质，达到磁选目的。

（七）风选及除尘设备

前面介绍了各种形式的原料清理设备，不论选用什么方式的设备，都必须配备风选系统，因为在筛选去石过程中，原料中较轻物质和灰尘都会飞扬。为了保证工作环境的清洁，要把这些轻物质和灰尘收集，并把排出的风净化除尘。风选设备，行业采用比较多的有两种方式：单系统风选除尘设备和多系统风选除尘设备。

1. 单机风选除尘设备

单机风选除尘设备是在筛选机上配备的风选除尘系统。一台筛选机配备一台风机和一台除尘器，除尘器一般选用沙克龙单体旋风除尘器，通过管道组合。单系统除尘器的优点，是风机小、耗电低、操作灵活、噪音低。既可风选，又能除尘。旋风除尘器，如图 5-22 所示。旋风除尘器可以单个使用也可以并联使用，还可以串联使用，采用哪一种方式要根据实际需要以达到最佳除尘效果为准。但选用什么方式要考虑其风阻和比重去石机对风量的要求。

2. 组合式风选除尘设备

多系统风选除尘，是在原料清理阶段，把所有可以吸尘和风管的排尘风管集合，进行统一的除尘处理。在清理过程中，筛选机有除尘风机，比重去石机有除尘和浮料风机，在风机出风口汇集，带有灰尘的风，首先经过组合式旋风除尘器，再经过布袋过滤器，经过两道除尘，即可把风中灰尘除净，干净的风排出室外。

三、水洗设备

（一）绞龙式洗料机

水洗去石是比较原始的方法，在历史上没有机器时，是把原料浸泡后，在水中用笊篱在容器中搅动，浸泡后的原料浮起，而石头下沉，把浮起的原

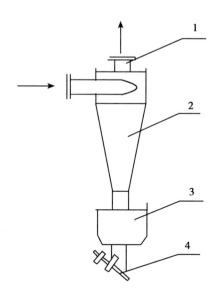

1—出风口；2—旋风除尘器；3—集尘箱；4—排尘口

图 5-22　旋风除尘器

料捞出，最后剩下石头。后来发明了水洗机，代替了人工洗料，其目的不光是去石，还有清洁原料的目的。另一种是浸泡后水洗，既可去石，又有清洁原料、提高去石质量的作用。

1. 绞龙式洗料机特点

绞龙式洗料机既可用于干原料水洗，又可用于浸泡后的原料水洗，同时具有洗后的豆提升输送功能。设备结构紧凑、体积小、耗电量低、噪音低，是比较理想的洗料设备。

2. 绞龙式洗料机工作原理

绞龙式洗料机主要由洗涤槽、绞龙、斗式提升机三部分组成。工作时将洗涤槽内放满清水，并开动槽内一对相对方向转动的绞龙。当原料从槽的一头进入槽内水中，在绞龙旋转和水的漂浮作用下，克服黄豆的自重在水中漂浮、翻滚，并由于绞龙的推进作用，黄豆向提升机进料口方向运动。在水中比重小于黄豆的杂物、豆皮等物浮在水面，从溢水口排出；比重大于黄豆的石子等物便沉积在槽底，由放石口定时排出。原料在绞龙的作用下，向前运动到提升机进料口，被提升机进料口捞起，料斗带排水孔，把水瞬间排掉，把料提升到下一工序，完成洗料去石过程。

该设备绞龙的转速和绞龙叶片旋转角度要选择合理，能使黄豆在前进过程中在水中漂浮前进，而不沉于槽底，而且不能把石头绞动起来。进入水槽内的水和豆要掌握好比例（即浓度比），同时提升机的提升速度要和料流是相匹配，才能保证洗涤效果和洗豆量。

3. 主要结构

绞龙式洗料机水洗部分主要是由洗涤槽、隔离板、溢流管、搅拌叶、主轴、齿轮、电机及减速器组成。主轴采用 0Cr 优质钢，不易磨损。洗涤槽由冷轧钢板组焊而成。搅拌器轴由齿轮传动，两绞龙轴做相向转动，搅拌叶位置与主轴垂直或 45°交错焊接。

提升机部分由电机、减速器、主轴、链条、链轮、张紧机构、料斗、提升机外壳组成。提升机采用链条传动带，链条上挂料斗，料斗带有数个小孔，以便漏水。提升机的调节部分放在下部与洗涤槽连接，浸泡在水中的部分不加提升机外套，其他结构与一般提升机做法相同。绞龙式洗料机见图 5-23。

4. 技术性能（举例）

洗涤产量：1.5t/h

搅拌器转速：95r/min

洗豆电机：0.8kW　6 级

提升高度：4.5m

提升线速度：0.613m/s

料斗数量：29

提升电机：0.6kW　6 级

5. 使用与维修

使用绞龙式洗料机，洗豆槽内要定时换水，工作完毕必须清除槽底的石头及杂物。每班生产完成后必须用水清洗提升机和料斗，防止杂物堵塞料斗小孔，影响滤水。

（二）振动式洗料机

1. 振动式洗料机特点

振动式洗料机比较适于浸泡之后原料的水洗，在水洗过程中，达到清洁黄豆、除石、除金属物的目的。但该设备耗水较高。

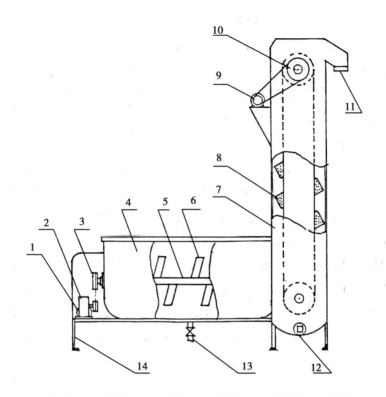

1—电机；2—变速箱；3—主动轮；4—洗涤槽；5—搅拌轴；6—搅拌叶；
7—提升机；8—料斗；9—提升机电机；10—传动轮；11—出料口；12—放水口；13—排石口；14—机架

图 5-23　绞龙式洗料机

2. 振动式洗料机工作原理

洗料机是电机带动偏心轮，偏心轮通过拉杆拉动 V 型水槽，做往复运动，槽内不断流入豆和水，偏心轮向后拉动水槽时，水和豆一部分向前涌出槽外，经过排水网段水流回循环，豆继续向前推出洗料机，进入下道工序。经过往复晃动，石子、金属物比重大于黄豆的物质沉于水槽底部，生产结束后把水和石子等物从最低排水口排出，完成洗料去石过程，振动式洗料机见图 5-24。

3. 主要结构

振动式洗料机主要由电机、传动轴、偏心轮、水槽和支架五部分组成。电机是设备动力源，传动轴是变速及安装偏心轮的动力轴，水槽用 2.5～3mm

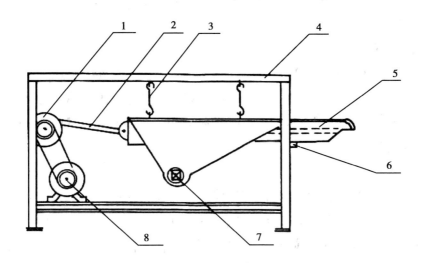

1—偏心轮；2—拉杆；3—吊钩；4—支架；5—水槽；6—排水口；7—放水取石口；8—电机

图 5-24　振动式洗料机

铁板焊接成 V 型槽，槽底部设置排石放水口。支架用角钢焊接而成，用于安装电机、传动轴和挂装水槽。水槽前部安装铁网板，用于滤水。

4. 技术性能（举例）

洗豆产量：1.0t/h

偏心轮偏距：40mm

偏心轮转速：150r/min

电机功率：0.6kW　6 级

设备外形尺寸：1 400mm×800mm×700mm

5. 使用与维修

振动式洗料机使用比较简单，只需要掌握好给水量，水量过大或过小都会影响洗涤效果。工作结束及时清除槽内杂物，排除废水。定期更换拉杆销轴，防止旷量过大产生噪音。

四、计量设备

原料计量的方法很多，最基本的方法是用磅称量。但生产量大的磅秤称量的方法就不适宜了。根据计量精确度的要求，在豆制品生产中用于原料计量的设备和方法大致有4种，即：称量斗计量、容积式计量、水位容积计量、电子计量。

1. 称量斗计量器

称量斗计量器是在磅秤上固定一个专用容料斗，并用电器信号把进料门、放料门、磅尺相连接。首先打开进料门向料斗放料，当料达到固定重量后，磅尺上扬，接通电信号，停止进料，此时放料门打开放料。如此循环达到原料计量目的。

2. 容积式计量器

容积式计量器是用粮食行业专用的闭风器与减速电机相配合，组成放料计量器，安装在料仓出口，控制减速电机转动时间，经过测试闭风器每转一周放出的原料量，根据减速电机的每分钟转数，计算出每分钟放出的原料量，得到单位时间放量后，就可根据需要，确定放料时间。从而获得原料计量能力。

3. 水位容积计量

豆制品湿法生产都要浸泡原料，这种计量就是在原料浸泡时计量。原料浸泡罐要增加一个水位观察管，先在浸泡罐内放一定量的水，做好标记，再用磅秤，称够一个罐浸泡的原料量，把料全部倒入装水的料罐内，水位上涨，做好标记。两个标记，一个是放水量，一个是放料量，以后就用这两个标记完成原料计量。

4. 电子计量器

电子计量器是比较先进的计量设备，设备形式有皮带电子秤、传导电子称等，这些计量设备先进，适于连续性计量，自动化程度高，但设备造价也比较高。选择这些设备要根据生产实际，科学慎重地选择，在此不作详细介绍。

第二节　制浆设备

一、原料浸泡设备

原料浸泡设备是豆制品生产中用于浸泡黄豆的专用设备。过去浸泡原料都是用缸、桶或水泥池，人工捞料，劳动强度大。随着生产机械化水平的不断提高，浸泡设备有了很大改进，目前行业内认为比较理想的浸泡设备有组合式浸泡设备和圆盘式浸泡设备。

（一）组合式浸泡设备

组合式浸泡设备是把洗料装置、输送装置、泡料罐组合在一起自动完成浸泡工序工作的设备，从而大大减轻了体力劳动。组合式浸泡设备如图5-25所示。

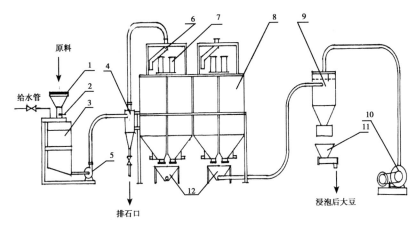

1—料斗；2—流量调节板；3—洗豆桶；4—去石器；5—输送泵；6—分料器；

7—提重坨气缸；8—组合泡料罐；9—卸豆罐；10—风机；11—定量供料装置；

12—放料斗

图5-25　组合式浸泡设备

1. 洗料装置

它是通过一个洗料桶，桶内不断进料，同时按一定浓度比例加入清水，料水在桶内搅动，混合洗涤，再经过输送泵将料水打入旋转取石器，把石子等重物清除，料水从取石器中送到浸泡罐，通过浸泡罐内的排水网口排放洗料污水，原料留在浸泡罐内，完成输送、洗料过程。

2. 泡料罐

泡料罐为使放料点集中，便于输送，一般由4个方桶组合在一起，桶上口呈一个田字格平面，桶下半部分为侧锥体，下部放料口均集中在中心部位。料桶放料口安装碟阀，以利于放料。桶下部有排水口、补水口，桶上部有溢水口，组成完整的泡料组合罐。泡料罐如图5-26所示。

图 5-26　泡料组罐

3. 原料浸泡后输送

原料浸泡后的输送有两种方法，一种是真空（负压气力）吸料输送法，另一种是流槽输送法。

真空吸料输送法：浸泡后的原料排净浸泡水后，放到一个料盘内，由真空管道吸到磨上部的卸料桶内，吸满一桶后停止吸料，打开卸料桶阀门放料，料放净后关闭放料阀，又开始重复吸料过程。真空吸料是一种间歇式输送法。这种输送法的动力源，可以选择真空泵，也可以选择负压气力输送系统。

流槽输送法：在浸泡罐放料口高度位置或在设计立体布局制浆工艺时，可以考虑采用流槽输送的方法。流槽输送是靠水引导原料流动，到一固定点进入料水分离器，靠料水分离器把原料和输送水分开，水可以循环回用，料则进入磨制工序。

（二）圆盘泡料设备

1. 圆盘泡料设备特点

圆盘泡料设备是一种较新型的浸泡设备，是由原北京市豆制品三厂创造发明的。它与组合式浸泡设备相比，具有占地面积小、浸泡能力大、节约用水、设备耗电低、维修方便等特点。

2. 圆盘泡料设备工作原理

圆盘泡料设备是一个直径 10m、可以转动的圆形托盘，其上托起 12 个扇形的料桶，在料桶内泡料，由于整体可以旋转，这样可以毫不费力地达到定点给料和定点放料的目的。在放料时，单个扇形料桶后部，可由油缸推起，使桶底呈 45° 斜面，帮助放料，靠料的自然滚动，将料桶内的料放净。既可节约用水，又减轻劳动强度。圆盘的转动是靠圆盘下的一个油缸推动 12 个分格托架的一个格，推动一次转动 1/12 格，正好是一个料桶。该设备只需配备一个油压泵站和一组液压阀操作杆，不再需要其他任何辅助设备，因而操作维修非常方便，节约能源非常明显。占地面积小，立体布局制浆工艺的生产厂采用这种设备是比较理想的选择。圆盘浸泡料设备见图 5-27 所示。

图 5-27　圆盘泡料设备

3. 主要结构

圆盘泡料设备主要由料桶、托盘、支承轴承、液压油缸及控制系统组成（图 5-28）。料桶共 12 个，每个料桶为圆盘 12 份中的一份，每个料桶平面为扇形。料桶用 5mm 钢板焊接，桶底有加强筋，桶底部外圆与托盘用铰链连接。托盘用 10# 槽钢焊接成 5.8m 的圆盘、内接 12 边形骨架，上面托料桶，下面有加固板，压力定心轴承，托盘底部外圈安装 12 个滑动支撑轮，压力轴承和 12 个支撑轮承载设备及物料的全部重量。圆盘转动主要靠液压油缸推动，料桶尾部升起也是靠油缸推起，动力油靠专用油泵系统供给。尾部油缸工作示意见图 5-29。

4. 技术性能（举例）

浸泡产量：7.5t（黄豆）

浸泡总容积：20m³

占地面积：27m²

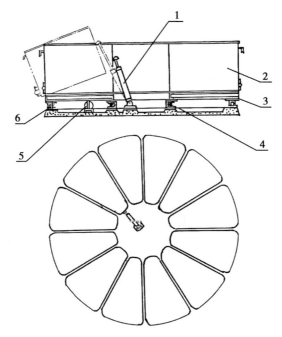

1—起升油缸；2—料桶；3—托盘；4—压力轴承；
5—推转油缸；6—支撑轮

图 5-28 圆盘浸泡设备结构简图

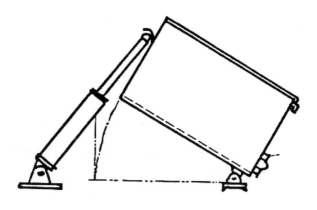

图 5-29 尾部油缸工作示意简图

设备高度：1.6m

最大直径：5.8m

最大重量：30t（原料+浸泡水+设备）

油泵类型：单轮叶片泵

单位油压：$40kg/cm^2$

油泵电机：3kW　6级

5. 使用与维修

使用该设备时，由于圆盘泡料设备转动和料桶尾部升起都是用油缸推动的，两个油缸不能同时工作，只能等一个油缸复位后，再操作另一个油缸操作杆，否则会毁坏设备。

开机前要检查泡料圆盘下轨道上是否干净、无杂物，是否有润滑油（黄油），禁止使用机油。开机前查看油泵、油管、操作阀、油缸是否有漏油现象，如果有必须及时修复。油泵开机后查看油压是否正常，一切正常后可以工作。

浸泡原料时一定要按照料桶的旋转顺序浸泡，不能跨桶浸泡，否则放料时容易放错。每天工作后认真清理设备，滑动轨道加注黄油润滑。

二、磨制设备

磨制设备主要工艺作用是将浸泡后的黄豆磨碎，便于大豆中蛋白质的提取。磨制设备经过多年的更新改造，变化非常大。目前使用比较广泛的磨制设备是砂轮磨；个别地区还使用石磨或者小钢磨；有的地区使用锤片式粉碎机进行湿粉碎，工艺缺陷比较多，不利于生产工艺需要。

（一）砂轮磨

砂轮磨是近些年在豆制品生产中使用的新型湿粉碎设备，它与石磨和小钢磨比有其独特的优点。它占地面积小、生产能力大、耗电低、操作和调节方便，磨制工艺质量高。

1. 砂轮磨特点

砂轮磨最早使用在粮食加工行业的碾米工序上，后来被豆制品加工行业改造和借用。各地自行制造砂轮磨，不少商业机械厂也制造，所以砂轮磨种类多样，形式多样，规格多样。归纳起来有三类：一类是电机直联式砂轮磨；二是电机侧装式砂轮磨；三是磨制分离一体式砂轮磨。根据行业的使用经验，电机侧装式砂轮磨，最适用于生产，而且设备可靠性更强。砂轮磨如图5-30所示。

2. 砂轮磨的工作原理

砂轮磨由电机带动可以上下调节的主轴，主轴上端装砂轮片，磨片外有磨套，

图 5-30 砂轮磨

磨套的上盖上装砂轮上片，两磨片的间隙靠调节主轴的升降控制，浸泡好的黄豆由进料口进入磨膛，由于下磨片的高速转动，产生离心力，把黄豆向外推动，由于上下磨片空间越来越小，使黄豆与磨片产生强烈的摩擦，黄豆逐步粉碎到两磨片间隙最小的细磨区，将黄豆磨碎并甩出磨膛，磨糊从磨套出料口流出，完成磨制工艺。砂轮片形状见图 5-31，砂轮磨内部结构如图 5-32 所示。

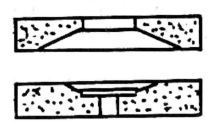

图 5-31 砂轮片的形状

3. 主要结构

砂轮磨主要由电机、机架、主轴、砂轮片、磨套、料斗等部分组成。电机选用立式电机，机座用钢板焊接，成批生产多用铸造件。主轴部分由主轴、轴承、轴套、导向套、调节器、传动皮带轮等组成。砂轮片是用黑色碳化硅、陶瓷黏结剂经烧结而成。下砂轮片用螺母紧固在砂轮磨主轴轴头上，上片固定在外套上盖下面。外套是用不锈钢材料焊接而成，磨外套用来存放磨糊和保护砂轮片。料斗也是不锈钢材料焊接而成，用来存放少部分原料。

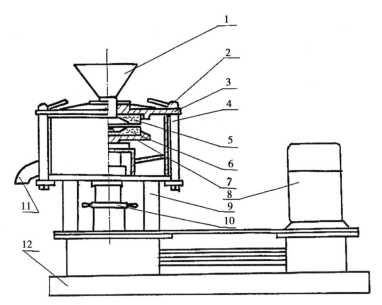

1—料斗；2—手把螺母；3—上固定盘；4—支撑柱；5—上砂轮片；6—下砂轮片；
7—下固定盘；8—电机；9—支架；10—调节器；11—出料口；12—机座

图 5-32　砂轮磨内部结构简图

4. 技术性能（举例）

生产能力：400kg/h（黄豆）

磨片直径：350mm

磨片厚度：45mm

磨片线速度：21m/s

主轴调节高度：50mm

电机功率：7.5kW　4级

砂轮磨外形尺寸：1 000mm×600mm×800mm

5. 使用与维修

为了使砂轮磨能够正常工作，应该为砂轮磨配备定量给料定量给水装置，这样既能满足工艺要求又能保证设备要求。砂轮磨的电气控制系统中应在每台电机装有电流表，以便准确反映磨腔中磨片的工作情况。

砂轮磨在开机前要把磨片间隙调大，使电机不带重负荷启动，开机后加水再调整磨片间隙，磨片间隙调整程度可从电流表中观察到，有一定经验后从感觉和声音都可以掌握调整间隙程度。

日常检修时如果发现磨片有沟槽，可以人工修整磨片，修整后开机加水研磨直至平整，这样可以延长磨片使用时间。砂轮磨主轴轴承要定期清洗更换新润滑油。

（二）石磨（立磨）

石磨是由过去的小驴拉磨（平磨）改进为电动平磨，又由电动平磨改为电动立磨。石磨在豆制品生产行业使用了近30年，在20世纪80年代末期，才逐渐从行业规模生产中退出，但一些偏远小城镇还有采用者。

1. 石磨的工作原理

电动石磨（立磨）的磨片立装，分为动片和定片，主轴所安装的磨片为动片，主轴的另一头安装两个皮带传动轮，一个活轮，一个死轮，磨片转动靠传动的皮带带动主轴死皮带轮转动，临时停磨，或工作结束，将传动皮带推到活轮上，主轴停止转动。磨架支撑定片与动片间的距离靠丝杠调节。当黄豆进入转动的磨片内，靠磨肘把原料向外圈推进，经过两个磨片的摩擦，将黄豆磨碎，甩出磨膛。石磨结构见图5-33。

2. 主要结构

石磨是由电机、磨架、主轴、磨片、调节丝杠、传动轮、磨罩等部分组成。磨架是用角钢焊接，主轴通过轴承及轴承盒固定在磨架上，主轴一端安装动磨片，另一端安装两个皮带轮，一个活轮一个定轮，空转时将皮带倒到活轮。磨片购进时是毛坯，经过人工修磨后装到主轴上，另一磨片架在磨架上，靠丝杠调节两磨片的间隙。磨罩和料斗是用钢板焊接的，可以拆卸清洗。

3. 技术性能（举例）

生产能力：600kg/h（黄豆）

磨片直径：800mm

磨片线速度：13.5m/s

主轴转速：300r/min

电机功率：13kW　6级

石磨外形尺寸：1 400mm×800mm×1 200mm

4. 使用与维修

石磨的磨片是磨制效果好坏的关键，磨片需要每班后人工修整。修整磨

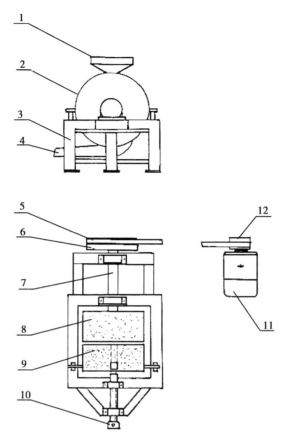

1—料斗；2—磨罩；3—磨架；4—出料口；5—活皮带轮；6—死皮带轮；7—主轴；8—动磨片；9—定磨片；10—调节丝杠；11—电机；12—传动皮带轮

图 5-33　石磨结构简图

片技术要求比较高，需要有经验的石匠修整。

（三）小钢磨

我国南方一些地区的豆制品加工厂，有不少采用小钢磨磨黄豆的，特别是农村使用小钢磨比较广泛，既可以用于干粉碎，也可以用于湿粉碎。可用来粉碎玉米、稻谷、小麦、大豆等。

1. 小钢磨特点

小钢磨具有占地面积小、结构简单、维修方便等优点。但由于铸钢磨片之间的高速旋转研磨，容易使磨糊升温，影响产品质量，另外磨片的磨损比较快，很短时间就需要更换磨片。

2. 小钢磨工作原理

小钢磨是利用一对带有齿型的铸钢磨片，镶嵌在机壳上，一片为动片，装在主轴上；另一片为定片，定片上有伸缩调节机构，调整磨片间隙。磨片为立装形式，进料口在定片中心，黄豆的磨碎过程与砂轮磨、石磨相同。

3. 主要结构

小钢磨主要由电机、皮带轮、主轴、磨架、磨套、进料斗、磨片、调节手轮组成。磨架、磨套和进料斗及磨片均为铸造而成。磨片是用螺钉紧固在磨套内，定期更换。磨片分为定片和动片，定片可以调节。电机和主轴是用皮带轮和皮带传动。小钢磨结构见图5-34。

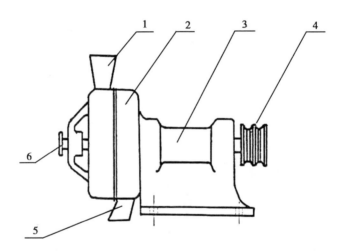

1—料斗；2—磨套；3—机架；4—皮带轮；5—出料口；6—调节手轮

图5-34　小钢磨结构简图

4. 技术性能（举例）

生产能力：200kg/h（黄豆）

主轴转速：600r/min

电机功率：5.5kW　4级

设备外形尺寸：700mm×500mm×550mm

5. 使用与维修

小钢磨开机前必须详细检查各部件是否良好，并将两磨片间隙调大，空转正常后，慢慢调节手轮，调近磨片间隙，当磨片相碰时倒回一扣，开始投料并观察粒度大小，再根据磨制要求再进一步调整。若磨盘发出异常声音说明磨片内有杂质，应该立刻把磨片间隙调大，放出杂物，以防损坏磨片。

三、浆渣分离设备

分离设备主要是将磨碎的磨糊加入一定量的水稀释后，把豆浆和豆渣分离出来，用豆浆制作食品，豆渣用作饲料等。分离机的分离效果好与坏，直接影响到黄豆中的蛋白质提取率和产品的出品率，因而分离机是豆制品生产中的关键性设备之一。分离设备的种类也不少，但经过行业生产多年的比较和选择，目前比较好的分离设备有两种：离心机、挤压分离机。

（一）离心机

1. 离心机特点

离心机是一种效率比较高的浆渣分离设备，分离效果比其他设备都好，在我国豆制品生产中使用比较广泛。但是离心机也存在不足，相对于其他分离设备，耗电量大，噪音高。但在较大生产规模中，目前还没有可替代的设备。

2. 离心机工作原理

离心机是通过主轴带动钟形转鼓，转鼓上均匀地打 Φ6mm 的小孔，转鼓内有分离伞帽压装尼龙滤网。因为转鼓为半锥形体，旋转起来转鼓内离心力随半锥体直径扩大而增大，当稀释后的浆渣，从进料管流到分离伞帽上，分离伞帽把液体均匀地分到转鼓四周，靠转鼓的离心力把豆渣不断外推，最后排出转鼓，豆浆则通过尼龙网和转鼓上的小孔排出，经流浆管到贮浆桶内，豆渣则排出离心机，进行第二、第三次分离。离心机见图5-35。

3. 主要结构

离心机是由电机、机架、主轴、转鼓、离心转鼓外套等部分组成（图5-36）。离心机因为转速高，离心力大，制作转鼓静平衡和动平衡要求比较高，如果平衡不好，转动时会产生很大振动，甚至出现设备事故。机架可以用角铁焊接，最好是铸造，稳定性好。主轴的轴承盒多采用连体轴承盒，防震性好，同心度高，且便于轴承润滑。离心转鼓是用铝合金铸造加工的，也有用钢板焊接的，但是打孔后不好找静平衡。外套是用不锈钢板焊接的。电机和主轴是通过皮带轮传动，也有用联轴器与主轴直接连接的。

图 5-35　离心机

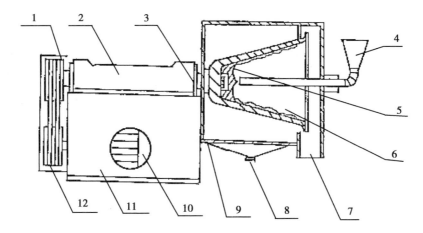

1—皮带罩；2—轴承盒；3—主轴；4—进料管；5—分离伞；6—离心转鼓；7—出渣口；8—出浆口；9—外套；10—电机；11—机座；12—传动轮

图 5-36　离心机结构简图

4. 技术性能（举例）

分离产量：600kg/h（黄豆）

转鼓大端直径：610mm

转鼓最大线速度：44m/s

主轴转速：1 440r/min

电机功率：5.5kW　4 级

分离网目数：70~80 目

设备外形尺寸：1 434mm×600mm×890mm

5. 使用与维修

在使用离心机时特别要注意均匀和连续给料；进料前要有搅拌设备把物料和水调整均匀，才能使离心机平稳运转；如果给料不均匀，就会使离心机产生振动，出现严重的不平衡。进料管要距离分离伞1~2cm，如果距离远会使分离伞分料不均匀，使转鼓出现偏重产生强烈振动。分离网要与转鼓固定牢固，如果固定不好，不但影响分离质量，而且还会造成转鼓偏重，产生振动。如果使用尼龙网，工作后要用清水刷洗干净，切勿用热水煮。

（二）挤压分离机

1. 挤压分离机特点

挤压分离机是一种中小型的分离设备。它的演变过程，是由过去两种分离设备的巧妙结合。20世纪60—70年代，我国不少豆制品生产企业，使用过圆罗分离，也使用过挤浆机，这两种分离设备占地面积大、清理卫生不方便。80年代出现了挤压分离机，它既有圆罗的结构，又有挤浆机的结构并配有豆浆暂时存贮和输送泵，形成完整的分离设备。该设备耗电低、噪音小，分离效果好。缺点是分离能力低、挤压网成本价高，维修费用高，因而不适用于大规模生产。

2. 挤压分离机工作原理

挤压分离机由一台电机带动圆罗转动，同时带动挤压滚筒转动，浆渣由输送泵输送到圆罗内，圆罗转动，圆罗内有螺旋道，浆渣顺着螺旋道向前行进，行进过程中豆浆从圆罗网漏下，豆渣从圆罗的另一头送出，掉在挤压滚筒上，挤压滚筒转动，豆渣随滚筒经过小挤压辊挤压，滚筒上布满微小的孔，豆浆从孔流到浆盘上，再流到贮浆槽，而豆渣则被滚筒外的刮板刮下来，经豆渣导向板排走。圆罗分离网外侧有一个清洗圆罗的蒸汽喷管，随时清洗圆罗，防止网孔被豆渣堵死。挤压分离机见图5-37，设备结构见图5-38。

3. 主要结构

挤压分离机凡接触豆浆的部分均采用不锈钢材质制作，以利于防腐和食品卫生。

（1）圆罗。圆罗是用80#不锈钢网包在圆盘架上，罗内焊接3mm高的螺旋道。圆罗两端有转动轴，架在机架上，可以拆卸清洗，圆罗外部用不锈钢罩封闭，圆罗由一个小电机带动。

（2）挤压滚筒。滚筒是由1~1.2mm，激光打数个0.5mm微孔的圆筒，

图 5-37　挤压分离机

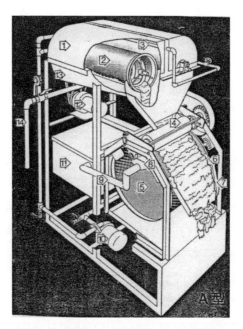

1—分离机罩；2—圆筛；3—洗涤管；4—加压胶辊；5—微孔转
筒；6—刮板；7—豆渣导板；8—豆浆接盘；9—豆浆输送管；10—输
送泵；11—豆浆罐；12—电动机；13—豆浆槽；14—豆浆管

图 5-38　挤压分离机结构图

圆筒内外有加强圈，上面安装一对橡胶压辊，圆筒内安装 4 个支撑轮，并有
一个传动轮带动滚筒转动。挤压辊是一个橡胶辊，直径 120mm，与挤压辊相

对的是橡胶托辊，以支撑挤压力。托辊下面是小浆盘，用来存放挤压出的豆浆。挤压辊下面是橡胶刮板，可以将粘在滚筒上的豆渣刮下来，以利于滚筒连续挤压。

（3）豆浆储存与输送。该机的豆浆储存有两个容器，一个是分离前磨糊储存，另一个是分离后的豆浆储存，输送泵是小型离心泵。

（4）机架与电机。机架采用角钢焊接并镀锌，电机和转动轴固定在机架上。所有输送豆浆的管道为可拆卸的不锈钢管，均固定在机架上。电机是封闭式加防水罩。

4．技术性能（举例）

生产能力：240kg/h（黄豆）

离心泵电机：0.2kW

离心机电机：0.4kW

设备外形尺寸：1 580mm×1 440mm×1 320mm

5．使用与维修

该设备的圆罗每班工作结束要拆下来清洗，必要时用碱水煮，以清除附在不锈钢网上的物质，保证使用时的通透。挤压滚筒要用清水和毛刷清洗，以保证挤压效果。管道、容器可拆卸部分要拆卸清洗，不能拆卸的用专用工具清洗。

（三）螺旋挤压机

豆制品生产采用熟浆工艺，制浆时用离心机进行浆渣分离就不适宜了。熟浆工艺前面已经讲过，是先煮磨糊后分离，如果使用离心机分离热磨糊，离心网很快就糊住了，无法正常分离，比较适宜的分离设备就是螺旋挤压机（图5-39）。

1．螺旋挤压机特点

该设备采用螺旋挤压方式，并同机带有细渣过滤系统，可一次连续完成浆渣分离作业，无需进行多次分离，省工、省力，可实现无人操作。结构紧凑，占地面积小，分离效果好，蛋白质提取率比较高。由于挤压力较大，挤出的豆渣含水分一般在75%左右，而且豆渣是经过煮沸的，有利于豆渣的再利用和储存运输，所以螺旋挤压机是熟浆分离的理想设备。

2．螺旋挤压机工作原理

螺旋挤压机是由一根带有一定锥度的螺旋主轴旋转，带进磨糊逐步向前

图 5-39　螺旋挤压机

挤压，外套是带有无数微孔的圆形筒，磨糊经过不断的强力挤压，豆浆从微孔流出，豆渣从另一侧挤出，完成浆渣分离工艺。豆浆流到储存桶通过浆泵输送到下一工序，豆渣挤出后进入关风器由气力输送设备输送到专用储存罐内。设备整机采用可编程控制器自动控制，该设备螺旋轴与外套圆筒的配合精度比较高，圆筒微孔加工和圆筒强度要求都比较高，因而设备造价较高。

3. 主要结构

螺旋挤压机是由机架、锥形桶、螺旋轴、出渣调节手轮、输送泵、电机和变速箱组成。设备除电机变速系统外，其余全部使用不锈钢材料制作，机架是不锈钢角钢焊接而成。锥形桶是三层结构，外层是外套用于收集豆浆，并通过输送泵及时输出。中层是挤压桶加强圈，内层是带有数个微孔的锥形桶，被挤压的豆浆从微孔中排出。螺旋轴是带螺旋叶片的锥形螺旋轴，磨糊就是通过螺旋轴向前推进，进入锥形螺旋桶，逐渐加压最后挤出螺旋桶。调节手轮是出渣口的调节机构，控制豆渣挤出量。

4. 技术性能（举例）

生产能力：300kg/h（黄豆）

电机功率：5.5kW

设备外形尺寸：2 100mm×1 200mm×1 800mm

5. 使用与维修

该设备是比较新型的分离设备，机械制造厂家在不断完善，使用企业也在总结使用和操作经验，经过不断总结提高，相信将来一定会被众多企业采用。

四、煮浆设备

煮浆设备是将豆浆煮沸，达到豆浆杀菌和后面工序中豆浆热变性点浆凝固的需要。煮浆方法有蒸汽煮浆和明火大锅煮浆两种方法。煮浆过程又有直接煮沸和间接煮沸两种形式。随着生产的发展，目前明火煮沸已很少采用，采用蒸汽直接煮浆或间接煮浆最为广泛。其设备的类型大致有三种即：单罐煮浆设备、溢流煮浆设备、板式热交换器煮浆设备。

（一）单罐煮浆设备

单罐煮浆设备是在过去敞开式大桶煮浆的基础上加以改进和提高的，属于间断性单罐密封煮浆设备，是由于密封式所以煮浆罐成为压力容器，安全要求比较高，制作单位必须是生产压力容器的专业厂家才能生产，使用中必须是按压力容器管理和使用，所以选择上受到一定的限制。

1. 单罐煮浆设备特点

单罐煮浆耗能低、噪音小、煮浆能力强，是小型生产系统中比较理想的煮浆设备。

2. 单罐煮浆设备工作原理

单罐煮浆设备是利用一个密封罐加热煮沸豆浆。豆浆是利用蒸汽压力注入罐内，到一定量后，停止注入豆浆，此时煮浆罐的排气阀是打开的，蒸汽供给是继续进行，这时的煮沸是常压状态蒸煮。蒸煮温度是由带电接点的温度表测量，达到规定温度后，排气阀关闭，形成密封煮浆，罐内产生压力，当达到规定的压力时，放浆阀门打开，在压力的作用下豆浆被送出密封罐，此时蒸汽阀停止供汽，完成一罐煮浆。第二罐煮浆时，打开排气阀，继续往罐内送浆，如此循环进行，完成煮浆工艺。单罐煮浆设备如图5-40所示。

3. 主要结构

单罐煮浆设备是由浆罐、温度测定计、进浆管、注浆器、蒸汽管、排浆管、排气管组成。浆罐按受压容器的要求制作，并设有可以打开的清洗孔。设备材料选用不锈钢材质。温度计带有电信号，可通过温度变化反映到电气控制进、出豆浆电磁阀门和电磁蒸汽阀的门开、闭。

4. 技术性能（举例）

煮沸产量：125kg/h（黄豆）

煮沸温度：98℃以上

蒸汽压力：0.2MPa

设备外形尺寸：直径600mm，高800mm

5. 使用与维修

单罐煮浆设备的进、排蒸汽，进、出豆浆都是用电磁阀门，温度和电气连锁控制，自动化程

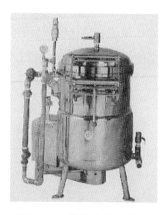

图5-40　单罐煮浆设备

度比较高，在进行外部清洗时要注意对电气件的防水措施。罐内清洗要用碱水循环清洗，再用清水冲洗。

（二）溢流煮浆设备

1. 溢流煮浆设备特点

溢流煮浆设备是行业内发明创造的煮浆专用设备，这种设备煮浆能力大，煮沸过程噪音小，耗能比敞开式煮浆低；煮罐是半密封式，常压煮沸，对生产环境影响小，使用安全，而且是连续煮沸，是规模生产中比较理想的煮沸设备。

2. 溢流煮浆设备工作原理

溢流煮浆设备是根据豆浆随着温度增加而上升的原理，设计5个单独的封闭小罐，以豆浆下进上出的路线，用连接管把5个小罐按顺序连接在一起。每个罐下部都通有蒸汽管，煮浆时，浆泵把豆浆从第一个罐的下口送入，同时打开第一个罐的蒸汽管加热，第一个罐浆满后，从上口溢到第二个罐的进口，第二罐继续加温，这样逐罐溢流，逐步升温，平均每个罐升温10~15℃，豆浆进口温度在40℃左右，当豆浆从最后一个罐内溢出时，流经电接点温度表，测定是否达到煮沸温度，如达到温度浆泵继续输送豆浆，如果没有达到规定温度，则浆泵停止送浆，使罐内豆浆继续升温，到达规定温度，浆泵继续送浆，煮浆罐的进浆、出浆、温度调控都是电器连锁自动控制，生产中开始做适当操作调整，正常运行后可以不间断地连续煮沸豆浆。减少了操作工作量，改变了工作环境。溢流煮浆设备见图5-41，

溢流煮浆设备结构见图5-42。

图 5-41　溢流煮浆设备

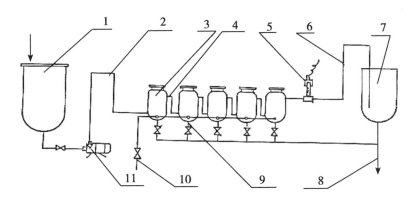

1—生浆罐；2—进浆管；3—煮浆罐；4—溢流管；5—电接点温度计；6—出浆管；

7—熟浆罐；8—放浆管；9—排放管；10—蒸汽管；11—豆浆输送泵

图 5-42　溢流煮浆设备结构简图

3. 主要结构

溢流煮浆设备是由5个封闭罐、连接管、阀门、蒸汽管、支架、保温套组成。5个封闭罐是用不锈钢材料及封头件焊接而成，并进行压力容器检验。连接管也是不锈钢材质，机架和保温套是用普通钢材焊接，保温层用保温材料填充。

4. 技术性能（举例）

煮浆能力：15 000kg/h（豆浆）

蒸汽压力：0.2~0.3MPa

煮沸温度：98℃

全罐容积：0.66m³

工作时罐内压力：0.05MPa

设备外形尺寸：3 500mm×1 400mm×600mm

5. 使用与维修

溢流煮浆设备是常压煮浆，溢流出浆口不能安装阀门，煮浆设备前后都要加储浆桶，以减少煮浆时的临时停机，保证豆浆加热煮沸的连续性。溢流煮浆设备的保温套内，一定要填满保温材料，这样既能降低热耗又能降低噪音，还可以降低工作环境温度。

溢流煮浆设备在工作时要先手动打开浆泵，使罐内充满豆浆，然后停止浆泵打开蒸汽阀门开始加热。当罐内豆浆达到95℃时，再使用自动控制系统。停止煮浆时首先停止浆泵工作，待罐内豆浆都达到95℃以上时再停止供蒸汽，打开最低位截门排出罐内豆浆，进行开罐清洗作业。

（三）自动化熟浆煮糊（煮浆）设备

豆制品采用熟浆工艺生产，是先煮磨糊后分离。过去煮磨糊设备就是明火大锅，或蒸汽加热槽型带搅拌的煮锅，现在煮磨糊所用的设备是自动化熟浆煮糊设备。

1. 自动化熟浆煮糊设备特点

自动化熟浆煮糊设备适用于熟浆工艺，煮磨糊。目前也已经有用于煮生浆的自动化煮浆设备。该设备自动化程度高，热效率高，使用该设备对稳定豆浆浓度非常有利，工作系统基本处于低压封闭煮糊或煮浆状态，它是行业比较先进的设备。

2. 自动化熟浆煮糊设备工作原理

该设备工作原理与溢流式煮浆有相似之处，磨糊或豆浆流经过程相似，但是煮罐内的结构有很大的区别，蒸汽供给与物料的接触方式发生很大的改变，内部机构能使蒸汽与物料均匀接触，保证了煮糊过程每罐的物料温度一致，该设备要求蒸汽压力稳定，物料供给流量恒定，在物料输出设备后配有减压罐，以降低物料压力。但是物料出口压力是微压，不构成压力容器。物料通过输送泵进入第一煮罐加热到规定温度，从上口管道进入第二煮罐继续加温，按顺序经过最后煮罐进入减压缓冲罐，完成煮糊过程。该设备对每一个煮罐的温度进行严格控制，以保证煮沸质量。自动化熟浆煮糊设备见图5-43。

图5-43 自动化熟浆煮糊设备

3. 主要结构

该设备主要是由煮罐、前储浆罐、后降压罐、豆浆输送泵、连接管道、蒸汽供给系统、电气自动化控制系统等元件组成。设备全部采用不锈钢材质制作，豆浆管道采用可拆卸组装式管件连接。豆浆阀门、蒸汽阀门均采用电磁阀门，由电气信号自动控制。蒸汽供给系统安装稳压过滤组件，可以减少蒸汽波动造成的煮浆效果差和浪费蒸汽的现象。使用定量泵输送豆浆，可以方便调节产能，稳定煮浆效果。配备CIP清洗系统，设备可以自动循环清洗，有效地提高设备的清洗效果。设备采用计算机单板自动控制系统，可以通过菜单选择煮浆各项模式和参数，极大地方便了操作。

4. 技术性能（举例）

生产能力：5t/h（豆浆）

蒸汽压力：0.2~0.3MPa

额定功率：2.2kW

设备外形尺寸：5 500mm×1 200mm×2 000mm

（四）板式热交换器

1. 板式热交换器特点

板式热交换器是一种高效热交换器（图5-44），它是由许多不锈钢薄片制成的热交换器，是一种间接加热杀菌的方式，由于每片不锈钢薄片仅1mm厚，有较高的传热效率。由于是多层组合，传热面积大，设备结构紧凑，占地面积小。因为是间接加热杀菌，系统热交换在密封的环境中进行，所以热能利用率高。加热源选择灵活，可以是蒸汽也可以是热水，还能利用被加热物质进和出的过程进行热交换。该设备适应性强，可根据被加热物质的工艺需要，调整加热面积，选择加热介质，既可用于加热杀菌，又能用

图5-44　板式热交换器

于冷却降温，是目前豆制品生产中豆浆、豆奶加热杀菌和冷却降温广泛选用的设备。但也有不足，加热豆浆容易结垢，给清洁带来难度，片与片之间的垫圈容易老化，需要定期更换。

2. 板式热交换器工作原理

板式热交换器的热交换是由许多具有花纹的热交换片依次重叠在框架上压紧而成，加热介质与料液在相邻两片间流动，通过金属片进行热交换，热交换器片四角各开一孔口，四个孔口只有两个孔口与金属片一侧的通道相通，另两个孔口则与金属片另一侧的流道相通，这样热介质与被加热料液分隔，达到间接加热条件。板式热交换器有配套温度调节系统、自动记录仪、输送泵、热水供给或蒸汽供给系统，使热交换过程达到连续生产、自动调节、操作安全的效果。巴氏杀菌热交换流程见图5-45。

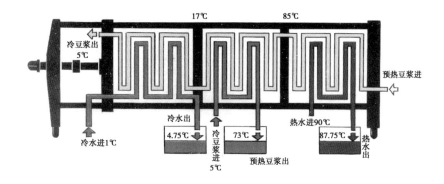

图 5-45　巴氏杀菌热交换流程示意图

第三节　豆腐生产设备

豆腐是中式豆制品中历史最悠久的食品，过去豆腐生产多是手工操作，配以一些辅助的工具。随着社会发展，市场需求增加，生产量不断扩大，科学技术水平不断提高，豆腐生产逐步实现了机械化、包装化，市场范围扩大，保存时间延长，已成为广大消费者一日三餐不可或缺的食品。目前国内比较典型的豆腐生产线有两大类，一种是以内酯为凝固剂的豆腐生产线，另一种是以盐卤或石膏为凝固剂的豆腐生产线。

一、内酯豆腐生产线

内酯豆腐，是以葡萄糖酸内酯为凝固剂生产的盒装豆腐，此种凝固剂的特点是加入 30℃以下豆浆中不会马上发生凝固反应，当把加入凝固剂的混合豆浆升温，随着温度升高凝固反应强烈，当温度升到 85℃以上时，完成凝固过程，而且不用压制脱水。根据这一特点，在豆腐生产工艺上进行了较大改进，借鉴国外的有关经验，研制出了具有中国特色的内酯豆腐生产线。

（一）内酯豆腐生产线设备组合图

内酯豆腐生产线，由熟浆过滤、降温、混合调配、充填罐装、升温成型、降温冷却六部分专用设备组成。设备组合见图 5-46 所示。

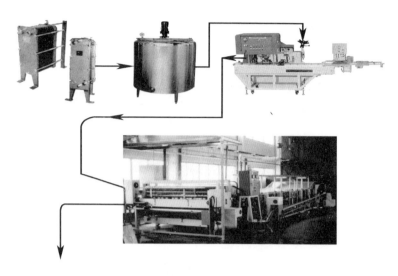

图 5-46　设备组合简图

（二）主要设备功能简介

1. 熟浆过滤设备

生豆浆煮沸后，豆浆内的细豆渣膨胀，为使产品细腻，需要对豆浆进行再次过滤。过滤设备选用圆形振动筛或振动平筛。

（1）圆形振动筛。是一个圆形的筛浆设备，它由两部分组成：机座、振动体。机座是一个圆柱形支撑机座与振动体是柔性弹簧连接在一起，振动体振动时，机座不受振动影响。振动体由振动电机、集料层、过滤层、上盖进料口和排气管组成，并固定在一起。整个振动体靠电机上安装偏重铁，电机安装在振动体上，机座弹簧支撑整个振动体，当振动体上的电机转动，产生两种力量即圆形摇动和上下振动，使被过滤物质从中心向周边运动，最后从出渣口排出，浆液则从集料层出口流出，完成浆渣的过滤。该设备耗电低，噪音小，适于连续生产。特别是熟浆过滤蒸汽大，该设备是半密封过滤，并设排气口，对环境影响小，生产卫生条件好。圆形振动筛见图5-47。

图 5-47　圆形振动筛

（2）振动平筛。是比较简单实用的熟浆过滤设备，在行业内使用比较普遍。振动平筛具有省电、结构简单、操作方便、维修费用低的优点。它是由设备支架、储浆槽、筛船、电机、偏心轴、拉杆组成。工作时电机带动偏心轴转动，偏心轴带动拉杆拉动筛船做往复运动，筛船上有过滤网，豆浆通过过滤网流到储浆槽，豆渣在筛船过滤网上向前推进直至出筛船口，完成熟浆过滤。振动平筛见图5-48。

图 5-48　振动平筛

2. 豆浆降温与储存罐

图 5-49　板式热交换器

前面生产工艺中讲过生产内酯豆腐点浆是先把热豆浆从95℃以上降温到25℃以下，然后与内酯液体混合，在液体状态下充填。豆浆降温设备是板式热交换器，降温后的豆浆或混合后的豆浆储存则需要带有保温功能的冷热缸。

（1）板式热交换器，在制浆章节已经介绍，在此不细述。设备如图5-49所示。

（2）冷热缸，降温之后的豆浆需要保持温度，就要储存在冷热缸内暂时存放。在与凝固剂混合调配时也在冷热缸内进行，调配好的混合液就可以进行充填罐装了。冷热缸是带夹层的不锈钢罐体，夹层内既可以通热介质也可以通冷水，当通入冷水时就可以保持豆浆的温度不会受环境影响，温度可以根据要求保持不变，冷热缸内安装搅拌设备，利于液体混合。冷热缸见图5-50。

3. 充填包装机

充填包装机，根据包装形式又分为充填盒包装机和充填袋包装机。国内生产内酯豆腐多用充填盒包装机，生产出盒装内酯豆腐。充填包装机可以完成充填罐装、封盒两项工作内容。混合液体经充填罐装管，把行走在包装机上的每个包装盒充满混合液，经过封盒部分，靠热封头把上盖膜和盒热封，并经过切刀切断，送出包装机，完成充填包装过程。充填包装机（盒）见图5-51。

图5-50　冷热缸

4. 升温成型，降温冷却设备

制作内酯盒豆腐的升温成型和降温冷却设备是一体

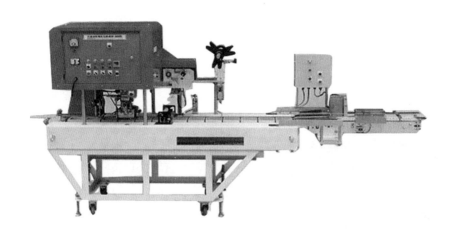

图5-51　充填包装机

机，称为巴氏杀菌冷却槽。杀菌冷却槽，是一个二层三段式的长型槽体，槽内装有格板型传送链，充填豆腐排在格板条盒内，随传送链行走，传送链行走一周，完成杀菌冷却过程。冷却槽上层分两段，即巴氏杀菌段和第一降温段，下层为第二降温段。上层杀菌段通蒸汽，将水加温到90~95℃，由热水加热充填盒豆腐。然后进入第一降温段。第一降温段通入自来水，对盒豆腐降温，使其降到30℃以下；然后进入第二降温段。第二降温段通入5℃以下的冷却水，对盒豆腐继续降温，当传动链转动一周，盒豆腐被推出杀菌槽时，温度已降到5℃以下，产品可直接送入冷藏库存放。

二、盒装豆腐生产线

杀菌冷却槽，需要有配套设备，如蒸汽供给调节系统、自来水循环降温系统（冷却塔等）、冷水机组、循环系统、包装盒豆腐输入输出系统、温度控制及电器控制系统等。杀菌冷却槽见图5-52。

目前在经济发达的大城市，豆腐（北豆腐、南豆腐）生产已经实现全部机械化。机械化生产

图5-52 杀菌冷却槽

线使用盐卤、石膏及混合凝固剂生产盒装豆腐，豆腐装盒后进行二次巴氏杀菌，有效地提升了食品安全等级，延长了产品保质期，扩大了产品覆盖半径，同时方便了产品的储存、运输和销售。

（一）盒装豆腐生产线设备组合图

盒装豆腐生产线主要由自动点浆设备、自动压榨脱水设备、自动切块装盒机、封盒机、杀菌冷却槽五部分专用设备组成。设备组合见图5-53。

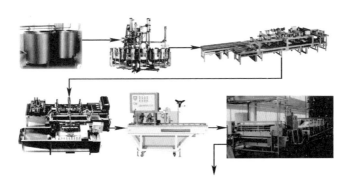

图5-53 盒装豆腐生产线设备组合图

（二）主要设备功能简介

1. 自动点浆设备

自动点浆设备是一个可以旋转的圆形机架上悬挂 18～24 个点浆小桶，点浆时，向点浆桶内定量加入豆浆和一定浓度的液体凝固剂，然后用机械连杆在桶内定向搅动几下，完成点浆，开始蹲脑。当小桶随凝固机转动一圈后，完成蹲脑工序。并往小型箱内倒脑，经过封包，加盖进入压榨脱水设备。

自动凝固机由旋转机架、凝固桶、定量豆浆供给系统、定量凝固剂供给系统、搅拌和倒豆脑系统组合而成。自动凝固机如图 5-54 所示。

图 5-54　自动凝固机

2. 自动压榨设备

自动压榨设备有多种形式，如直线步进式自动压榨设备、自动环形连续压榨设备，这两种设备的压力源，都使用汽动（压缩空气），所以要有空气压缩机配套，还有自重立式压榨设备、连续式压榨设备等形式。

（1）直线步进式自动压榨设备。该设备是在一个长方形机架平台上，垂直安装数个汽缸，汽缸杆上安装压盘，汽缸上下运动，达到对豆腐小型箱上盖的压下和抬起动作。每一个型箱进入机架平台汽缸抬起一次，另一个水平汽缸把型箱推进一步，垂直汽缸再压下，如此循环进行，经过数分钟后完成压榨脱水工艺。该设备如图 5-55 所示。

图 5-55 直线步进式自动压榨设备

（2）自动环形压榨设备。该设备是一个环形机架平台，平台上有环形传动链，传动链可带动数个托盘及汽缸转动，豆腐小型箱进入单个托盘后，汽缸杆压盘压下，整个托盘随传动链转动，运转中汽缸不再抬起，直到转动一周后，汽缸抬起，豆腐小型箱推出，完成压榨脱水过程。该设备比直线步进式压榨机的突出优点是，豆腐在压榨过程中不间断，对产品质量大有好处。该设备如图 5-56 所示。

图 5-56 自动环形压榨设备

（3）自重立式压榨设备。自重立式压榨设备是由压榨机架、进箱出箱机构及电机变速器组成，压榨内可以垂直落放十几箱豆腐，它是靠豆腐型箱和箱内的豆腐重量自行压制脱水的。工作时点浆完成后，豆腐脑倒入小型箱内，封包加盖完成后进入立式压榨，自重立式压榨的进出机构把每一箱豆腐从上面送入压榨机，每送入一箱重量就增加，当送入十几箱后下面的豆腐已经压成了，机构把最下面的一箱推出完成压制过程。自重立式压榨设备见图5-57。

图5-57　自重立式压榨设备

（4）连续式压榨设备。连续式压榨设备是目前最先进的豆腐压榨设备，它的突出特点是改变了豆腐制作所用的大小型箱，采用上下履带间隙逐渐减小，达到逐渐加压的方式压制豆腐。更为先进的连续式压榨设备是采用柔性传动带，既有传动功能又可以滤水，在传动带两侧增加挡板，豆腐脑直接放在传动带上，传动带行走豆腐脑逐渐加压成型，豆腐压成后送出传动带进入与之配套的切块机进行切块，完成豆腐压榨过程。这种设备不但摆脱了豆腐制作所用的型箱，而且也摆脱了豆包布，设备的一端放入豆腐脑另一端连续出豆腐，使豆腐生产机械化程度提高到新的水平。但是该设备制作费用较高，与之配套的设备有自动点浆设备、自动进豆腐脑装置、自动切块装盒设备，还要有设备运行中的清洗装置及生产结束后的卫生自动清洗系统等。连续式压榨设备见图5-58。

3. 翻板机

翻板机的主要功能是将小型箱内的豆腐倒到托板上，以利于送入自动切块装盒机。翻板机是由翻转盘转动机构、压紧机构和机架组成。当自动压榨机把压成豆腐的小型箱推出后，人工取出上压盖，揭开上布，放上托板，送

图 5-58　连续式压榨设备

入翻板机的翻盘上，汽缸将型箱压紧，转动机构开始转动 180°，将大块豆腐翻到托板上，取出型箱，揭开下布，一块完整的豆腐亮在托板上。翻板机如图 5-59 所示。

图 5-59　翻板机

4. 自动切块装盒机

使用小型箱做出的豆腐，块形为 680mm×360mm×40mm，要将其切成 120mm×85mm×40mm 的长方形块，并装入塑料包装盒内。自动切块装盒机就是完成这一工作内容的专用设备。

自动切块装盒机是由水槽、推进切刀机构、分块、装盒四部分组成，大块豆腐放入水槽内，由推进机构把它推入切块部位，进行切块分块，并托出水面装盒，豆腐装入包装盒后由传输链送出，完成切块装盒工作。这些动作除装盒外，其他动作都是在水中进行的，这样减少了切块过程中豆腐的破碎。各部位动作均是由大小不等的汽缸杆伸缩完成的，设备使用安全可靠，自动化程度高。该设备见图 5-60。

图 5-60　自动切块装盒机

5. 封盒包装机

封盒包装机主要用于盒装豆腐的封膜，是根据盒型选择的专用包装机，它与前面介绍过的充填包装机相似，不同的是它减少了充填工序，只保留封膜、切断、输送等工序。封盒包装机见图 5-61。

6. 杀菌冷却槽

杀菌冷却槽与制作内酯豆腐所使用的设备一样，只是温度调节略有区别，在此不作细致的介绍。杀菌冷却槽见图 5-62。

在豆腐生产没有实现机械化的地区，仍然使用比较传统的工具设备，如较大的木制型箱。用千斤顶或固定的绞杠压制豆腐。有的地区做了一定的改进，选用小型箱（不锈钢）在压制平台上用汽缸压制豆腐，但切块装盒仍然是手工操作，并使用豆腐屉散装产品。随着人民生活水平的提高、食品卫生意识的加强，不久的将来都会实现产品包装化、生产机械化。

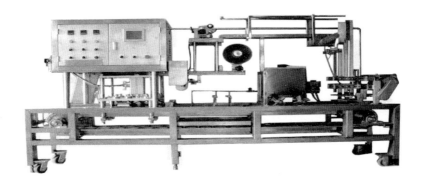

图 5-61　封盒包装机

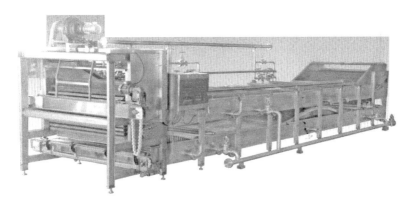

图 5-62　杀菌冷却槽

第四节　豆腐干生产设备

一、豆腐干生产专用设备

目前国内大部分豆腐干生产企业是半机械化生产，另有部分企业已经从半机械化发展到全部机械化生产线。半机械化生产豆腐干主要设备除制浆部分之外有压榨机、切制机和包布干板等设备和工具。

（一）压榨设备

压榨设备主要用于豆腐干生产中的压制脱水工艺。目前使用较为普遍的是油压榨和电压榨两种类型。

1. 油压榨

（1）油压榨特点。油压榨是由一个油泵中心带动多台压榨机。该设备适用于规模生产，具有产量高、压制质量好、设备维修方便、节约能源的优点。油压榨见图 5-63。

图 5-63　油压榨

（2）油压榨工作原理。油压榨是由机架、油缸、压盘和托盘小车组成，另有油泵中心供给压力油。在制作豆腐干时，将点浆、上板、封包后的预压豆干 15 板左右摞在一起，托盘小车将其推入压榨机，油缸杆和压盘向下行走，达到压制的目的。压制过程中逐步加压，15～20min 后豆腐干压成，托盘车将豆干推出压榨机。托盘小车是另一个油缸推动的，以减轻劳动强度，也有做成轨道，人工推进推出的。

（3）主要结构。油压榨主要是由油压架、油缸、油管、压板、推板小车、手动换向阀组成。油压架是由机座、上压板、立柱组装起来的，除立柱外其余部件都是铸造件经过加工而成。推板小车是用槽钢焊接而成的。设备上的油管，采用无缝钢管连接。油缸、手动换向阀是标准件，可以外购获得。油泵中心按相关标准制作。油压榨基本结构如图5-64所示。

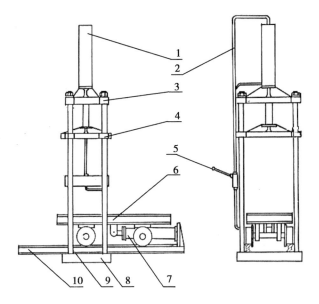

1—压榨油缸；2—油管；3—上固定板；4—压板；5—手动阀；6—
小车；7—推车油缸；8—机座；9—立柱；10—导轨

图5-64 油压榨基本结构简图

（4）技术性能（举例）。

生产能力：200kg/h（豆腐干）

油缸直径：100mm

活塞杆直径：60mm

供油压力：3MPa

油泵流量：25L/min

压榨设备外形尺寸：600mm×560mm×2 200mm

（5）使用与维修。油压榨一般是一个油泵站供给多台油压榨，在选择和安装手动阀时要求各台压榨工作不对其他压榨产生影响。油路内要有卸荷回路，保证油路的安全。在向压榨内码放豆腐干及干板时一定要码放整齐，避免倾斜。加压时要逐渐加压，不能过急，防止挤压力过大，干板跑偏。

2. 电力压榨

（1）电力压榨特点。电力压榨是独立式压榨机，它是由电机、机架、蜗轮、蜗杆或齿轮杆、压盘组成的压榨机。该机操作方便、设备维修方便，比较适用于小型生产。但是在使用中需要特别注意，如运行距离超过蜗杆长度，就有冒顶和掉杆的危险。有的设备增加了强行限位装置，解决了这一问题。可是在较潮湿的车间，过多地增加电气件，其安全程度易受到影响，所以限位装置所用的电器件应该使用安全电压。

图 5-65　电力压榨

（2）电力压榨机的工作原理。该设备由电机通过传动皮带、带动蜗轮转动，蜗轮带动蜗杆转动，蜗杆有固定套，固定套有内螺纹，蜗轮转动，在固定套作用下，改变成垂直运动，蜗轮的顶端安装压盘，压盘压在榨内的豆干上，逐步加压完成压制脱水工序。电压榨的传动皮带和蜗轮蜗杆，既是传动装置，又是变速装置，经过变速使蜗杆垂直运动速度很低，电力压榨如图 5-65 所示。

（3）主要结构。电力压榨主要是由机架、下压盘、上压盘、升降丝杠、蜗轮蜗杆或齿轮、电机及控制开关组成。机架是由钢板焊接的底座，四根立柱和机头组装成压榨的主要部分。下压盘安装在底座上，上压盘固定在升降丝杠下头，上压盘与立柱有滑动导向套，防止压盘摆动。蜗轮蜗杆或齿轮是变速及传动机构，带动丝杠升降。电机带动蜗杆或齿轮转动。电气控制包括正反向开关和上下限位开关，控制电机运行和控制丝杠上下极限位置，保证操作安全。

（4）技术性能（举例）。

生产能力：3t/h（豆腐干）

电机功率：2.2kW　6级

设备外形尺寸：900mm×900mm×1 900mm

（5）使用与维修。该设备在没有使用油压榨前，是普遍使用的压榨设备，现在已经很少有使用的。但是生产规模小，使用电力压榨还是有很大优势的。

（二）全自动豆腐干生产线

全自动豆腐干生产线由自动点浆设备，上板封包传动线，回板传送线，进板、出板、落板机械手，八方旋转式压榨机，液压油泵中心，电脑及电气控制系统组成。

全自动豆腐干生产线采用可编程控制器自动控制，实现人机对话，对答式操作，使得操作更为简单，易于掌握。生产线运转时自动凝固机完成点浆蹲脑后，豆脑倒入上板封包传动线的豆干模型框内，进行预脱水、封包、去框，并传送到进板、出板、落板机械手工位。机械手，把板和封好包的豆腐脑送入压榨机，按规定板数摞在一起，进行压制脱水。八方旋转式压榨机转动一周后，再由机械手把压好的豆腐干和板一块送出压榨机，放在传送带上，完成压制过程。全自动豆腐干生产线如图5-66所示。

图 5-66　全自动豆腐干生产线

二、豆腐干加工切制设备

压制之后的豆腐干是 400mm×400mm×（10～20）mm 厚的大块。根据工艺需要，要把大块豆腐干切制成各种形状的小块，用于加工各种产品。豆腐干切制的工作量很大，切制设备就是完成豆腐干切块工序的专用设备。切制机的种类有两种，一种是单品种切制机，另一种是多刀多品种切制机。

（一）切干机（单品种）

1. 切干机特点

切干机是比较简单的切制机，只适用于切一种横向刀距的豆干坯子，但纵向切刀是可以更换刀距的圆形转刀，这样就可以相应增加切制品种。在生产中某个品种产量很大时选用单品种切制机。

2. 切干机工作原理

切制机是通过机架上的传送带行走。传动轴上的偏心轮带动两根刀架立柱，上下运动，两根刀架立柱和横梁组成门型刀架，切刀安装在刀架上，随刀架立柱上下运动，达到对放在传送带上的豆干横向切制的目的。纵向切制，是由安装在机架和传送带上的定距圆形刀片组，随传送带转动，当大块豆干经传送带送入切刀部位时，转动的圆刀把豆干纵向切割成长条状，即完成纵向切制。切干机如图5-67所示。

图 5-67 切干机

3. 主要结构

切制机是由机架、传动轴、偏心轮、横向刀架、滚刀、传动辊、传动带、保护罩、电机等组成。机架是用角钢组焊而成，机架底层安装电机、传动轴，机架上层安装传动辊、传动带，机架两侧中心部分安装刀架纵向连杆，连杆下头连接传动轴上的偏心轮，连杆顶端与横向刀架固定，刀架上安装横向切刀。经过两级变速的传动轴皮带轮，带动传动辊旋转，传动辊带动环形传动带行走。滚刀是纵向切割，靠传动带行走的摩擦力带动旋转，横向刀上下往复运动，带动刀架。

4. 技术性能（举例）

生产能力：1.5t/h（豆腐干）

电机功率：1.5kW 6级

设备外形尺寸：1 800mm×800mm×830mm

5. 使用与维修

该设备操作和维修都比较简单，定期添加润滑油，搞好设备卫生，使用时不要打开防护罩，设备卫生清理时不要用水冲洗，要清扫和擦拭。

（二）花干机

1. 花干机特点

花干机也是一种单品种切制机。这种切制机区别于切干机的有三点：①切制方式不一样，它是在 10mm 厚的豆干横斜方向上下两面切，各切 5mm 深，不切断。②由于切刀上下同时切制，传送带就不能用一条，要用两段式传送带。③花干机一机上完成横向 100mm 切断，需要有桃形轮拉动刀架，间歇式切断，这比连续切断增加很大的难度。花干机一机完成横向 100mm 刀距切断，和双面横向并且斜 3mm 各切豆干的一半，同时完成纵向 50mm 宽切断的圆形转刀切断，三种不同切制刀同时完成切制过程。

2. 花干机工作原理

该设备由两段式传送带输送豆腐干进出，两传送带之间由一个有 X 型刀口的过渡板连接。电机经变速箱降低转速后，带动两根传动轴，两根传动轴分别带动两种刀架垂直动作，即完成横向、斜向上下刀切制，纵向切断采用圆形转刀切断，与切干机相同。该设备制作比切干机复杂，但使用该设备切制花干，效率可以大幅度提高，而且切制质量好。花干机如图 5-68 所示。

3. 主要结构

花干机机架是用角钢焊接而成，用钢板或不锈钢板外包。主传动配有离合器，方便临时停机。所有刀片使用不锈钢板制作，刀具可根据需要随时调整。花干机结构如简图 5-68 所示。

4. 技术性能（举例）

生产能力：300kg/h（黄豆）

切刀速度：100 次/min

电机功率：1.5kW

设备外形尺寸：2 000mm×600mm×800mm

5. 使用与维修

使用花干机要定期清洗轴承，添加新润滑油。切刀防护罩开机前必须装好，开机后不能打开防护罩。清洗设备时不能用水冲洗，应该湿布擦净。要想花干切制质量好，必须保证豆腐干白坯、软硬适度、薄厚一致，不合格的白坯不能切制。

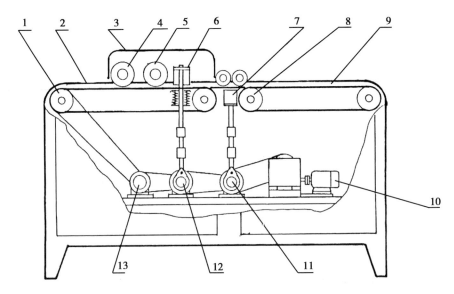

1—传动辊；2—传送带；3—有机玻璃罩；4—横向断刀；5—纵向圆刀；

6—八字形刀（上）；7—八字形刀（下）；8—传动辊；9—后传动带；

10—电机及变速箱；11—偏心轴；12—偏心轴；13—传动轴

图 5-68　花干机

（三）多刀切制机

1. 多刀切制机特点

多刀切制机是比切干机技术更先进的切制机械。它可以一机切制 20 多种形状不同的产品坯子，适用性强，生产效率高，质量好。

2. 多刀切制机工作原理

将压制好的大块豆干坯放在机器的橡胶输送带上，输送带行走过程中，经过纵向滚刀完成纵向切条，然后经过横向切刀，完成横向切片。比较突出的特点是皮带输送速度可调。滚刀是由五种刀具组合在可调刀架上，可以根据需要，非常容易地更换。横向刀具，也是可以随时更换的。这样经过调速和调换刀具，就可以切出不同尺寸的豆干坯，适用于加工多种产品。多刀切制机如图 5-69 所示。

3. 主要结构

多刀切制机是由一组五挡位定架式滚刀组成纵向切刀；一组异形横向切刀，还有多种预备更换的横向切刀，切刀固定在机架上；机架由角钢组焊而成，由一台电机带动所有传动系统和工作系统。切刀片采用不锈钢材质，刀

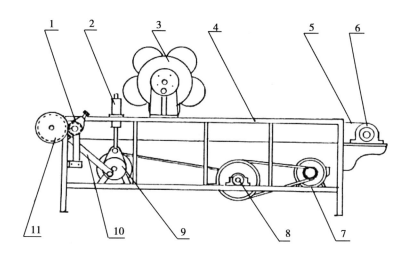

1—进给机构；2—断刀架；3—滚刀架；4—机架；5—传动带；6—传动辊；7—电
机；8—传动轴；9—偏心轴；10—传动拉杆；11—传动齿轮

图 5-69 多刀切制机

架、刀片轴及连杆均电镀。传动带为橡胶带（5 500mm×500mm×10mm）机架
外面用不锈钢板包厢，既保护设备，又利于清洗。

4. 技术性能（举例）

生产能力：300~3 000kg/h（不同产品，产量不同）

纵向滚刀间距：2、3、4、5、6cm（不同产品，间距不同）

横向刀种类：直刀、斜刀、三角形刀、花齿形刀

横刀切制速度：90 次/min

步进式传动带每次前进行程：6~60（mm）共 10 个挡位，按 6mm 递增
调节。

电机功率：1.5kW 6 级

5. 使用与维修

使用该设备更换刀具必须停机后进行，以防设备事故和人身事故。更换
挡位时，必须调到规定位置，使弹力定位销锁住。各种刀具必须保持清洁，
不用时要放在存放箱内，防止乱扔变形。定期给油钟内添加润滑油，定期检
修各部位零件，保证设备安全运行。

第五节　豆腐片生产设备

一、豆腐片生产设备

豆腐片生产设备是用于生产豆腐片（千张、百页）的专用设备，目前已形成机械化生产线，生产线上的主要单机有点浆打脑机、泼片机、压榨设备、揭片机、切丝机。

（一）泼片机

1. 泼片机特点

泼片的工序有泼制、脱水、折叠三个过程。泼片机就是为完成这三个过程而制作的专用机器。

2. 泼片机工作原理

泼片机是一个10多米长的网式传送带，工作时在传送带上铺上豆腐片专用布，在布上泼3~4mm厚的豆腐脑，然后用同样的布盖在上面，在运行中逐渐脱水，脱水长度一般在10m以上，输送带的终端有折叠小车，将泼好片的布往复折叠在专用箱套内，经过预压之后，送压榨机压片，压榨机与豆干压榨机型式相同，但压力远大于豆干压榨机的压力。泼片机如图5-70所示。

3. 主要结构

泼片机主要由机架、前后滚筒、曲柄连杆、托车、传动网、电机和变速箱组成。机架用角钢焊接而成，前后滚筒焊接铁架外圆包木板，曲柄连杆的长度根据豆腐片折叠距离而定。托车下安装滚轮，便于连杆拉动。传动网最好使用40#铜网，防腐性能好。

4. 技术性能（举例）

生产能力：140kg/h（豆腐片）

前后滚筒直径：450mm

传动网线速度：0.07m/s

电机功率：2.2kW　4级

设备外形尺寸：12 000mm×600mm×1 200mm

5. 使用与维修

泼片机工作场所温度要在15℃以上，温度过低泼出的豆腐脑很快降温，

图 5-70　泼片机

影响豆腐片的压制成型。传动网每次工作结束要认真刷洗，以保证产品卫生。

（二）揭片机

1. 揭片机特点

揭片机是将压制完成后的豆腐片从泼片时盖的上下布上揭下来的专用设备。该设备有两类，一类是单揭法设备，另一类是双揭法设备。

2. 揭片机工作原理

揭片机是利用两个毛刷旋转，上毛刷刷上片布，使压入布纹内的豆腐片和布分开；下毛刷刷下片布，使豆腐片与片布分离，豆腐片落在传送带上送出揭片机，布自动卷在两个卷滚上，以备下次泼片时使用。揭片机如图 5-71 所示。

3. 主要结构

揭片机是由机架、毛刷、压滚、卷布滚、传动带、电机等部分组成。机架用角铁焊接，毛刷是木辊尼龙刷，压滚和卷布滚是用轻型钢管加工的光管。传动带可用尼龙或白橡胶带（食品专用），变速采用三级皮带轮变速，尼龙刷用三角带传动。

4. 技术性能（举例）

生产能力：300kg/h（豆腐片）

图 5-71　揭片机

毛刷转速：500r/min

卷布滚转速：130r/min

电机功率：1.5kW　4 级

设备外形尺寸：1 800mm×700mm×900mm

5. 使用与维修

揭片机毛刷上面有一个活动压滚，用来压紧泼片布与毛刷，调节压杆时不能过紧，否则会损坏毛刷。电机和传动部分的防护罩不能拆掉，否则影响设备正常运转和人身安全。

（三）切丝机

切丝机是将豆腐片切制成形状不同、宽窄不同的豆腐丝的专用设备。切丝机与前面介绍的切干机原理相同，只是设备速度比不一样。在此不作详细介绍。

二、豆腐片生产线

豆腐片生产线是由自动点浆机、泼片机、压榨机组、揭片机四部分组成。自动点浆机完成点浆、蹲脑、打花工序，泼片机进行泼片，泼好的豆片首先进行预压，然后加压直至豆腐片压成，再由揭片机揭片，揭出的豆腐片送到下道工序加工。豆腐片生产线的各种单机前面都做过介绍，在此不重复，豆腐片生产线见图 5-72。

图 5-72　豆腐片生产线

第六节　其他豆制品加工设备

一、炸制设备

（一）明火炸锅

油炸食品所使用的设备主要是炸锅，最早的油炸锅就是明火大铁锅，后来为了减轻劳动强度，改善工作环境，经过技术革新发明了转龙式机械炸锅和船型网式传送带炸锅。这些炸锅都使用明火，而且增加了炸油过滤系统。

近些年出现了以天然气、煤气为热源的炸锅，对改善环境、减少污染效果突出。

（二）节能型双锅油水分离油炸锅

节能型双锅油水分离油炸锅是用于油炸食品的设备（图 5-73）。它采用了油水分离技术，油锅内下部分是水，上部分是食用油，热源采用电热，在炸制食品时食品漂浮在上部，上部的热油炸制食品，下部的水不断地加热，一些食品的渣子沉到底部便于清理而且不污染油，锅内炸油不变黑，延长了油的使用时间。节油效果明显。使用这种炸锅炸出的食品味美、色鲜，大大减少了油炸中的有害物质，有利于食用者的健康。该油炸锅采用不锈钢材质，配有双向自动温度控制，操作方便又节电。

图 5-73　节能型双锅油水分离油炸锅

二、卤、煮、炒制设备

卤煮设备主要用于豆制品的卤制、煮制工艺，设备分为两种类型，即蒸汽直接卤煮和蒸汽间接卤煮。

（一）卤煮锅（桶、槽）

卤煮锅是由蒸汽直接加热煮沸的容器，其形状多样，如圆桶、长方形槽等。在容器加蒸汽喷嘴或喷管，在容器底部加排放卤液的阀门，容器一般选用不锈钢材质制作，防止卤液腐蚀，有利于产品卫生。

（二）夹层锅

夹层锅又叫二层锅，是双层半圆形锅体，是一种间接加热卤煮或焖炒设备。锅的内外层均采用不锈钢材质制作，内层锅加工产品，外层与内层间通蒸汽，靠热传导加热卤汁、液等。夹层锅的类型有多种。按其深浅可分为浅型、半深型和深型；按其操作方式可分为固定式和可倾式。固定式与可倾式不同之处是：前者蒸汽直接从半球壳体上进入夹层中。后者蒸汽则从安装在支架上的空心轴进入夹层；前者冷凝水排出口不在最底部（因最底部开了出料口），后者在支架另一端以空心轴内冷凝水管排出冷凝水。

前者下料通过底部的阀门，后者则把锅倾转下料。可倾式夹层锅见图 5-74 所示。

图 5-74　可倾式夹层锅

三、腐竹生产设备

（一）手工油皮（豆腐衣）储浆保温槽

油皮生产与腐竹不太一样，油皮提取是在生产豆制品过程中，煮沸的豆浆在专用豆浆保温槽内停留一定时间，当豆浆表面出现软皮时提取出一到两张将其挂在竹竿上初步定型后晾晒或烘干。豆浆则继续制作豆制品。所以手工油皮设备只是一个储浆保温槽。保温槽底夹层，通蒸汽以保持豆浆温度。手工油皮（豆腐衣）储浆保温槽如图 5-75 所示。

图 5-75　手工油皮（豆腐衣）储浆保温槽

（二）腐竹锅

腐竹是一个生产量较大的产品，而且出口量也比较大。腐竹生产设备主要是揭竹的锅，其实就是带夹层的不锈钢保温槽，通常把它叫腐竹锅。煮沸后的豆浆放在保温槽内，夹层内通蒸汽使豆浆保持温度，操作者从豆浆表层揭皮，挂在锅上面的晾杆上，就是湿腐竹。腐竹锅如图 5-76 所示，腐竹锅结构简图如图 5-77 所示。

图 5-76　腐竹锅

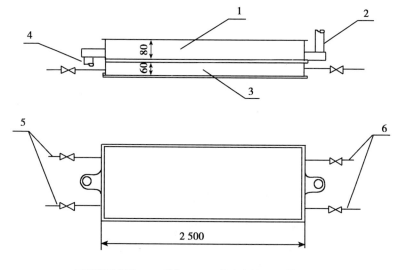

1—不锈钢平底锅；2—进浆口；3—蒸汽夹层；4—排渣口（甜片渣）；
5—进气管；6—排气管

图 5-77　腐竹锅结构简图（单位：mm）

四、豆粉生产设备

(一) 锤式粉碎机

1. 设备特点

锤式粉碎机主要用于干物料粉碎,是豆粉生产的主要设备。该设备生产效率高,粉碎比大,破碎均匀。设备结构简单、紧凑,体积不大,比较轻巧。维修和更换易损件比较容易,因而应用比较广泛。

2. 工作原理

锤式粉碎机主要靠撞击作用来破碎物料,见图5-78。当物料由进料口进入粉碎机中,立即遇到高速旋转着的锤片的撞击而粉碎。粉碎了的物料,从锤片处获得了动能,以高速向机壳内壁衬板上撞击而遭到二次粉碎,当其刚弹离衬板,又受到继之而来的另一排锤片的撞击并再度撞击在衬板上而被进一步粉碎。被击碎的粉粒则在经过弧形筛网时,透过筛孔输入原料储斗。那些未能透过筛孔的较大颗粒,仍将继续受到锤片的撞击和研磨而粉碎。

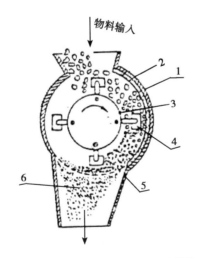

1—机壳;2—衬板;3—装有锤刀片的旋转盘;

4—锤刀片;5—弧形筛网;6—粉碎粉粒

图5-78　锤式粉碎机工作原理示意图

3. 主要结构

锤式粉碎机可分为单转轴和双转轴两种,单转轴又可分为不可逆式和可逆式两种。目前，单转轴锤式粉碎机获得广泛应用。不可逆式粉碎机的转轴只能向同一个方向旋转进行工作，反方向旋转即不能工作。这种粉碎机的结构如图5-79所示。它主要由机壳、转轴、转子（包括幅板和锤刀片等）、轴承等组成。

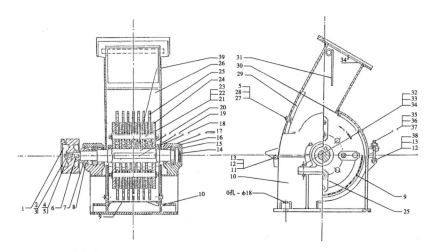

1—三角皮带轮；2—挡圈；3—销；4—螺栓；5—弹簧垫圈；6—键；7—轴套；
8—油封圈；9—筛网；10—机座；11—销轴；12—垫圈；13—开口销；14—封板；
15—轴承；16—油封圈；17—轴承座；18—螺母；19—键；20—轴（转轴）；
21—销轴；22—垫圈；23—锥销；24—幅板；25—锤刀片；26—机盖；27—螺钉；
28—螺母；29—衬板；30—衬板；31—保护板；32—螺栓；33—螺母；
34—弹簧垫；35—活节螺栓；36—螺母；37—弹簧垫圈；38—销轴；39—垫圈

图5-79 锤式粉碎机结构图

机壳包括机座和机盖，机座可用10mm厚A_3钢板焊接而成，机盖可用7~8mm钢板焊接，机盖与机座用铰链连接，方便清理。机壳内壁与破碎物料发生摩擦或承受撞击的地方镶有钢制衬板，以防壳磨损。

轴是用45号优质钢加工而成，通过轴承、轴承座固定在机座上。电机与主轴，是用三角皮带和皮带轮传动的。转子是由装在主轴上的许多圆形幅板以及锤刀片等零件组成，圆形幅板套装在主轴上，锤刀片装在圆形幅板上，当幅板转动时锤刀片随之旋转而将物料击碎。

锤刀片是易损零件，对锤刀片的质量要求首先是耐磨性，采用高碳钢的长方形板制成的锤刀片应用比较广泛。

筛网是用以控制产品粒度的，筛孔的大小应该比产品粒度大 3 倍以上，在粗粉碎时可用冲压箅网，称为箅条，安装箅条要控制好与锤刀片顶端的间隙，间隙越小产品粒度越小，但是最小要大于 3mm。

4. 技术性能（举例）

生产能力：15t/h

给料粒度：100mm

转子转速：1 000r/min

转子直径：600mm

转子长度：400mm

垂刀排数：5

垂刀总数：20

垂刀重量：5kg/个

给料口尺寸：45mm×295mm

电机功率：17kW　4 级

5. 使用与维修

使用锤片式粉碎机，可以根据被粉碎后物料的粒度调整筛网孔径大小或箅条间隙大小，可以达到需要粒度。设备中锤刀片、箅条或筛网、衬板、幅板等都是易损件，要经常检查更换。因为粉碎机是高速回转设备，对设备进行装配或检修后，要进行平衡试验，以免机械运转时出现强烈振动。对轴承要定期清洗，定时加油，温升保持在 60℃以下。

（二）辊式粉碎机

1. 设备特点

辊式粉碎机是比较老的粉碎设备，它结构简单、易于制造、造价低廉、维修和操作都很方便，因此，现在仍然被广泛应用。它可分为单辊、对辊、多辊几种，比较有代表性的是对辊（即两只辊子）式粉碎机，本书重点介绍。

2. 工作原理

对辊式粉碎机有两只重钢辊相向转动，把放在钢辊上面的物料夹住啮入两辊之间，物料受到压缩而被击碎。两个辊子一般都有速差，一般两辊速差为 2.5∶1，由于速差可以增加对物料的剪切力，使之更容易破碎。辊式粉碎机的生产能力是由辊子的长度、直径和转速决定的，但是该机的破碎比（i）

比较低，一般 $i \leqslant 5$，物料的粒度不能太大，否则物料会沿着辊子表面滑动，而不能啮入两辊之间，达不到粉碎目的。

3. 主要结构

对辊式粉碎机是由机架、辊子、刮板、弹簧调节、喂料器、电机组成。机架是用铸铁铸造而成，重量较大，可以减小设备运转产生的振动，使设备稳定运行。有两个直径相同且比较重的辊子，它是粉碎机的主要部件，辊子表面层为白口铸铁或铸钢制成，表面硬度可达 HRC60 左右，破碎粮食及豆类的辊子直径一般在 250～800mm 范围内选择，它的长度决定于处理量，一般约为 1 500mm。辊子使用厚壁铸造钢管，其壁厚 100～150mm，中心装轴，由平键固定。辊子表面有磨光或拉丝两种，以拉丝形式更多些。两个辊子，一个是主动辊，通过轴承固定在机架上，由电机、三角皮带和皮带轮传动；另一个是从动辊，它固定在活动轴承架上，可以沿水平方向调节移动。辊子下方安装刮板，可以清除粘在辊子表面的物料。弹簧调节是安装在机架上，可以调节活动轴承架，改变两辊之间间隙大小，满足粉碎粒度要求。因为有弹力比较大的弹簧，当对辊中物料出现硬物时，可以瞬间把从动辊顶开，改变两辊之间间隙，起到保护辊子的作用。喂料器安装在进料斗下方，通过喂料器，把物料平均分布到辊道内，并可以调节物料流量。对辊式粉碎机结构如图 5-80 所示。

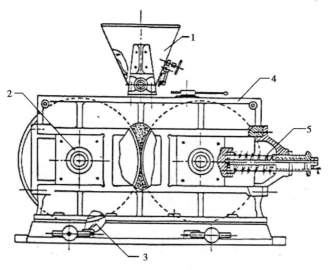

1—喂料器；2—辊子轴承；3—刮板；4—机座；5—弹簧

图 5-80 对辊式粉碎机

4. 使用与维修

该粉碎机是负荷较重的设备，在开机前应作一般性检查，特别注意轴承的润滑油。工作中应注意喂料器落料是否均匀。在开始粉碎时要检查破碎程度是否符合要求，调整好两辊间隙。如果发现辊子磨损严重，应及时更换新辊，以保证粉碎质量。

五、淀粉再制品设备

(一) 凉粉机

凉粉是淀粉再制品的主要产品，过去生产凉粉都是用煤火大锅熬制，费工费力，后来使用机械设备，蒸汽熬制凉粉，产量大幅度提高，劳动环境改善，产品质量明显提高。

1. 凉粉机工作原理

凉粉机是利用 U 型铁锅，内通蒸汽加温管，用蒸汽直接对淀粉混合液加热，使其糊化成熟。在加温糊化的过程中，为了防止淀粉沉淀和加温过程中糊化不均匀的现象，U 型锅内装置了一个慢速搅拌器，蒸汽直接通入管状螺旋搅拌叶中，搅拌叶转动，蒸汽也随着转动，达到均匀加热的目的，在加温过程中搅拌叶不停转动直到淀粉液熬熟。熬熟的凉粉经放料门放入冷却容器中完成凉粉熬制工艺。凉粉机的进料需要配备一个搅拌桶和一台输送泵，在搅拌桶内淀粉按一定比例加入清水搅拌均匀后由输送泵将液体送入熬制锅内熬制。凉粉机结构如图 5-81 所示。

2. 主要结构

凉粉机主要由机架、U 型锅、搅拌器、蒸汽管、阀门、压力表、变速齿轮、电机组成。机架是用角钢焊接而成，用以支撑 U 型锅，变速箱及电机。U 型锅是用钢板弯制，两边用封头封死，上面的锅盖一半焊死，另一半做成活盖。U 型锅底部开一个放料门，放料门有旋紧机构，以防止泄露。搅拌轴是空心轴，轴的一头焊接死轴头，另一端是空心轴头，蒸汽可以从轴头直接进入 U 型锅内。搅拌叶是用钢管弯成，弯之前先在钢管上均匀地打数个 3mm 小孔，打好孔后将管弯成螺旋状，两头焊接在搅拌轴上，搅拌轴提前打好小于搅拌叶管内径的孔，以便蒸汽可以从搅拌轴通往搅拌叶。变速部分采用齿轮变速，电机和变速轴都安装在机架一侧。

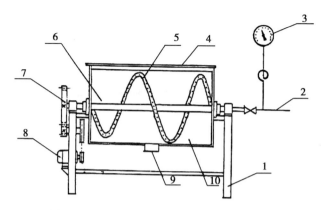

1—支架；2—气管；3—压力表；4—锅盖；5—搅拌叶；6—搅
拌轴，7—传动齿轮；8—电机；9—放料门；10—熬制锅

图5-81 凉粉机结构简图

3. 技术性能（举例）

生产能力：125kg/h（干淀粉）

搅拌器转速：30r/min

电机功率：2.2kW 6级

设备外形尺寸：1 800mm×1 000mm×2 000mm

4. 使用与维修

凉粉机的供蒸汽管道要安装汽水分离器，供汽前要把低位排冷凝水截门管道的冷凝水排出，再给凉粉机供汽。凉粉机在进料时就要打开搅拌器，进行搅拌，防止淀粉沉淀，进料结束后关闭上盖，打开蒸汽阀门开始熬制，凉粉糊熬熟后关掉蒸汽，打开放料门，开始放料，此时不停搅拌，以利于出料，待凉粉糊基本放净后再关搅拌器。工作结束马上用热水浸泡"U"型锅，并认真清洗。

（二）粉鱼机

粉鱼是凉粉的变形产品，即熬糊制冷却时改变形状，专门生产粉鱼的机械叫粉鱼机。

1. 粉鱼机工作原理

粉鱼机是和凉粉机配套使用的，凉粉机把淀粉溶液熬制成淀粉糊后直接放入粉鱼机的储料槽内，储料槽的底是带孔的平底，底上有直径4mm的孔数个，槽内有立式搅拌器，搅拌叶与槽底相接触，当淀粉糊从槽底小孔漏下后搅拌器传动瞬时切断淀粉糊流，漏下的淀粉糊掉到水里成为小鱼状，搅拌器不停转动，粉糊不断漏下。漏下的粉鱼掉到凉水里马上冷却，硬度增强而成型。粉鱼机见图 5-82，储料槽底剖面见图 5-83。

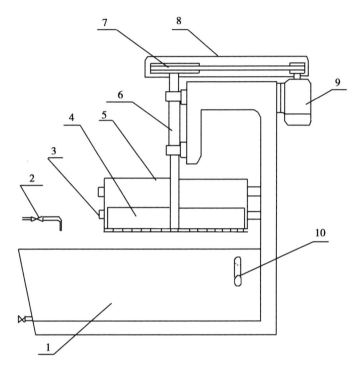

1—冷却槽；2—进水管；3—机架；4—搅拌桨叶；5—储料槽；6—搅拌轴；7—皮带轮；8—皮带罩；9—电机；10—溢水管

图 5-82　粉鱼机

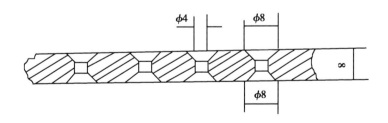

图 5-83　储料槽底剖面图

2. 主要结构

粉鱼机是由机架、冷却槽、储料槽、搅拌轴、搅拌桨叶、电机和传动部分组成。机架是用角钢焊接，冷却槽使用镀锌板制作或用不锈钢材质更好。储料槽是圆形槽，直径 600mm，高 300mm，储料槽的底是用 6~8mm 的钢板均匀打孔。搅拌桨叶焊接在搅拌轴上，两个桨叶正时针方向倾斜 6°~8°，对称焊接在搅拌轴下端。电机和变速轮用皮带传动，均固定在机架上。

3. 技术性能（举例）

生产能力：1 000kg/h（成品粉鱼）

搅拌轴转速：80r/min

储料槽容积：0.09m³

冷却槽容积：0.7m³

电机功率：0.8kW　8 级

设备外形尺寸：1 800mm×800mm×1 200mm

4. 使用与维修

粉鱼机一般安装在凉粉机下面，熬熟的淀粉糊可以直接自流到粉鱼机的储料槽内，不需要其他的输送设备。粉鱼机只有一个冷却槽，由于产量大，冷却容器小，影响冷却速度，所以要增加一个活动的冷却槽，与设备自身的冷却槽连接，这样就可以增加冷却时间，提高产品硬度。

（三）粉皮机

1. 粉皮机特点

粉皮机是机械化生产粉皮的专用设备，它自动化程度高，操作简单。使用机械生产粉皮，不仅提高了工作效率，而且改善了工人的劳动环境，大大减轻了工人的劳动强度，除了上料和成品装箱靠人工外，其余如粉皮成型、蒸熟、切断、折叠、传送等过程全部机械化。该设备生产效率高，耗电低，产品质量好，生产过程卫生条件好，食品安全有保障。

2. 粉皮机工作原理

使用粉皮机生产之前，先将淀粉调制成淀粉液并加入少量的成熟淀粉糊，搅拌均匀后输送到储料斗内，通过进料阀流入小料槽内，通过控制板摊在铜板传动带上，传动带以每 2.6m/s 的速度进入蒸箱，行走 35s 将粉皮蒸熟。传动带继续向前行走，通过冷却槽用冷水冷却，从冷却槽出来后继续用风扇吹，进行风冷却，再经过喷水、刮水，以防止切断、折叠和销售时粉皮粘连现象。生产过程中为了防止粉皮粘在铜板上，放料前先在铜板传送带上刷少量的食用油。粉皮在切断前，由人工把粉皮初始段引入导辊和切刀，以后机械就自动进行纵向、横向切断，并输送出来。粉皮机如图5-84所示。

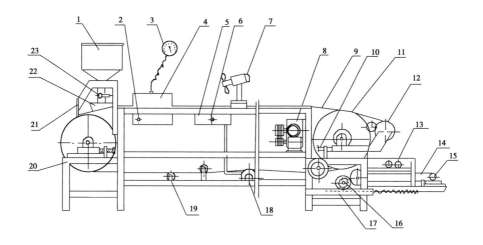

1—出料斗；2—蒸汽进口；3—温度表；4—蒸锅；5—冷却槽；6—冷水进口；7—电风扇；8—变速箱；9—铜板传送带；10—调整器；11—大滚筒；12—粉皮导辊；13—切断刀；14—成品输送带；15—小滚筒；16—齿轮；17—齿条；18—清洗滚刷；19—支承辊；20—机架；21—油刷；22—小料槽；23—放料阀

图5-84　粉皮机

3. 主要结构

粉皮机主要是由机架、前后辊筒、铜板传动带、料斗、料槽、蒸锅、冷却水槽、风扇、导辊、切刀、成品输送带、刷滚、电机和变速箱组成。机架是用角铁焊接，前后辊筒为铁架木辊筒。铜板传动带用1mm厚紫铜带，接口压接。料斗为圆形，料槽为方形，是用不锈钢板焊接而成。蒸锅是长方形，下半部分是长方槽，上半部分是三角长方形盖，传动带从中间通过，下长方形槽内通有蒸汽管，可以加热。冷却水槽是接有喷淋水的槽，安装在铜板输送带下面，以冷却铜板。成品输送采用齿轮齿条直线输送方式，间歇输送。滚刷为尼龙滚刷，用冷却水槽的溢出水刷洗铜板传动带。电机和变速箱安装在机架上，变速箱与各部位传动采用链条传动。

4. 技术性能（举例）

生产能力：180kg/h（成品粉皮）

粉皮规格：200mm×300mm×（3~5）mm

蒸锅温度：（95±3）℃

蒸汽压力：0.25MPa

铜板传动带线速度：0.043m/s

电机功率：1.1kW 4级

设备外形尺寸：12 000mm×1 200mm×1 600mm

5. 使用与维修

粉皮机安装比较简单，放在水泥地板上用机架柱脚螺钉调整水平即可。生产粉皮的厚度可以在 0~5mm 调整。每班生产前应该按要求加注润滑油，班后认真清洗设备，特别是保养铜板传送带。

第七节　豆制品包装及杀菌设备

一、包装设备

豆制品包装方式有袋装、盒装、瓶装等。每种包装都有相应的包装机械。盒装机已在前面做过介绍，行业所用袋包装机大致有全自动液体包装机、真空包装机等。

（一）全自动液体包装机

全自动液体包装机用于灌装豆浆、豆奶调味料等液体物料。它使用聚乙烯薄膜卷，自动成型制袋、定量、灌装、封口，全部操作自动进行。薄膜成型制袋前通过二级紫外线杀菌消毒。所有与液体接触的零件都是用不锈钢制造

图 5-85　全自动液体包装机

的。包装袋的长度和容量均可以根据需要调整，运行中出现故障均有指示信号和蜂鸣报警。该设备如图 5-85 所示。

（二）真空包装机

真空包装机是一种使用广泛的包装机械。它将包装袋内抽真空后，立即自动封口，可使袋内真空度高，被包装物品达到隔氧、保鲜、防腐的目的。如使用耐温蒸煮袋包装豆制品，还可以进行二次灭菌，延长产品的保质期。

真空包装机采用四连杆结构，有轮番工作的工作室进行两个工位的工作，操作方便。真空室工作台面采用不锈钢平板式结构，既能便于清理，又防止腐蚀。在工作室抽真空、封口、印字一次完成。对抽空时间、热封温度、热封时间均可以根据需要进行调整，是目前包装豆制品的理想设备。真空包装机如图 5-86 所示。

图 5-86　真空包装机

二、杀菌设备

在豆制品生产中除煮浆杀菌之外，还有两类杀菌设备，一类是生产鲜豆浆、豆奶、无菌灌装中的高温瞬时灭菌（UHT 杀菌）；另一类是豆制品包装后的杀菌。随着产品包装化程度的提高，散装产品已不适应食品安全和市场需求，为保证质量，延长保存期，各样豆制品包装后要进行二次杀菌。杀菌过程中因压力、温度变化比较大，会使包装破裂，所以一般的杀菌设备不能满足要求，只有使用杀菌釜反压灭菌或静水压灭菌。所采用的杀菌设备与软罐头杀菌设备相同。杀菌釜有单锅筒和双锅筒两种。杀菌过程为自动控制，保证了杀菌效果。

（一）高温瞬时灭菌（UHT 杀菌）

通常把加热温度 135~150℃，加热时间为 2~8s，加热后产品达到商业无菌要求的杀菌过程称为 UHT 杀菌。

UHT 杀菌的方法根据物料与加热介质直接接触与否，杀菌过程可分为间接式加热法和直接混合式加热法两类。直接混合式加热法，UHT 过程是采用高热纯净蒸汽直接与待杀菌物料混合接触，进行热交换，使物料瞬间被加热到 135℃以上，达到杀菌目的。但部分蒸汽冷凝水进入物料，同时在蒸的过程中，水分蒸发，易挥发的风味物质将随之部分去除。故此种方法不适用于果汁、果味类物质的杀菌。

间接式加热 UHT 过程是采用高压蒸汽或高压水加热介质，热量经固体换热壁传给待加热杀菌的物料。由于加热介质不直接与食品接触，所以可以较好地保持食品物料的原有风味，这种方式被广泛采用。

间接 UHT 杀菌设备有环形套管式、列管式、板式和旋转刮板式等。

1. 环形套管式杀菌设备

UHT 杀菌用环形套管式设备，主要结构为盘成螺旋状的同心套管。其主要特点：

（1）适用于流量小、传热面积小的生产工艺。

（2）因为螺旋管中的层流传热系数大于直管，所以也用于较高黏度流体的热交换。

（3）因为传热管呈蛇形盘装管，具有弹簧作用，可以有效地克服应力变化和裂管漏失的现象。

（4）安装容易，占地面积小。

（5）但该设备清洁困难，对有些遇高温易结垢、黏稠易焦煳的液体不适用，如豆奶等。

环形套管式杀菌设备如图 5-87 所示。

图 5-87　环形套管式杀菌设备

2. 列管式杀菌设备

UHT 杀菌用列管式设备，主要结构是数根水平排列的直管相连，直管分内管、外管和保温层。物料在内管通过，高温热水在外管通过，两种不同温度的介质通过内管外壁进行热交换，达到高温瞬时杀菌的目的。列管式杀菌设备主要特点如下。

（1）列管式杀菌设备生产能力大，能连续作业，杀菌物质广泛，适用于大生产。

（2）全自动控制温度、时间、换热面积等参数，调整灵活，操作方便，质量可靠稳定。

（3）易于机械化清洗，如有结垢和焦煳，可直接打开管堵清理。

（4）该设备造价高，占地面积比其他杀菌设备大。

列管式杀菌设备如图 5-88 所示。

图 5-88 列管式杀菌设备

（二）软罐头杀菌设备

软罐头是用复合薄膜袋代替全镀锡薄钢板等金属硬材质作为包装制成的包装食品，称为软罐头。软罐头的杀菌必须在空气加压方式的灭菌冷却锅中进行。包装豆制品的杀菌温度在 120℃、30min。

1. 卧式单锅筒杀菌釜

单锅筒杀菌釜是间歇式杀菌设备。该设备由杀菌釜、蒸汽供给系统、冷水供给循环系统、压缩空气供给系统、仪器仪表、电气控制系统及码放食品用的推车组成。

该设备在杀菌过程中是用加压缩空气与加热蒸汽混合加热的状态送入杀菌锅内。按照升温，开始加压，杀菌、定压、减压，压入冷却水，冷却，冷却水排出的顺序，通过自动控制完成。通常称为反压灭菌工艺，反压的主要目的是防止被杀菌的食品袋在杀菌过程中由于袋内升压而胀破。卧式单锅筒杀菌釜如图 5-89 所示。

图 5-89　卧式单锅筒杀菌釜

2. 卧式双锅筒自动回转杀菌锅

该设备是比卧式单锅筒杀菌釜自动化程度高，并能使被杀菌物在锅内旋转、加热均匀、质量好的设备。它由两个压力容器组成，下方为杀菌锅，锅内笼格回转时，外圆与轴同心，端面与轴垂直。上方为热水储存罐，不仅热水能反复使用，而且还可以使热水罐中的热水高于杀菌温度，在瞬间将其注入杀菌锅，既缩短了升温过程，又可进行高温杀菌。这一点显著优于单锅筒杀菌

图 5-90　卧式双锅筒自动回转杀菌锅

釜。该设备自动化程度高，占地面积小，热能利用率高。卧式双锅筒自动回转杀菌锅如图 5-90 所示。

第六章　豆制品生产管理

第一节　生产过程管理

一、工艺管理

中式豆制品基本生产工艺经过 2 000 多年的不断改进和完善延续到今天，它是生产实践的不断总结，是科学技术发展推动的。随着社会的不断进步，科技水平的不断提高，产品、工艺还将会有更大的改进和提高。但是在某一阶段确定产品的生产工艺之后，是相对稳定的。为了保证产品的质量，必须严格执行已经确定的工艺规程。在严格执行工艺规程的同时不断总结先进经验，发现不足，提出改进意见，按工艺修改程序改进工艺。日常的工艺管理包括以下几方面工作。

（一）认真执行工艺规程

从领导到操作工人、检验人员都要严格遵守工艺规程，不能随意改动而影响产品质量。对工艺文件的执行情况要进行定期不定期的检查，并且采取必要的手段对工艺规程执行情况进行监测。一般企业都有作业指导书，在作业指导书中对工艺要求做了详细的规定。一旦确定工艺文件，生产人员不能随意更改。但工艺不是不能改进，改进工艺是企业技术改造的重要内容，改进工艺要在企业主管部门的组织下，经过研究论证，还要在试验、鉴定的基础上由技术部门对工艺文件进行修改，经过主要负责人批准实施。

（二）不断改进工艺

随着科学技术的不断发展进步，现在执行的工艺规程，必定有一些不适应的环节，需要改进；同时新技术的不断出现也推动工艺的技术进步，所以，不断改进工艺是工艺管理的重点。前面讲过不允许随意改动是对操作人员而言，其阶段性的要求也是相对性的不动；而工艺的改进是长期的，是绝对的，改动要按科学管理的程序进行。企业领导、技术部门主管、生产管理人员、操作人员都应该把改进工艺、提高质量、增加企业效益作为重要工作，不断吸收新技术、新方法，不断在实践中总结经验，制定改进工艺的方案并加以实施。改进工艺应是上下结合，即操作人员和专业技术人员结合；内外结合，厂内的经验和同行业的经验结合；新旧结合，新技术、新工艺与原有技术和工艺相结合；国内外结合，吸收国外先进工艺及经验，与国内先进技术和经验相结合。定期、不定期地组织工艺技术交流，这样才能使企业始终保持技术上的先进性，才能赢得企业的更大发展。

（三）工艺培训

工艺培训的重点对象是生产管理队伍和生产操作人员。生产工人上岗前必须进行工艺规程的培训，做到应知应会，并且宣传、教育操作人员认识到严格遵守工艺规程的重要性，严格执行工艺规程是一条工作纪律。对生产管理队伍的培训应该是深入了解工艺理论，总结工艺实践经验，学习、讨论、研究新工艺，提出不断改进生产工艺的建议，使企业的生产工艺技术先进，经济效益不断提高。

二、操作管理

在企业中操作管理、工艺管理被称为技术管理的基础工作。操作管理工作的好坏直接关系到生产技术水平的发挥，产品质量的优劣，设备利用率的高低，原材料、能源的消耗，劳动效率的高低，安全生产等各方面。特别是在劳动密集型的生产中，操作管理的好坏直接影响到企业的经济效益。操作管理的主要内容是操作方法和操作规程的管理。

（一）操作规程

在生产中每个工艺环境的操作，每台设备的操作，都必须制定操作规程，才能保证工作质量，做到稳定、安全的生产。所以每个操作工人的工作都必须严格执行操作规程。工艺规程是制定标准要求的文件；操作规程是制定如何操作达到工艺标准和要求的文件，如果没有操作规程，谁想怎么干就怎么干，就会出现工艺混乱，产品质量不能保证，生产安全不能保证。操作规程是最基础的管理规定，没有这一基础管理，其他的管理都会落空。

（二）操作技术

在生产中如何做到客观与主观的统一，人和机器的统一，使工作达到最佳效果，其中间的桥梁就是操作技术。同样的工艺要求会有多种操作技术，同样一台设备，同样的操作规程，会有不同的操作结果，这就是操作技术的不同。技术工人水平的高低，操作技术是重要的差距之一。例如，手工做豆腐，客观条件完全相同，操作者不同，会做出不同质量、不同出品率的豆腐，二者的差距在操作技术上。优秀操作技术是操作工人长期工作总结出的科学工作方法。所以要不断地挖掘和整理操作技术，选拔、评比操作技术，鼓励表彰技术能手。把提高操作技术作为操作管理的重点工作。

（三）提高整体操作技术水平

操作管理的工作内容就是要发现、推广优秀的操作技术，使更多的人掌握运用，在工作实践中，提高整体操作技术水平。提高操作技术的方法很多，可以从以下几方面努力。

（1）进行经常性的操作练兵评比。企业要对主要生产操作人员进行经常性的操作技术比赛，以发现先进的操作方法，并且促进操作工人研究和总结操作技术。要在操作工人中定期进行操作技术评比，以保持操作技术的不断提高。

（2）组织操作人员现场观摩先进操作工人的操作表演，推广先进经验，这是对操作工人最直接的培训。

（3）对新工人上岗前必须进行操作培训，对老工人也要按不同级别进行操作技术培训，以保证整体操作水平。

（4）把操作水平的高低、技术比赛的优劣，培训考核的成绩与操作人员的收入、升职直接挂钩，以促进学习、钻研操作技术的积极性和自觉性。

三、食品质量和安全管理

贯彻 ISO 9001 质量管理体系及 HACCP 食品安全管理体系规定，是做好企业食品质量和安全管理的有效措施。

ISO 9000 质量管理体系，是国际广泛采用的质量管理方法，实施这一管理体系，标志着一个企业的质量管理与国际标准接轨，在生产中已经能够有效控制每个环节的质量，实现了严格的质量过程管理。

实施 HACCP 食品安全管理体系的目标是帮助企业关注影响食品安全的危害因子，并系统地识别和落实关键控制点，执行安全支持性措施，为企业食品安全生产建立最为可靠的保证。

我国根据国际标准制定了符合国情的相应国家标准，即 GB/T 19000—2008《质量管理体系　基础和术语》、GB/T 22000—2006《食品安全管理体系　食品链中各类组织的要求》。

（一）GB/T 19000—2008《质量管理体系 基础和术语》

GB/T 19000—2008《质量管理体系 基础和术语》是"在质量方面指挥和控制组织的管理体系"。企业根据管理体系的要求编制文件，对企业质量管理体系的建立、实施和改进提供强制性指令和具体运作的指导，一旦经企业最高管理者签署发布就是企业质量管理的法规。质量是企业的主导因素，是企业素质的综合反映，质量问题不仅仅涉及技术性因素，还更多地涉及人员、财务、市场、顾客、营销等因素，因此，实现质量目标是系统工程，需要全员参与，为实现企业质量目标，各尽其责。

（二）GB/T 22000—2006《食品安全管理体系 食品链中各类组织的要求》

食品安全管理体系以科学的管理方式确定特别的危害和控制措施以保证食品安全。食品安全管理体系的应用可贯穿于初级品的生产到最终产品消费的全部环节，而其应用则需以对人类健康危害的科学证据为指导。食品安全管理体系作为一个评估危害和建立控制系统的手段，针对的是预防而非依赖最终产品的检验。

（1）企业完善了各项卫生管理制度，在整个生产过程中，从原材料进厂到成品出厂，在关键环节上严格把关，建立食品安全控制体系和企业卫生管理制度。食品安全管理体系文件可操作性强，是食品企业生产和管理的重要标准。

（2）食品安全管理体系是建立在 GMP 和 SSOP 的基础之上，它是根据国际上惯用的危害分析和控制方法，通过确认危害、确定 CCP 点、制订 HACCP 计划监控/纠偏/验证等一系列步骤达到消除危害或控制到可接受水平的目的，从而切断了危害的源头，保证了食品的安全性。

（3）持续的监控记录、验证记录是改进食品质量和卫生的有效保证。不仅记录了采购、生产、销售等各环节的质量活动结果，而且还记录了食品卫生安全关键控制点的操作值，作为纠偏的客观依据。企业管理人员定期对这些记录进行验证，发现问题及时采取措施，必要时对安全体系进行调整和改进。通过全过程控制，确保食品安全卫生的进入市场。

第二节　生产车间核算

一、原料利用率计算方法

（一）以豆制品中蛋白质含量计算原料利用率

$$原料利用率（\%）=\frac{A \times C}{P} \times 100$$

式中：C——豆制品中蛋白质含量（%）；A——大豆加工出的产品重量（kg）；P——大豆原料中蛋白质总量（kg）。

例：某厂生产嫩豆腐，投料 1 500 kg，此批原料大豆的蛋白质含量是 36%，生产出嫩豆腐 36 000 块，嫩豆腐每块重 350g，嫩豆腐中蛋白质含量为 3%，求原料利用率？

解：

$$嫩豆腐原料利用率（\%）=\frac{0.35 \times 36\,000 \times 3\%}{1\,500 \times 36\%} \times 100 = 70$$

结论：原料利用率为 70%。

（二）以块计算原料利用率

$$原料利用率（\%）=\frac{A \div D \times C}{P} \times 100$$

式中：C——产品中蛋白质含量（%）；A——生产出的豆制品总块数；D——每千克豆制品块数；P——蛋白质总量（kg）。

例：投料 150kg，此批原料豆的蛋白质含量是 36%，加工出豆干 3 300 块，豆干蛋白质含量 17%，每千克产品 14 块，求原料利用率？

解：

$$豆干原料利用率（\%）=\frac{3\,300 \div 14 \times 17\%}{150 \times 36\%} \times 100 = 74.2$$

结论：原料利用率为 74.2%。

（三）以豆渣蛋白质含量计算原料利用率

$$原料利用率（\%）= \frac{P - [L \times (1 - M) \times F]}{P} \times 100$$

式中：P——大豆蛋白质总重量（kg）；L——豆渣重量（kg）；M——豆渣中水分含量（%）；F——豆渣（干基）中蛋白质含量（%）。

例：已知投料 100kg，每 100kg 大豆蛋白质含量为 36.6kg，生产后出豆渣 180kg，豆渣含水率 82%，豆渣（干基）中蛋白质含量为 15%，求原料利用率？

解：

$$原料利用率（\%）= \frac{36.6 - [180 \times (1-82\%) \times 15\%]}{36.6}$$
$$\times 100 = 86.7$$

结论：原料利用率为 86.7%。

二、产品出品率的计算方法

（一）以原料利用率计算豆制品出品率

$$豆制品出品率（kg/100kg 大豆）= \frac{P \times G}{Q} \times 100$$

式中：P——每 100kg 大豆蛋白质含量（kg）；G——原料利用率（%）；Q——每 100kg 原料的产品中蛋白质重量（kg）。

例：已知该批投料 100kg，每 100kg 大豆蛋白质含量为 36.6kg，原料利用率为 86.7%，生产产品 145kg，产品蛋白质含量为 17%，求每 100kg 原料的豆制品出品率？

解：

$$豆制品出品率（\%）= \frac{36.6 \times 86.7\%}{145 \times 17\%} \times 100 = 128.7$$

结论：豆制品出品率为 128.7%，即每 100kg 大豆可生产豆制品 128.7kg。

（二）以产品重量计算豆制品出品率

$$豆制品出品率（kg/100kg 大豆）= \frac{A + E}{B} \times 100$$

式中：A——产品重量或（产品块数×每块重量）（kg）；E——切块后边角重量（kg）；B——黄豆重量（kg）。

例：投料150kg，生产豆制品185kg，出边角料10kg，求豆制品出品率？

解：

$$豆制品出品率（kg/100kg 大豆）= \frac{185 + 10}{150} \times 100 = 130$$

结论：豆制品出品率为130%，即每100kg原料出产品130kg。

三、大豆蛋白质利用率计算方法

$$大豆蛋白质利用率（\%）= \frac{A \times C}{P} \times 100$$

式中：A——产品重量；P——大豆蛋白质总重量（kg）；C——产品蛋白质含量（%）。

例：已知该批投料100kg，每100kg大豆蛋白质含量为36.6kg，生产产品145kg，产品蛋白质含量为17%，求大豆蛋白质利用率？

解：

$$大豆蛋白质利用率（\%）= \frac{145 \times 17\%}{36.6} \times 100 = 67.3$$

结论：大豆蛋白质利用率为67.3%。

第三节　豆制品生产车间卫生要求及管理

一、生产车间卫生要求

（一）生产环境卫生要求

食品生产对周围环境和内部环境都有严格要求，创造一个清洁文明的卫生环境非常重要。

外部生产环境卫生要求如下。

（1）生产厂区的水质不得受到污染，如有毒有害物质超过饮用水规定标准，不得使用。

（2）生产厂区周围要避开污染源，特别是有毒气体、化工、金属、粉尘等企业的污染。

（3）厂区外部排水系统要保持良好状态，防止污水的积存和溢流。

（4）生产区与生活区应当隔离。

（5）垃圾存放处要远离生产区。

内部生产环境卫生要求如下。

（1）生产区内建筑要整洁，建筑形式要符合食品生产要求。

（2）生产车间通风排气要畅通，能防蝇、防鼠。

（3）生产区内不得饲养动物。

（4）生产车间墙壁要选择防霉、防腐涂料进行粉刷，以保证可经常冲洗擦拭。

（5）厂房的屋顶、墙壁要有良好的保温，防止冬季结露。

（6）电器设备有条件可做暗线，照明设施应加防护罩。照明度要符合生产需要。

（7）车间入口处应设有鞋、靴和车轮消毒设施，并设置更衣室、厕所、浴室、工作休息室。

（8）生产车间地面应防滑，耐腐蚀，便于刷洗。上水要充足，下水要流畅。下水管路要便于冲刷，有条件的应建成浅暗沟。

（二）生产过程卫生要求

（1）生产流程的布置应注意顺序性和方便操作，流向合理，防止人流、物流的往返交叉。

（2）车间内部的工作部位应有明显的区域划分，包装间要与其他部位分割开，防止交叉污染。

（3）凡接触食品的工器具、容器、设备和管道，采用无毒、无异味、耐腐蚀、易清洗的材料制作，可用不锈钢、铝合金、搪瓷等。食品机械、管道要布局合理、便于生产、美观整齐，设备便于清洗。

（4）收装废弃物的容器不得与装食品容器混用，废弃物容器应选用金属或其他不漏水的材料制成，并有明显标志。

（5）做好原料加工前的筛选和水选工作，彻底清除混在原料中的杂物，以保证产品的卫生质量。

（6）认真做好加工设备、工具、用具和管道的清洗卫生，使用之前、之后必须洗刷、清理及消毒，减少污染环节。

（7）包装物的洗刷、消毒要严格。

（三）工作人员卫生要求

（1）食品生产从业人员，每年至少进行一次健康检查，必要时接受定期检查。生产管理人员必须经过健康检查，并取得健康合格证后方可上岗工作，工厂应建立职工健康档案。

（2）凡患有痢疾、伤寒、病毒性肝炎等疾病（包括病原携带者）、活动性肺结核、化脓性或渗出性皮肤病等，以及其他有碍食品卫生的疾病者不得参加食品生产的工作。发现患有上述疾病时，应及时调离，并积极治疗。

（3）食品生产工作人员应保持良好的个人卫生，勤洗澡、换衣、理发，不得留长发，不得留长指甲和涂指甲油。

（4）进入车间必须穿戴工作服、工作帽、工作鞋，头发不得外露，通过员工通道进入车间时不得将与生产无关的个人用品和饰物带入车间，进入工作区的员工严禁在工作时吃食物、吸烟、随地吐痰。

（5）要建立严格的洗手、消毒制度和监督措施，使工作人员在开始工作之前、上厕所之后或从事与生产无关的其他活动之后，自觉洗手消毒，保证操作卫生。

（6）工作衣、帽要勤换洗，工作期间不得穿戴工作服、工作帽和工作鞋出车间。

（四）食品卫生检验项目要求

豆制品卫生检验项目指标包括三大内容：感官指标、理化指标、微生物指标。

1. 感观指标

通过直观感觉评价产品的优劣，以具有产品特色的色、香、味、不酸、不黏、无异味、无杂质、无霉变为要求。

2. 理化指标

是指产品中砷、铅、食品添加剂等指标。

砷。在正常情况下，水、土壤、食盐、水产与海产品以及人体中都有痕量的砷，砷的化合物有毒性，污染来源于含砷矿石的开采制造、染料工业和含砷农药的生产，砷的毒物在人体内与硫基酸结合成稳定的聚合物，可阻碍细胞的呼吸，导致肝脏受损，循环衰竭，虚脱而死。世界上许多国家对食品中砷的残留量加以限制，我国豆制品标准规定，砷含量小于或等于0.5mg/kg。

铅。铅以不同形态如粉尘、烟雾或蒸气等而污染环境，因而以不同途径污染食品。铅急性中毒量为0.04g，虽然目前急性中毒少见，但如果每天食入1mg铅，日久天长可以出现慢性中毒。我国豆制品标准规定，铅残留量小于或等于1mg/kg。

食品添加剂。食品添加剂是为改善食品品质和色、香、味以及为防腐和加工工艺的需要而加入食品中的化学合成或者天然物质，这些物质在产品中必须不影响食品营养价值，并具有防止食品腐败变质、增强食品感官性状或提高食品质量的作用，由于有些食品添加剂具有毒性，不能过多使用，必须使用时应当严格控制使用范围和使用量，我国豆制品标准规定，使用食品添加剂应按GB 2760规定执行。

3. 微生物指标

豆制品营养丰富，被细菌污染后会迅速生长繁殖，使产品质量下降、变质，严重的可导致肠道传染病。因此对细菌污染指标必须加以限制，加以控制的指标内容：大肠菌群、致病菌。当前微生物指标执行《豆制品食品安全标准》GB/T 2712—2015。

二、豆制品生产车间卫生管理

关于豆制品生产车间卫生管理，前面已经讲过实施GB/T 22000—2006《食品安全管理体系　食品链中各类组织的要求》体系中对生产车间的卫生管理做了非常细致的规定。

第七章 豆制品生产工厂建设

第一节 豆制品生产工厂及车间布局

企业生产活动的组织管理是从工厂布局和生产组织开始的。工厂布局就是对工厂的各个部分（车间、仓库、办公室等）、生产厂房与设备以及厂内运输路线做出合理的安排。它是生产顺利进行、实现科学管理和文明生产、提高企业经济效益的根本保证。

一、工厂布局内容及要求

（一）工厂布局内容

工厂布局主要包括工厂总平面布局和车间布局。工厂总平面布局即规定工厂各车间及其他组成部分的位置。一般由 3 个部分组成。

（1）基本生产车间，即生产主要产品的车间。

（2）辅助生产车间，即为基本生产车间服务的车间。

（3）服务部门，为企业生产服务，包括试验、检验、化验、办公、运输、厂内环境保护等部门。

（二）工厂布局要求

工厂布局是一项系统工程，是多个子系统，为一个目标的动态组合体。工厂布局必须统筹兼顾，全面安排，才能获得最好的效果。它不但要满足生产方面的要求，而且要满足安全方面的要求；不但要考虑当前生产的需要，而且要考虑将来生产发展的需要。具体地说，一个合理的布局应当满足以下要求。

1. 有利于生产的正常进行和提高生产的经济效果

（1）单一的流向。厂内各个工作点和有效点之间，材料或成品必须适应工艺流程要求按一个方向流动。

（2）最短距离。所有产品和材料的移动都是必要的和直接的，而且是最短的距离。

（3）最少的装卸。当装卸不可避免时，要减少到最少。

（4）进出方便。以生产进行和管理为主目标，便于人员及物料进出。

（5）最大的灵活性。企业活动不是静止的，是处于动态发展中的，布局中要有必要的扩展空间。

（6）最大限度利用空间。工厂应立体设计，充分利用上、下空间，充分利用有效的面积。

2. 有利于加强管理

（1）最大的协调性。工厂各个部门之间必须相互协调，方便工作。

（2）明确的路线。工厂各部位，工作内容明确，进出路线明确，有条不紊。

（3）最大的可见性。人流、物流、设备，在允许的条件下最大限度地做到可见。

3. 有利于保证安全和增进职工健康

（1）最大限度安全的原则。工厂布置必须防火、防爆、防盗、防水、防潮。

（2）环境友好的原则。生产不能对环境造成污染，对"三废"要进行充分治理，厂内要有足够的绿化面积。

二、车间布局内容及要求

（一）车间布局内容

车间布局就是规定工艺路线，确定工序划分，安排各种设备的位置。车间的组成部分决定于车间的生产性质和生产规模。一般车间由6个部分组成。

（1）生产部分。如豆制品生产从原料到成品阶段。

（2）辅助部分。液压机房、空压机房、水冷却系统、煤灶间等。

（3）仓库部分。原料库、辅料库、半成品库、成品库、工具库。

（4）通道部分。运送通道、人员通道、参观通道、紧急通道、防火通道。

（5）车间管理部分。办公室、资料室、检化验室。

（6）生活部分。更衣室、休息室、浴室、卫生间。

（二）车间布局要求

车间的组织形式一般有两种不同的专业化形式，即工艺专业化、对象专业化。

以工艺特点、性质划分车间的工段。在工艺专业化的生产单位里，集中着同种类型的工艺设备，进行相同的工艺加工。在豆制品生产中，从原料到煮浆，比较适于工艺专业化的形式；而制作豆腐的生产流水线和豆制品的精加工过程又比较适用对象专业化，即在对象专业化的生产单位里集中配置为制造某种产品所需要的各种设备。两种方式在一个生产车间内布局需要非常巧妙地结合。车间布局必须符合3个基本要求。

1. 生产过程的连续性

生产过程各阶段、各工序之间的流动，在时间上是紧密衔接的、连续的，不能出现不必要的停顿和等待。

2. 生产过程的比例性（协调性）

生产过程各阶段、各工序之间，生产能力上要保持适当的比例关系。生产中不能出现某工序物料的长时间存放，特别是豆制品生产，中间物料的长时间停顿会严重影响产品质量。

3. 生产过程的均衡性（节奏性）

生产过程中不能出现时松时紧、忽快忽慢、前松后紧的现象，要能稳定地、均衡地进行生产。

这些要求落实到车间布局上，需要做大量的准备工作和分析研究工作，有些还要进行调研和试验。这些工作都是必须做的，它关系到生产水平高低，也关系到企业今后的整体经济效益。

三、豆制品生产工艺特点及布局原则

建造一个理想的豆制品专用生产车间是科学生产的重要条件。如果车间建造不符合工艺要求，将会直接影响生产操作、经济效益、产品质量。

新建造生产车间必须是工艺先行，提出合理的工艺方案是建设工作的第一步。要制作合理的工艺方案必须分析豆制品行业的工艺特点。

（一）工艺特点

豆制品生产多年来一直沿用的是湿法生产工艺，即原料黄豆经过水浸泡后再进行加工，制作成各种食品。大多数物料由固体变为液体，再由液体变为固体，整个加工过程离不开水。概括整个生产工艺有如下特点。

1. 工艺环节多

从原料清理到成品要经过30~40道工序，其中原料浸泡8~10h，其余的工序一般在2h内完成。工序多、加工过程耗时长、操作比较繁杂，是豆制品生产突出特点。

2. 工艺过程中时间控制严格

大豆含有非常丰富的蛋白质，在温度适合的条件下，是微生物最好的培养基。在生产过程中，输送管道内，各种细菌极易滋生使物料变质，所以整个工艺的每个工序流程时间控制比较严格，到夏季还要采取必要措施，防止变质。

3. 工艺环节间的输送距离短

为了保证工艺过程的质量，不但时间要有严格控制，而且输送距离要求在条件允许的情况下越短越好，而且要杜绝不必要的往复路线。这样既可以减少工序过程中的物料变质，又便于生产操作，减少车间面积的占用。

4. 生产中临时停机对工艺影响大

在生产中各工艺环节的参数调整比较复杂，调整到规定数值才能正常生产。如果生产中临时性停机，就会造成浪费，而且会出现工艺不稳定，严重影响加工产品的质量。所以在设计工艺方案中要考虑这一特点，努力减少生产中的临时性停机。

5. 能源配套条件对工艺影响严重

生产工程中，除机器设备对生产有直接影响外，能源配套条件对工艺也有直接的影响，例如，蒸汽的压力、温度，供水的压力流量，压缩空气的供给压力流量，冷却水的温度、流量，这些对生产工艺都有直接的影响，所以在设计工艺时都必须重点考虑相关的能源配套条件。

（二）豆制品生产车间布局设计原则

中式豆制品生产按其工艺特点，整个生产工艺可划分为5个阶段。

第一阶段：原料清理阶段，即对原料进行筛选、去石、水洗。

第二阶段：制浆，即对原料进行浸泡、磨制、分离、煮浆。

第三阶段：制坯，即对豆浆进行点浆、蹲脑、压制、切块。

第四阶段：精加工，对豆制品白坯进行各种加工、调味做成成品。

第五阶段：包装，对成品包装灭菌、冷却、冷藏（库存）。

在新建车间之前，要进行工艺及布局的设计，根据豆制品生产工艺特点，布局的设计应考虑以下几条原则。

1. 按工艺阶段分隔的原则

工艺环节之间要减少操作的互相影响，但又要相互连接、前后顺畅。所以要按5个工艺阶段相对分隔。例如，原料清理与制浆必须分隔，减少筛选灰尘对制浆的污染，同时减少制浆水气对干原料存放的影响。制浆和制坯要有分隔，制浆部分机器设备比较集中；制坯部分设备比较分散，需要多条生产线。分隔的目的是减少噪音和蒸汽的相互影响，改善工作环境。精加工要与成品包装分隔，要为包装创造一个非常良好的工作环境，杜绝相互的污染。

2. 最短工艺路线原则

豆制品生产工艺环节比较多，从原料到加工成品要有20多个工艺环节，而且各环节之间液体输送由管道和输送泵完成，半成品环节之间运输耗能更大，管道过长，夏季蛋白质容易变质，而且管道清洗困难，不利于食品卫生。环节之间的半成品运输会增加工人的劳动强度。如果工艺环节之间安排不合理，影响劳动效率，影响产品质量，占地面积大使车间使用效率低，所以工艺路线要在满足工艺和操作要求的前提下，根据最短工艺路线的原则设计工艺布局，并且要减少环节之间的工艺往复。

3. 尽可能封闭的原则

过去传统食品生产都是敞开生产、人工操作。科学技术的进步、生产工艺的改革，使传统食品的生产实现机械化操作和规模化、工业化生产。

为了提高加工质量，保证食品安全性，已经把过去的敞开式生产改造为封闭或半封闭的生产，有些部位还实现了自动控制。这就从根本上，保证被加工物料不受环境和人为因素的污染，而且非常显著地改变了生产环境和操作水平。所以在建造新车间前，要充分使用新工艺、新技术、新设备，使生产在封闭和半封闭的条件下进行。

4. 分段监控的原则

食品生产工艺控制要努力改变以经验控制为主的做法，要选用仪器仪表等设备进行工艺控制，同时要采取阶段监测控制的方法。这样可以保证每个工序、每个阶段的工艺质量，使最终的产品质量有可靠的保证。各阶段的工艺监测控制手段要科学合理，仪器设备要准确可靠。

5. 便于消毒清洗的原则

食品生产过程中，容器设备的消毒清洗是每天班前班后都必须进行的工作，在工艺布局时要充分考虑各工序环节间的卫生清洗。有些封闭设备、管道还要设置 CIP 清洗站；可拆卸的设备都要创造拆卸条件。所以生产全过程的安全卫生是工艺布局必须设计的内容。

第二节　生产车间建筑及配套设施要求

豆制品生产车间与一般工业厂房不同，其行业特点比较突出，在建造车间前必须对建筑形式、规格、内饰条件提出具体的要求，建筑设计人员才能根据行业特点和要求，按相关建筑规范，设计出理想的厂房（车间）。

一、建筑要求

豆制品生产车间因生产中、水汽比较大，应具有良好的通风、排气、防腐、防霉条件，利于卫生清洗的内墙、顶、装饰，并有足够的采光。

下面以非发酵性豆制品班投料 5t 的生产能力为例，提出建筑的具体要求。

1. 建筑厂房的高度及跨度

厂房的建筑面积是根据生产能力和工艺要求确定的。班投料 5t 的生产车间建筑面积应在 1 600~2 000m²。厂房的高度其柱下在 4.5~5m，厂房的跨度应大于 18m。

2. 厂房的结构形式

应以框架、现浇、砖混等形式比较适用。近些年也有地区使用钢结构和彩钢保温板厂房。采用钢结构和保温板在潮湿车间内，防腐、防霉的难度很大，建设成本也很高，而且使用年限也短，所以建议尽量不采用。

3. 厂房墙壁及房顶的保温

豆制品生产车间内水蒸气比较大，到了冬季车间内有严重的雾气，如果墙和屋顶保温不好，没有防结露的措施，就会产生严重的凝结水滴落，影响工艺操作，造成污染。所以车间的墙壁、屋顶要做保温防结露处理。有些地方提出房顶加大坡度，使滴水至斜坡流下来。这在实际中是无法实现的，除非房顶坡度在60°以上，但现实不可取。

4. 内墙壁和内顶防霉、防腐处理

由于车间内潮湿，水蒸气对墙的侵蚀性加大，同时各种霉菌在温度适合的情况下大面积繁殖，普通白墙使用一年会全部变黑。所以车间内墙、内顶要做防霉、防腐处理，可贴瓷砖，也可采用防霉、防腐、防水的新型涂料，使霉菌没有生长的条件，同时可以定期用水清洗。这样就可以保证车间的环境清洁。

5. 地面防滑、防腐

豆制品生产车间的地面，要做到防腐、防滑。经过多年多种方案实践总结，生产车间采用贴花岗岩厚地面砖，防滑、防腐、耐热效果比较理想。另外，地面与墙结合角，应为45°斜角，以减少杂物积存，便于卫生清理。

6. 地面排水沟底暗上明

生产中及清理卫生时排水量比较大，一些厂为了排水方便，车间内设置明沟排放污水，虽排水方便，但地沟内的污浊气体进入车间，造成生产环境的污染。应采取潜明沟活动盖板，明沟内设暗地漏，这样既便于排水，又便于清刷明沟，还能防止地沟内的污浊气体进入车间。另外，豆制品生产排污水量和清洗卫生排水量比较大，排污管道一定要有足够的排放能力。

7. 车间门窗

生产车间的门窗设置要能给车间创造良好的采光条件和自然通风对流条件，对流方式以下进上排为最理想。门窗的材质要能防水、防腐，便于清洗。门窗开启要方便，并且要有防蚊、蝇、鼠的纱窗和门挡。

8. 工作人员进出车间的卫生清理装置

食品生产车间工作人员进出车间都要进行严格的个人卫生清理。进入车间要走专用门，然后进入更衣室、淋浴室、风幕除尘室、胶鞋消毒池、手消毒清洗、烘干设施。同时还要设计工人休息室、卫生间。这一切的设施是要保证生产车间的洁净，这在设计厂房时都要同时设计。

二、配套设施要求

生产车间不仅要从建筑上创造良好的工作条件，而且还要在其他设施上创造辅助条件，进一步改变生产环境，克服生产过程给工作环境带来的影响。

1. 良好的通风排气

豆制品生产车间夏季室温高，冬季车间内热气大，所以通风排气非常重要。通风排气工作做好了既可改变生产环境又能有效地防止车间墙壁、屋顶的霉变，保证环境卫生。搞好通风排气可以从3个方面着手。

（1）重点工序产生的热气应安装拔气罩直接排到室外。

（2）选择或在制作专业设备时尽量做到密封或半密封的形式。

（3）增加通风设备。夏季自然通风和机械通风相结合；冬季供热风和排热气相结合。系统通风按照下进上排的通风路线设计，并应保持车间内的相对正压。

2. 采暖

冬季提高车间室温的主要方法靠采暖设施，为了进一步减少生产车间的水汽和湿热空气，保持车间的温度和环境，应设计充足的采暖面积，使室内温度保持在15~20℃。增加采暖设施可以有效地减小相对湿度，具有干空吸湿的效果。采暖所用的暖气片最好用铸铁片，不用钢片，因为钢片不耐腐蚀。安装位置应距地面300mm以上，便于地面清理卫生。

3. 照明灯具

一般工业厂房为了均匀照明，广泛采用吊链或吊杆的灯具，选用这种灯具，灯杆、吊链很难进行卫生清理，一旦生长霉菌无法清理，影响生产车间卫生。可采用封闭侧照式灯具，这样房顶整洁，灯具清理也方便。按食品卫生要求不能选用普通玻璃罩灯，一旦玻璃破碎影响食品安全，一般选用有机玻璃或其他不易碎的新材料灯罩。

4. 管道的合理安装

豆制品生产车间工艺、设备、能源管道很多，如果不统筹设计、合理安排，就会出现纵横交错、乱七八糟的现象。应在车间周边设计多层管道支架，最上层为蒸汽、供暖管道，中层为工艺管道，下层为供电控制线路的桥架。有些管道需要跨越车间的应提前预埋在地下，减少车间的横向穿行。

三、设备选用及配套水、电、汽要求

(一) 生产设备选择原则

生产工艺确定之后就要选择生产设备，生产设备选择的基本原则有4条。第一，充分满足工艺要求；第二，设备技术先进节能；第三，易于操作维修；第四，安全可靠。除以上4条原则以外还应根据豆制品生产特点，强调以下几点。

1. 努力选择新型设备

新建豆制品生产车间是进行工艺设备技术改造的最好时机，不论工艺设计还是设备选型都要认真研究和改进以往的不足，并且努力吸收国内外的新技术、新工艺、新设备。在选择设备方面从几个方面努力：一是自己研制改造原有设备；二是选用其他先进食品生产行业的设备；三是选择国内外专用的先进生产设备。特别是学习和借用相近行业的先进设备，如乳品行业、粮食加工行业、淀粉行业等，加快豆制品行业设备更新改造。

2. 双机并运

生产车间的设备最好采用双套设备并肩运行的配套方式，主要原因是因为豆制品生产受各方因素的影响，生产变化频繁。双机并运可做到灵活生产调整、减少设备运行的浪费。另外，双机并运更有利于设备的维护检修，保证设备的完好状态。

3. 设备的前后配套

全套生产设备的配备，必须做到各环节之间的前后匹配，才能达到稳定生产的目的。如果设备不匹配，就会造成生产的临时性停机，临时停机会对生产工艺、产品质量造成影响，会降低经济效益，也给操作人员带来很多不必要的麻烦。

在选择设备时对生产能力要做详细的计算，并充分考虑生产中可能出现的各种因素。在制浆工段中，工艺环节之间要配备一定量的储存罐，减少临时停机，保证生产的连续性、稳定性，保证工艺要求，保证产品质量。

4. 设备制作选择防腐材料

豆制品生产过程离不开水，生产所排放的黄浆水有一定的酸性，对容器、设备、管道具有腐蚀性，同时清理卫生时还要用火碱溶液清洗，一般碳钢无法承受酸碱的腐蚀，同时也不利于食品卫生。从延长设备的使用期和有利于卫生清洗、保证食品卫生两个方面考虑，均应选用不锈钢材质制作设备，特别是直接接触豆浆的容器、管道选用不锈钢材质，卫生、耐用、美观。虽然一次性投资大一些，但使用年限长，对企业生产影响深远。

5. 设备、容器尽量做到封闭或半封闭

在豆制品生产工艺环节中有很多设备是使用热蒸汽的，如煮浆加温等，有些环节产生热气，如过滤、点浆等。这些水汽和热气散发会影响车间的工作环境，冬天车间热气大影响工人操作，而且墙壁、屋顶产生严重的冷凝水；夏天会增加室内温度和湿度，使车间环境闷热，同时墙壁、屋顶生长霉菌严重。所以在选择或制作设备容器时要尽量选择封闭或半封闭的方式，以节约能源，改善生产环境，同时封闭或半封闭的设备，也有利于食品卫生控制和卫生清洗。

6. 防止噪音和震动

在建造新生产车间时要特别重视环境保护，为操作工人创造良好的工作环境，对噪音和震动要有有效的克服措施。在容易产生噪音的设备上应增加消音装置，对有一定震动的设备要增加防震装置；对有一定震动的设备安装时要尽量分散，不要过于集中；另外，有一定震动的设备应尽量安装在地面，并打好设备基础不要安装在钢制平台或水泥架构上，防止产生共振。

（二）配套设施要求

1. 供水

水是豆制品生产必备的资源条件，水的用量是根据生产规模和生产内容确定的。

（1）供水质量标准。豆制品用水的质量标准是国家饮用水的标准。供水的渠道，一是城市自来水系统供水，二是自备井地下水源。不论哪种方式供水，供水的压力要在0.2MPa以上，并且要求水压稳定。

（2）管网配备。在管网配备上，要按工艺需要和卫生清洗需要，就近供水，开关方便。并且安装水表计量，选用先进的节水型截门。

（3）循环用水。生产中工艺冷却性质的用水，必须采用循环用水设施，以节约用水。

（4）卫生清洗用水。在能够安装封闭循环清洗或CIP清洗站的设备容器、管道均应采用封闭循环清洗，不能够封闭清洗的容器、设备要先用节能水提前进行清洗。

2. 供电

生产车间供电有两部分，即照明供电和动力供电。

（1）供电标准。照明用电交流 220V，动力供电交流 380V，总功率的计算按配总容量计算，应适当地留有调整发展余地。

（2）照明供电。生产车间夜班生产要有足够满足工人操作的照明条件，以多点小功率就近开关的方案布局。选用防水防潮的节能灯具及开关。

（3）动力供电。动力供电的总功率是根据装机容量并充分考虑到较大设备启动电流因素配置的。动力分配电操作系统要根据设备的安装使用情况确定，动力配电柜要有防潮、防水措施，以安全、方便操作、合理分配为原则。

（4）安全接地。整个生产车间要设置环形接地网，埋设深度不应小于 0.6m，其接地电阻要在 10Ω 以下。车间顶部设置防雷装置，并设置单独接地网。

3. 供汽

豆制品生产蒸汽用量比较大，蒸汽压力一般要求在 0.3~0.6MPa，蒸汽管网的配备要求使用无缝钢管，并做保温。车间内设置分气缸、压力表、安全阀。管道系统要设置冷凝水回收输送系统。

四、车间建筑及布局实例

（一）平面布局实例

平面布局是指生产全过程的工艺和设备在一个水平面上，按单一流向布局。

实际布局中将生产工序分为四个工段，每个工段之间做建筑上的分隔，车间一般坐北朝南，南北通透，具有良好的采光通风排气效果。车间平面布局如图 7-1、图 7-2 所示。

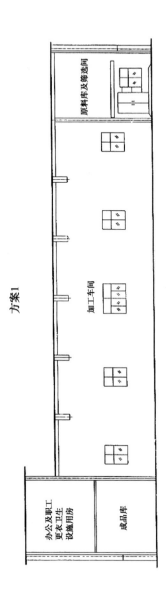

图 7-1 车间外立面简图

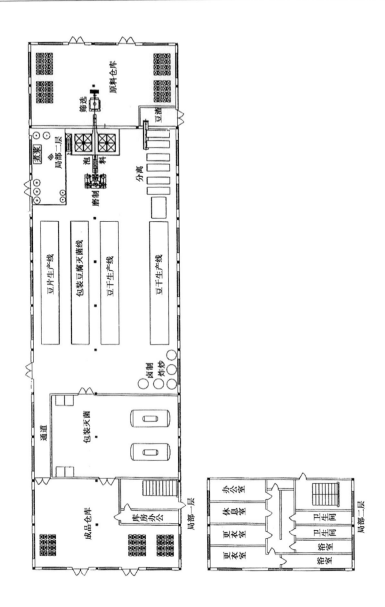

图 7-2　车间平面布局简图

（二）立体与平面结合布局实例

立体布局是将工艺设备按自上而下的流向布局。豆制品生产前半部分适宜立体布局；而后半部分，立体布局弊端较多，所以比较适宜平面布局。立体与平面相结合布局正是吸收了两种布局方式的优点，克服了单一布局方式

上的不足。这种布局方式比较适用于场地较小的生产厂区。立体布局如图 7-
3 至图 7-5 所示。

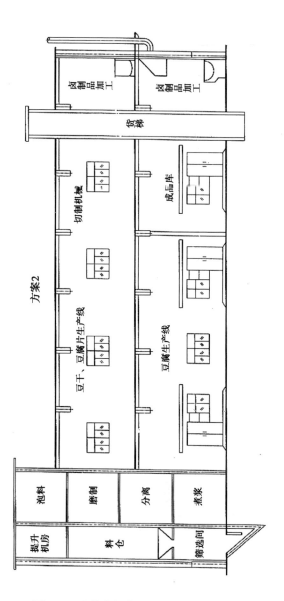

图 7-3　立体布局车间立面简图

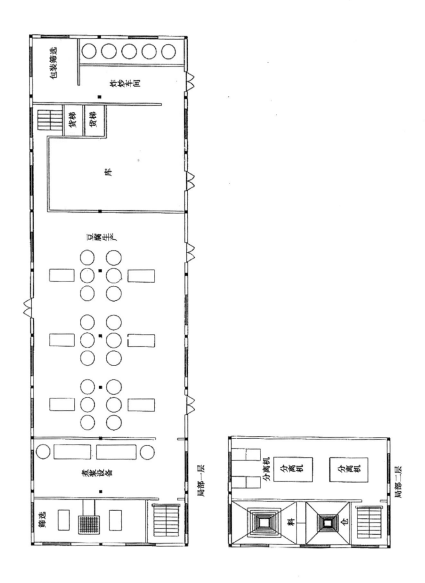

图 7-4　车间一层平面布局简图

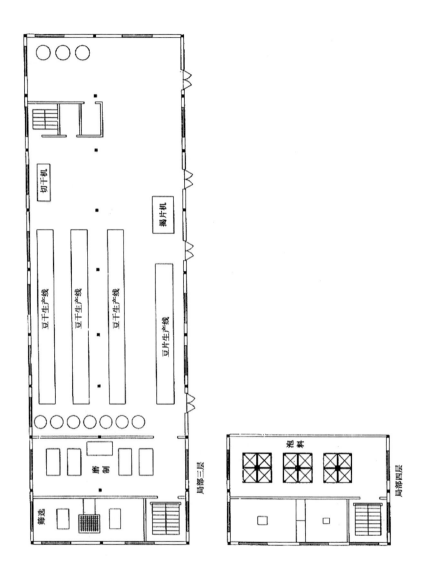

图 7-5 车间二层平面布局简图

第三节　节能减排与三废治理

豆制品生产主要采用大豆做原料，在生产过程中有大量的副产品和废弃物产生，如果不加以合理利用或利用不好，就将成为主要的环境污染源，并且浪费大量的粮食资源。

豆制品生产过程中产生的三废：废水，主要来源于泡料废水、压榨产生的黄浆水等；废渣，主要来源于豆渣等；废气，除了用煤企业，一般废气排放符合国家标准。

一、豆制品生产废水治理

（一）废水产生及治理

经分析测定，豆制品工业的废水中含有丰富的蛋白质、氨基酸、维生素、糖类和微量元素等，是生产饲料、饲料酵母的理想原料；废水也可被厌氧发酵，其中复杂的有机物被降解转化，获得沼气。更重要的是，废水在生产饲料、饲料酵母和沼气的同时，能不同程度地降低污染负荷，给进一步的废水治理（好氧处理）带来方便。

1. 废水的产生

中式豆制品生产都是以水作为加工介质，清洗用水量也很大，废水排放量大。其产生于以下 3 个生产阶段。

（1）原料清洗工段。大量沙土、杂物、豆叶、豆皮等混入清洗水中，使废水中含有大量的悬浮物。

（2）生产工段。原料中很多成分在加工过程中不能全部利用，未利用部分进入废水，使废水中含有大量有机物。

（3）成型工段。为增加食品的色、香、味，以及产品加工特殊的工艺要求，需使用各种的辅料，一部分流失进入废水，使废水化学成分复杂化。

2. 废水的特性

（1）废水量大小不一。豆制品工业从家庭作坊的小规模到各种大中型企业，产品品种繁多，其原料、工艺、规模等差别很大，每天的废水量从数十立方米到数千立方米不等。对废水量不大的小型作坊，因维护管理方面存在实际困难，希望采用便于维护管理的废水处理设施。

（2）生产随季节变化，废水水质、水量也随季节变化。因季节关系，原料状况变化或消费需求变化，在某个时期废水量也变化较大；此外，由于在一天有的工序只有几小时，废水在这个时期也较集中。

（3）废水中可生物降解成分多。由于原料来源于自然界有机物质，其废水中的成分也以自然有机物质为主（如蛋白质、氨基酸、糖、淀粉等），不含有毒物质，故生物降解性好。其 BOD_5/COD 比例高达 0.84。

（4）废水中含有各种微生物，包括致病微生物，使废水易腐败发臭。

（5）废水有机物浓度高。近几年，从节约水资源和降低成本的观点出发，推行水利用合理化，有机物质不变而水量减少或增加有机物质而水量不增加，都易导致废水有机物浓度增高。

（6）废水中氮含量高的情况多。在豆制品加工时，蛋白质含量高，使废水中氮的含量也高。

豆制品工业废水本身无毒性，但含有大量有机物质，废水若不经处理排出，可造成环境污染。

3. 废水危害

豆制品工业废水若排入水体，要消耗大量的溶解氧，造成水体缺氧，使鱼类和水生生物死亡。废水中的悬浮物沉入河底，在厌氧条件下分解，产生臭气，恶化水质，污染环境。若将废水引入农田进行灌溉，会影响农作物的生长，并污染地下水源。废水中夹带的有机物质还可成为致病微生物滋生的温床，导致疾病的传播，直接危害人畜健康，因此，豆制品工业废水必须进行处理。

（二）豆制品生产废水的治理

豆制品工业废水治理首先应从技术改造和管理着手，如采用先进的工艺或更新设备来降低排污量；通过加强管理，减少跑、冒、滴、漏；回收废水中的有用物质；开展节约用水；对废水进行清污分流；对污染轻的废水处理后回收利用。对需外排的废水要进行处理，将其中的有害成分转化为无害的物质，并净化废水，使其达到排放的要求。

1. 废水水量、水质

豆制品生产过程中的废水主要来源于泡豆水、压榨出的黄浆水及生产清洗用水。

（1）泡豆残余水。一般为豆重的 1~1.5 倍，即每 100kg 大豆经浸泡后有 100~150kg 泡豆废水产生，废水产生量随季节、泡豆时间等不同有所变化。泡豆水的 COD 值很高，约在 15 000mg/L 以上；泡豆水的 BOD 值在 0.55~0.65。泡豆废水中主要污染物有：水溶性非蛋白质氮，水苏糖、棉子糖等寡聚糖，柠檬酸等有机酸，水溶性维生素和矿物质等，此外，还含有异黄酮等色素类物质，色素类物质会随大豆皮颜色的变化而不同。

（2）黄浆水。一般为豆重的 4.5~5.5 倍，即每加工 100kg 大豆产生 450~550kg 黄浆水，废水产生量随豆腐种类不同而变化。一般南豆腐废水量较少，北豆腐废水量较高。黄浆水的 COD 值很高，一般在 20 000mg/L 以上，BOD 值在 0.55~0.65，所含污染物成分比泡豆水更复杂，除含有泡豆水所有的成分外，还含有蛋白质（主要是大豆清蛋白质、大豆凝血素、胰蛋白质酶抑制因子）、氨基酸、脂类等，可溶性固形物（SS）含量较高。

在豆腐加工厂里，泡豆水和黄浆水构成高浓度有机废水，总产量为豆重的 5.5~7 倍，即每加工 100kg 大豆产生 550~700kg，COD 值超过的 20 000mg/L以上的极高浓度有机废水。

（3）清洁用水。是指生产场所、工器具等清洗消毒时产生的废水，大约每加工 100kg 大豆需水 1 000~2 000kg。视场地、工器具、加工量等的影响，这部分废水变动较大。清洗废水的 COD 值在 350~550mg/L，基本污染成分为大豆中有效成分（如清蛋白质、糖类等）、豆渣、清洁剂等。

2. 废水特点

（1）废水的排放相对集中，有机物浓度高。

（2）适用于生物法处理，BOD_5/COD 之比高，达到 0.6~0.7。除 pH 值较低外，有毒有害物质很少。

3. 废水处理

国外从 20 世纪 60 年代开始研究并应用于工程实践，国内 20 世纪 70 年代以来也进行了广泛而深入的研究，已有工程投产运行。其中研究和应用最多的是厌氧生物处理，其次是好氧生物处理，对废水中的资源回收利用也有一定的研究。

（1）各种厌氧生物处理及处理效果。常用于非发酵性豆制品废水处理的厌氧生物处理工艺有：厌氧滤床（AF）、厌氧流化床（AFB）、上流式厌氧污泥床（UAFB）、折流板反应器（ABR）、两相厌氧处理工艺等。其中，AF工艺处理废水，处理规模大，对废水具有良好的处理效果；AFB工艺处理废水，COD的去除效果最好，达90%以上。厌氧生物工艺对污染物的降解彻底，可溶性固形物（SS）的去除率高，抗pH值冲击能力强，产气率高。

厌氧处理废水时，每去除1kg COD可获沼气$0.6\sim0.8m^3$，沼气经处理后可用于发电或做普通燃气，从而回收利用生物能。

（2）好氧处理。好氧生物处理对污染物的去除相当彻底，处理费用很经济合理。利用光合细菌（PSB）来处理废水，既可去除污染物，又可回收单细胞蛋白质或H_2等生物能源。

（3）厌氧—好氧结合处理。采用厌氧—好氧处理相结合的工艺，废水首段经过厌氧发酵，绝大部分有机污染物被降解去除，部分难降解的大分子物质也被转化成小分子中间产物；厌氧出水进入好氧段，采用活性污泥法或氧化塘法处理，出水可以达到排放标准。其优点兼顾了以上两种处理的优势。

4. 废水治理工艺举例

（1）废水治理工艺。非发酵性豆制品生产废水，宜采用厌氧—好氧组合生物处理工艺。由于工业化生产废水量远大于小作坊生产废水量，故处理装置较大，且需采取机械暴气。废水可以经混合后，按水解酸化→厌氧消化→好氧生物处理→澄清沉淀的过程进行处理，也可将高浓度废水与低浓度废水先分开处理，再混合处理的工艺。

（2）废水分流治理工艺流程。

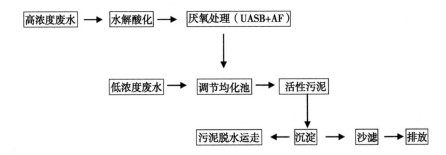

二、废弃物治理

(一) 废弃物的来源

豆制品工业废渣是在生产过程中产生的废弃物，主要来源于以下几个方面。

(1) 原辅料在加工过程中产生的废弃物。大豆及辅料破碎、筛选所产生的废弃物；制浆产生豆渣。

(2) 包装过程中产生的废弃物。豆制品包装时，包装物破损产生的废渣，包括：玻璃废渣、商标废渣、包装箱废渣等。

(3) 企业基础建设产生的建筑废渣。

(4) 用煤企业使用煤炭过程中产生的煤渣、烟道灰、煤粉渣等。使用清洁能源的企业不存在此类废渣。

(5) 办公管理过程中产生的垃圾。

废弃物产生量最大的是豆渣、包装物废渣。

(二) 废弃物危害

1. 侵占土地，破坏地貌和植被

废弃物如果不及时清运，需占地存放，堆积量越多，占地量也越大。同时，大量废弃物的排放和地面堆积，将严重破坏地貌、植被和自然景观。

2. 污染土壤

废弃物露天存放，长期受风吹、日晒、雨淋，有害成分不断渗入地下并向周围扩散，污染大片土壤（污染面积常达占地面积的 2~3 倍），严重的甚至影响周围植物的生长发育。

3. 污染水体

废弃物如在自然或人为的作用下，大量地进入江河等水域，会改变该水域的水质状况，造成水体污染和不良水生生物的生长，严重的会引起大批水生生物如鱼类的死亡，破坏该水域的自然环境，妨碍水资源的利用。

4. 污染大气

废弃物中原有的颗粒物或在堆放过程中产生的颗粒物，受日晒、风吹进入大气，造成大气污染。另外，废弃物在堆放过程中因微生物分解释放的有害气体和臭味等，都将对大气造成不同程度的污染。

5. 影响环境卫生，传播疾病

废弃物的堆存，影响生产、办公、生活环境的卫生状况，导致病菌大量滋生，对人体健康构成潜在的威胁。

6. 其他危害

除以上危害外，某些废物还可能造成燃烧、接触中毒、腐蚀等特殊危害。

（三）废弃物治理

就目前来说，豆制品工业对废弃物管理的措施和控制技术尚在完善和发展中，现主要有以下对策。

1. 强化管理，实行严格的控制

法律法规是强化管理的标准和依据，以及强有力的手段。在一些豆制品企业已进行或正在进行 ISO 24001 环境体系的认证工作，通过建立标准化的管理，更好地进行本企业的环境控制以保护环境，创造良好的生产、办公环境，促进企业的发展。

2. 实行资源化，开展综合利用

通过改革生产工艺、改造生产设备、加强员工环保教育培训、创造并使用先进的低废技术以及一次废弃物的再利用等，将大幅减少废弃物的产生，同时，可有效利用资源。

3. 实行无害化

由于技术水平的限制，当前总有一部分废弃物无法或不可能利用。目前，有的豆制品企业积极地与科研机构合作，开发研究对废弃物予以妥善处理的技术，使之无害化，避免造成环境污染。

多年来，很多豆制品企业限于投资、能耗、管理等原因，尚未将废渣水很好地利用，或正在筹建废渣水利用工程。尽管如此，豆制品工业的综合利用，已在合理使用原料及用废渣水生产饲料、饲料酵母两大方面取得一些进展。相信在不久的将来，随着生物技术的运用，豆制品工业的废渣水将有更广阔的前景。

三、废气治理

（一）废气的来源

豆制品工业所产生的废气主要来源于使用能源和生产过程中产生的废气。

豆制品生产用煤作为能源，会产生煤尘，主要集中在冬季供气、供暖；生产过程中，会产生粉尘和气态污染物；废水处理过程中，可能会产生少量的含硫化合物。由于工业化企业能够按照国家有关法律法规认真执行，个别大中型企业进行了 ISO 24001 环境体系认证工作，其排放量可以说是符合国家标准的，至于小型作坊，应加强环保教育培训，逐步采取各项环保措施，达到国家标准的有关规定。

根据豆制品生产产生的废气，按照污染物质存在状态，可将其分为颗粒污染物和气态污染物两类。

1. 颗粒污染物

又称为气溶胶污染物，它是指气体与悬浮于其中的固体微粒或液滴组成的体系。按物理性质主要有以下几种。

（1）粉尘。指悬浮于气体中的细小固体粒子，其粒径一般小于 $75\mu m$。通常是原料破碎、研磨过程中，设备维修进行电气焊操作时，以及用煤作为能源燃烧过程中产生的。

（2）煤尘。燃烧过程中未被充分燃烧的煤粉尘。

2. 气态污染物

豆制品生产过程中一般不会产生大量的废气，用煤企业只是在冬季供气、供暖过程中会产生。采用清洁能源供气、供暖的企业，其排放量是符合国家标准的，对大气环境的危害远比用煤企业小。另外，在废水处理过程中，消化不彻底也会产生少量的气态化合物。

气态污染物按对大气环境造成危害程度大小，包括以下几种类型的气态污染物。

（1）含硫污染物。主要指 H_2S、SO_2 等。

（2）含氮化合物。主要是 NO_2、NO 等。

（3）碳氧化合物。主要是 CO_2、CO 等。

（二）废气的危害

废气排入大气，必然使大气环境质量下降，危害人体健康，造成经济损失。这种危害和损失的程度决定于废气的性质、浓度、滞留时间。其危害表现在以下几个方面。

1. 对人体健康的危害

在废气直接或间接的长期作用下，会使人患上呼吸道疾病，出现生理机能障碍，严重者可能患上癌症。

2. 企业成本费用的增加

废气中的污染物不仅可以腐蚀厂房、设备等，还会增加员工的清扫、洗涤工作的时间，无形中增加企业的生产成本和人工成本。

3. 对环境的危害

对企业周边的植物和土壤造成危害，严重的还可殃及、改变企业周边的大气环境。

（三）废气治理

豆制品企业应严格执行《环境保护法》及有关条例，严格执行国家有关标准，严控废气达标排放，保护企业员工及周边人群的健康。

1. 合理制定和调整生产布局

做到生产区与生活区、生产洁净区与非洁净区的分离，避免在下风口建设生活区、生产洁净区。同时，开展新建、扩建、改建项目的环境影响评价体系，贯彻执行"以新革老、总量减少"的方针，即新建项目增加的排污量，要采取措施，消减老污染源来加以抵消，做到增产不增污或增产减污。

2. 开发使用清洁能源

使用清洁能源可减少生产中因燃料燃烧、供热等工序而产生的废气，是防治大气污染的根本途径之一。利用煤炭燃烧供气、供暖，不可避免地要向大气排放污染物，如能根据当地情况，开发利用水力、风力、太阳能、地热能等无污染的新能源，就可大大减少废气的排放；采用石油、天然气等能源，其污染物的排放量远比用煤少，但需考虑生产成本问题。

3. 利用大气自净能力，废气高空排放

如果从全球性污染考虑，此方法不是防治大气污染的根本性措施，但对于经济条件有限又可以使用煤炭的企业来说，经济上是合理的。但要注意一个重要的问题——烟囱群效应，在制定排放标准时要考虑进去。

4. 利用自然条件进行废气净化

厂区进行绿化，种植可吸收废气的植物来进行废气净化，是一项经济合理的措施，并美化了厂区环境。

三废的治理是一项长期的工作，需要每一个豆制品企业重视并付诸实施，并与社会形成合力，从根本上合理治理三废。

附录　非发酵豆制品相关国家标准

GB 2712—2014 食品安全国家标准　豆制品

GB 2760—2014 食品安全国家标准　食品添加剂使用标准

GB 2762—2017 食品安全国家标准　食品中污染物限量

GB 29921—2013 食品安全国家标准　食品中致病菌限量

GB 7718—2011 食品安全国家标准　预包装食品标签通则

GB 14881—2013 食品安全国家标准　食品生产通用卫生规范

GB/T 22106—2008 非发酵豆制品标准

GB/T 30885—2014 植物蛋白饮料　豆奶和豆奶饮料

CCAA 0006—2014 食品安全管理体系　豆制品生产企业要求

参考文献

白至德，张振山 . 1985. 大豆制品的加工［M］. 北京：中国轻工业出版社 .

丁纯孝 . 1989. 新编大豆食品［M］. 北京：中国商业出版社 .

高福成 . 1997. 现代食品高新技术［M］. 北京：中国轻工业出版社 .

姜浩奎 . 2003. 大豆与健康［M］. 北京：科学技术文献出版社 .

李里特 . 2002. 大豆加工与利用［M］. 北京：化学工业出版社 .

李荣和 . 1999. 大豆新加工技术原理与应用［M］. 北京：科学技术文献出版社 .

石彦国，任莉 . 1993. 大豆制品工艺学［M］. 北京：中国轻工业出版社 .

吴加根 . 1997. 谷物与大豆食品工艺学［M］. 北京：中国轻工业出版社 .

张振山，方继功 . 1988. 豆制食品生产工艺与设备［M］. 北京：中国食品出版社 .

张振山 . 2006. 豆制品制作工［M］. 北京：中国劳动社会保障出版社 .